全国住房和城乡建设职业教育教学指导委员会建筑与规划类专业指导委员会规划推荐教材

园林建筑施工图设计

（园林工程技术专业适用）

本教材编审委员会组织编写

吴卓珈 施彦帅 主编

中国建筑工业出版社

图书在版编目（CIP）数据

园林建筑施工图设计／吴卓珈，施彦帅主编．—北京：中国建筑工业出版社，2018.6（2024.11重印）

全国住房和城乡建设职业教育教学指导委员会建筑与规划类专业指导委员会规划推荐教材．园林工程技术专业适用

ISBN 978-7-112-22362-6

Ⅰ．①园…　Ⅱ．①吴…②施…　Ⅲ．①园林建筑－工程施工－建筑制图－高等职业教育－教材　Ⅳ．① TU986.4

中国版本图书馆CIP数据核字（2018）第131877号

本教材为全国住房和城乡建设职业教育教学指导委员会建筑与规划类专业指导委员会规划推荐教材。全书主要内容包括：绪论、建筑设计、建筑施工图设计、园林的布局设计、园林单体建筑及建筑施工图设计、园林服务性建筑及建筑施工图设计。本教材可作为高职院校园林及相关专业教学用书，也可供从事园林设计相关专业人员学习和参考。

为更好地支持本课程的教学，我们向使用本书作为教材的教师免费提供教学课件，有需要者请与出版社联系，邮箱：jckj@cabp.com.cn，电话：(010) 58337285，建工书院：http://edu.cabplink.com。

责任编辑：杨　虹　周　觅
责任校对：姜小莲

全国住房和城乡建设职业教育教学指导委员会建筑与规划类专业指导委员会规划推荐教材

园林建筑施工图设计
（园林工程技术专业适用）
本教材编审委员会组织编写
吴卓珈　施彦帅　主编
＊
中国建筑工业出版社出版、发行（北京海淀三里河路9号）
各地新华书店、建筑书店经销
北京雅盈中佳图文设计公司制版
建工社（河北）印刷有限公司印刷
＊
开本：787×1092毫米　1/16　印张：22½　字数：477千字
2019年2月第一版　2024年11月第三次印刷
定价：49.00元（赠教师课件）
ISBN 978-7-112-22362-6
（32226）

编审委员会名单

主　任：季　翔

副主任：朱向军　周兴元

委　员（按姓氏笔画为序）：

王　伟　甘翔云　冯美宇　吕文明　朱迎迎

任雁飞　刘艳芳　刘超英　李　进　李　宏

李君宏　李晓琳　杨青山　吴国雄　陈卫华

周培元　赵建民　钟　建　徐哲民　高　卿

黄立营　黄春波　鲁　毅　解万玉

前　言

　　本书立足于中华人民共和国教育部关于"培养与社会主义现代化建设相适应、德智体美等全面发展，具有综合职业能力，在生产、服务、技术和管理第一线工作的应用型专门人才和劳动者"的培养目标，符合人才培养规律和教学规律，注意学生知识能力和素质的全面发展。

　　本书共6章，内容充实，结合生产实际，体现当代科技成果，贯彻最新规范和标准，有大量工程实践设计案例的图纸，理论与实践结合，本书集实用、形象于一体，具有较强的工程针对性、示范性与可操作性，作为高职院校园林及相关专业教学用书的同时，也可供从事园林设计相关专业人员学习和参考。

　　本书由浙江省建设职业技术学院吴卓珈、施彦帅、邬京虹、祝容、孙建、韩俊杰等编写。各章节编著者分工如下：第1章、第3章由吴卓珈编写；第2章由邬京虹、吴卓珈、施彦帅编写；第4章由孙建、施彦帅编写；第5章由韩俊杰、祝容编写；第6章由施彦帅、吴卓珈编写。本教材中大部分案例均来自浙江安地建筑规划设计有限公司古建分院、杭州丽尚景观设计有限公司的实际项目，特此感谢。

　　《园林建筑施工图设计》一书参编如下。

主编：

吴卓珈　浙江建设职业技术学院　教授　教授级高级工程师

施彦帅　浙江建设职业技术学院　讲师

参编：

邬京虹　浙江建设职业技术学院　工程师

祝　容　浙江建设职业技术学院　助教

孙　建　杭州丽尚景观设计有限公司　工程师

韩俊杰　浙江安地建筑规划设计有限公司古建分院高级工程师

目　　录

園林建筑施工图设计

1

第 1 章　绪　论

1.1 园林与园林建筑

1.1.1 园林

园林是指在一定的地域运用工程技术和艺术手段，通过改造地形（或进一步筑山、叠石、理水）、种植树木花草、营造建筑和布置园路等途径创作而成的自然环境和游憩境域。

一般来说，园林的规模有大有小，内容有繁有简，但都包含着四种基本的要素，即土地、水体、植物和建筑。其中，土地和水体是园林的地貌基础，土地包括平地、坡地、山地，水体包括河、泖、溪、涧、池、沼、瀑、泉等。天然的山水需要加工、修饰、整理，人工开辟的山水讲究造型，还需要解决许多工程问题。因此，筑山和理水就逐渐发展成为造园的专门技艺。植物栽培最先是以生产和实用为目的的，随着园艺科技的发展才有了大量供观赏之用的树木和花卉。现代园林中，植物已成为园林的主角，植物材料在园林中的地位就更加突出了。上述三种要素都是自然要素，具有典型的自然特征。在造园中必须遵循自然规律，才能充分发挥其应有的作用。

1.1.2 园林建筑

园林建筑是指在园林中具有造景功能，同时又能供人游览、观赏、休息的各类建筑物。

在中国古代的皇家园林、私家园林和寺观园林中，建筑物占了很大比重，其类别很多，变化丰富，积累着我国建筑的传统艺术及地方风格，匠心巧构在世界上享有盛名。现代园林中建筑所占的比重大量地减少，但对各类建筑的单体仍要仔细观察和研究它的功能、艺术效果放置、比例关系，与四周的环境协调统一等。无论是古代园林，还是现代园林，通常都把建筑作为园林景区或景点的"眉目"来对待，建筑在园林中往往起到了画龙点睛的重要作用。所以常常在关键之处，置以建筑作为点景的精华。园林建筑是构成园林诸要素中唯一的经人工提炼、又与人工相结合的产物，能够充分表现人的创造和智慧，体现园林意境，并使景物更为典型和突出。建筑在园林中就是人工创造的具体表现，适宜的建筑不仅使园林增色，更使园林富有诗意。由于园林建筑是由人工创造出来的，比起土地、水体、植物来，人工的味道更浓，受到自然条件的约束更少。建筑的多少、大小、式样、色彩等处理，对园林风格的影响很大。一个园林的创作，是要幽静、淡雅的山林、田园风格，还是要艳丽、豪华的趣味，也主要决定于建筑淡装与浓抹的不同处理。园林建筑是由于园林的存在而存在的，没有园林与风景，就根本谈不上园林建筑这一种建筑类型。

在漫长的历史发展过程中，勤劳智慧的中国人民创造了巨大的物质财富，也创造了灿烂的文化财富。其中，中国的园林，既是作为一种物质财富满足人们的生活要求，又是作为一种艺术的综合体为满足人们精神上的需要而出现的。它把建筑、山水、植物融合为一个整体，在有限的空间范围内，利用自然条件，模拟大自然中的美景，经过人为的加工、提炼和创造，出于自然而高于自然，把自然美与人工美在新的基础上统一起来，形成赏心悦目、变幻丰富，"可望、可行、可游、可居"的体形环境。园林建筑在中国园林中是一个重要的组成要素，它除了满足游人遮阴避雨、驻足休息、临泉起居等多方面的实用要求外，还总是与山池、花木密切结合，组成风景画面，有时还起着园林景象构图中心的作用。经过长期的探索与创作，中国园林建筑无论在单体设计、群体组合、总体布局、建筑类型及与园林环境的结合等各方面，都有了一套相当完整的成熟经验。中国园林在世界园林中，作为一个独立的园林体系而享有盛名，其中的园林建筑有着独特的光彩。

中国的园林与园林建筑是土生土长的，是在中国这块沃土上生根发芽、开花结果的，因此，它有着与这个母体的特征紧密联系的许多鲜明个性。如同世界各地的人民对于养育着他们的土地都怀着深深的依恋之情一样，我国人民对于祖国的名山大川一向怀有强烈的崇敬、仰慕、热爱的感情，具有对自然的高度敏感与追求。美好的自然陶冶了人们美的心灵，人们又把自己的美学理想体现到文学、艺术的创作之中。中国的文学与艺术跟世界其他国家的文学艺术一样，从它诞生的那一天起，就与美的大自然结下了"不解之缘"。中国的园林艺术作为表达人与自然的最直接、最紧密联系的一种物质手段和精神创作，从公元前11世纪周文王筑灵台、灵沼、灵囿起，就从选择、截取自然界中一个特定的、典型的环境范围开始的；中国的寺庙园林曾遍及我国的名山大岳，世俗化的宗教建筑与自然环境的融合，实际是一种宗教性质的风景区；中国的皇家园林与私家园林在空间范围上相差很大，但都是在原有自然条件环境下，经过人工改造加工过的园林。小范围内的私家园林，常通过"写意"式的再现手法，把大自然中的美景模拟、缩小在有限的空间范围之中，而且有真山真水、小中见大的感受。在这样的园林中漫游，感受到的仿佛就是一首描写自然美景的凝固的诗歌，一幅可以身临其境的立体山水画面。因此，"师法自然"就成为中国园林一脉相承的基本原则，与自然环境相协调成为中国园林建筑所遵循的一条不可动摇的准则。

园林与园林建筑的创作，是人们头脑中对自然美与生活美追求的具体映射，它以"物化"了的空间形态，最直接、最生动地反映了不同时代人们的生活方式与美的理想。中国园林与园林建筑的创作，也如同中国的各种文艺形式一样，经历过从"神化"自然到"人化"自然的过程。如对五岳四渎等名山大川的崇拜，在园林的湖面上象征寓意地布置海上三仙山的形式，把一些宗教色彩的建筑物引入园林等。但是，从整体上说，中国的园林与园林建筑始终表现出"人是主人、景为人用"的基本特点。在园林中，没有那种超乎人之常情、令人感到威慑的建筑空间和建筑体量，建筑尺度接近于人，总是力求与人在使用上的生理需要和观赏上的心理需要相吻合。即使是风景区中的寺庙，也都是世俗化的、"人"的建筑，而不是不可理解的、造型上令人莫名其妙的"神"的建筑。这就使得中国的园林建筑既能很好地与自然环境相协调，又能与人的使用需要相统一，且具有很大的实用性、灵活性、通用性。历史上流传至今的建筑物，只要需要，稍加改动仍可利用。

1.1.3　园林建筑与其他建筑的比较

园林建筑与其他建筑类型相比较，具有其明显的特征，主要表现为：

1. 园林建筑十分重视总体布局，既主次分明、轴线明确，又高低错落；既满足使用功能的要求，又要满足景观创造的要求。

2. 园林建筑是一种与园林环境及自然景观充分结合的建筑。因此，在基址选择上，要因地制宜，巧于利用自然又融于自然之中。将建筑空间与自然空间融为和谐的整体，充分体现"小中见大"、"循环往复，以至无穷"。

3. 强调造型美观是园林建筑的重要特色，在建筑的双重性中，有时园林建筑美观和艺术性，甚至要重于其使用功能。在重视造型美观的同时，还要极力追求意境的表达，要继承传统园林建筑中寓意深邃的意境。要探索、创新现代园林建筑中空间与环境的新意。

4. 小型园林建筑因小巧灵活、富于变化，常不受模式的制约，这就为设计者带来更多的艺术发挥的余地，真可谓无规可循、构园无格。

5. 园林建筑色彩明朗，装饰精巧。在我国古典园林中，建筑有着鲜明的色彩，北京古典园林建筑色彩鲜艳，南方的私家园林则色彩淡雅。现代园林建筑其色彩多以轻快、明朗为主，力求表现园林建筑轻巧、活泼、简洁、明快的性格。在装饰方面，不论古今园林建筑都以精巧的装饰取胜，建筑上善于应用各种门洞、漏窗、花格、隔断、空廊等，构成精巧的装饰，尤其将山、石、植物等引入建筑，便使装饰更为生动，成为建筑上得景的画面。因此，通过建筑的装饰增加园林建筑本身的美，更主要是通过装饰手段使建筑与景致取得更密切的联系。

1.2　园林建筑的作用及分类

1.2.1　园林建筑的作用及功能

中国园林的创作是以自然山水园为基本形式，通过山、水、植物、建筑四种基本要素的有机结合，构成"源于自然而高于自然"的美妙的城市园林。其重要作用，一是能改善和美化人的生活环境，提高人的生活质量；二是能为人们提供休憩、游览、文化娱乐的好场所。园林建筑是园林的重要组成部分，它既有使用功能，又有造景、观景功能。城市园林中亭、台、楼、阁、门、窗及小品等建筑，对构成园林意境具有重要意义和作用，其审美价值并非局限于这些建筑物和构筑物本身，而在于通过这些建筑物，让人们领略外界无限空间中的自然景观，突破有限，通向无限，感悟充满哲理的人生、历史、社会乃至宇宙万物，引导人们到达园林艺术新追求的最高境界。

一般说来，园林建筑大都具有使用和景观创造两个方面的作用。

就使用方面而言，它们可以是具有特定使用功能的展览馆、影剧院、观赏温室、动物兽舍等；也可以是具备一般使用功能的休息类建筑，如亭、榭、厅、轩等；还可以是供交通之用的桥、廊、花架、道路等；此外，还有一些特殊的工程设施，如水坝、水闸等。

通常，园林建筑的外观形象与平面布局除了满足和反映特殊的功能性质之外，还要受到园林选景的制约。往往在某些情况下，甚至首先要服从园林景观设计的需要。在作具体设计的时候，需要把它们的功能与它们对园林景观应该起的作用恰当地结合起来。

园林建筑的功能主要表现在它对园林景观创造方面所起的积极作用，这种作用可以概括为下列四个方面：

1. 点景

即点缀风景。园林建筑与山水、景物等要素相结合而构成园林中的许多风景画面，有宜于就近观赏的，有适于远眺的。在一般情况下，园林建筑常作为这些风景画面的重点和主景，没有这座建筑也就不成其为"景"，更谈不上园林的美景了。重要的建筑物往往作为园林的一定范围内甚至整座园林的构景中心，例如北京北海公园中的白塔、颐和园中的佛香阁等都是园林的构景中心，整个园林的风格在一定程度上也取决于建筑的风格。

2. 观景

即观赏风景。以一幢建筑物或一组建筑群作为观赏园内景观的场所，它的位置、朝向、封闭或开敞的处理往往取决于得景的佳否，即是否能够使得观赏者在视野范围内摄取到最佳的风景画面。在这种情况下，大至建筑群的组合布局，小到门窗、洞口或由细部所构成的"框景"都可以利用作为剪裁风景画面的手段。

3. 界定范围空间

即利用建筑物围合成一系列的庭院或者以建筑为主、辅以山石植物将园林划分为若干空间层次。

4. 组织游览路线

以园林中的道路结合建筑物的穿插、"对景"和障碍，创造一种步移景异、具有导向性的游动观赏效果。

1.2.2 园林建筑的分类

1. 按使用功能分类

园林建筑按使用功能可分为五大类：

（1）园林建筑小品　指园林中体量小巧、数量多、分布广、功能简明、造型别致，具有较强的装饰性的精美设施，如园灯、园椅、园林展牌、园林景墙、园林栏杆等。

（2）游憩性建筑　给游人提供游览、休息、赏景的场所。其本身也是景点或成为景观的构图中心。包括科普展览建筑、文化娱乐建筑、游览观光建筑，如亭、廊、花架、榭、划船码头、露天剧场、各类展览厅等。

（3）服务性建筑　为游人在游览途中提供生活上服务的建筑，如各类型小卖部、茶室、小吃部、餐厅、接待室、小型旅馆等。

（4）公用性建筑　主要包括电话通信、导游牌、路标、停车场、存车处、供电及照明、供水及排水设施、供气供暖设施、标志物及果皮箱、厕所等。

（5）管理性建筑　主要指公园、风景区的管理设施，如公园大门、办公室、食堂、实验室、温室荫棚、仓库、变电室、垃圾污水处理场等。

2．按园林建筑的性质分类

园林建筑按性质可分为两大类：

（1）传统园林建筑

亭——游人休停处，精巧别致，谓多面观景的点状小品建筑，外形多成几何图形。"亭者，停也。人所停集也"（《园冶》）。亭子在中国园林中被广泛应用，不论山坡水际、路边桥顶、林中水心都可设亭。亭可有半亭、独亭、组亭之分。园林中还可以有钟亭、鼓亭、井亭、旗亭、桥亭、廊亭、碑亭等类型之分。若按亭子的平面形式分，常见的有三角亭、扇面亭、梅花亭、海棠亭；按屋顶层数有单檐亭、重檐亭；按屋顶的形式，又可分为攒尖亭、盝顶亭、歇山亭等。亭子以其灵活多变的特性，任凭造园家创造出新景，为园景增色。

廊——廊者长也，有顶的过道或房前避雨遮阳之附属建筑，谓多面观景的长条形建筑。在园林中是联系建筑的纽带，同时又是导游路线。在功能上，尤其在江南园林中还可起到遮风避雨的作用。廊最大的特点在于它的可塑性与灵活性，无论高低曲折、山坡水边都可以连通自如，依势而曲，蜿蜒逶迤，富有变化。而且可以划分空间，增加园景的景深。廊的形式可分为直廊、曲廊、波形廊、复廊等。按廊的位置，又可分为走廊、回廊、楼廊、爬山廊、水廊等。廊的重要作用之一在于通过它把全园的亭台楼阁、轩榭厅堂联系成一个整体，从而对园林中的景观开展和观景序列的层次起到重要的组织作用。颐和园万寿山的长廊共二百七十三间，长七百二十六米，中间由留佳、寄澜、秋水、清遥四座八角重檐的亭子组成。通过长廊，把万寿山前山的景色连贯起来，使原来比较错落不齐的景色统一成一幅以佛香阁为主景的万寿山全景图。

榭——榭者，藉也，依借环境而建榭，临水建榭，并有平台伸向水面，体型扁平。

舫——运用联想手法，建于水中的船形建筑，犹如置身舟楫之中，整个形体以水平线条为主，其平面分为前、中、尾三段，一般前舱较高，中舱较低，后舱则多为二层楼，以便登高眺望。

厅——高大宽爽向阳之屋，一般多为面阔三～五间，采用硬山或歇山屋盖。基本形式有两面开放，南北向的单一空间的厅；两面开放，两个空间的厅；四面开放的厅。

两个空间的厅，主要指室内用隔扇、花罩或屏风分隔成前后两个空间，天花顶盖也处理成两种以上形式。这种顶盖式的天花亦称为"轩"，它是由带装饰性的复水椽和望砖构成。复水椽可作成各种曲线状，从而形成不同的轩式：

枝香轩、弓形轩、菱角轩、鹤须纤、船蓬轩、茶壶档轩、海棠轩等。平面上用屏风、圆光罩、隔扇、落地罩划分为前后厅，同时在结构装修上也作成互不相同的搭配，故又可称为"鸳鸯厅"。

四面开放的厅，主要指空间的开放，一船作法是：四面用隔扇，周围用外廊，面阔多为三～五间，上覆歇山顶。

江南园林中，即使称之为轩、房、室、庐舍之类者，以及诗轩、画馆、书房、翠室等名目繁多，但就其形式而言，实际上也就是一个厅，或统称之为"花厅"罢了。

楼—— 一般多为二层，$H_上 : H_下 = 8 : 10$，正面为长窗或地坪窗。两侧是砌山墙或开洞门，楼梯可放室内，或由室外倚假山上二楼，造型多姿（H 为层高）。

阁——与楼神似，造型较轻盈灵巧。重檐四面开窗，构造与亭相似，但阁亦有一层，一般建于山上或水池、台之上。

轩——厅堂出廊部分，顶上一般做卷棚的称轩。从构造上说，轩亦与屋、厅堂类似，有时轩可布置在气势宽敞的地方，供游宴之用。

斋——学舍书屋。专心攻读静修幽静之处，自成院治，与景区分隔成一封闭式景点。

殿——布局上处于主要地位的入厅或正房，结构高大而间架多，气势雄伟，多为帝王治政执事之处。在宗教建筑中供神佛的地方，亦称殿。

馆——供游览眺望、起居、宴饮之用，体量可大，布置大方随意，构造与厅堂类同。

牌坊——只有华表柱、冲天柱、加横梁（额枋），横梁之上不起楼（即不用斗栱及屋檐）。

牌楼——与牌坊类似，在横梁之上有斗栱、屋檐或"挑起楼"，可用冲天柱或不用。

(2) 现代园林建筑

今天人们的精神趣味、美学爱好是与过去的文学、艺术传统有联系的。因此，我们不应该割断历史，而要细心地去汲取过去园林与园林建筑中那些特别值得发扬光大的经验，使其在新的条件下展现出新的风貌。另一方面，也应该看到，时代是在发展变化着的。园林作为人类生活环境的一个重要组成部分，总是相当敏感地反应着人们不断发展变化着的要求和愿望。园林的内容、规划方法、布局特点，它的园林建筑类型与风格，总是与使用对象的不同而呈现较大的差别。今天，中国园林就其范围与内容来说，是大大地扩展了，它不仅勉括着古代流传下来的皇家园林、私家园林、寺观园林、风景名胜园林等重要的组成部分，而且扩大到了人们活动着的大部分领域：居住小区中的小块绿地、街心广场中的小游园，城市内各种形式的公园——文化公园、体育公园、儿童公园、纪念性公园、植物园、动物园、游乐园等，以及城市郊区的大块绿地、自然风景区、疗养区等。

1.3 园林建筑发展史

园林是文化的体现，古今中外园林的发展必然都会受到当时政治、经济、文化的影响，形成那个时代特有的风格特点，表1-1、表1-2简单罗列了中国园林发展的主要时期和其特点。

中国园林的发展简史 表1-1

时期	特点
黄帝	最简单的囿和园
商周	初期造园。 利用自然山泽、水泉、树木、鸟兽造园
春秋战国	已有成组的风景，既有土山又有池沼或台，自然山水园林已经萌芽
秦汉	出现宫殿建筑为主的宫苑（秦始皇上林苑）
魏晋南北朝	园林发展的转折点——崇尚自然
唐宋	园林达到成熟阶段——诗画融入园林（写意山水园林）
明清	园林艺术进入精深发展阶段

欧美园林的发展简史 表1-2

时期	特点
上古时代 （埃及、巴比伦、波斯）	古埃及规则式、巴比伦台阶式、波斯时期布局开敞，面向自然，不用院落，单体规整，空间高敞，建筑立于高台之上
中古时代 （古希腊、古罗马）	古希腊善于利用地形，布局形式自由，古罗马建造宫苑和贵族庄园，为文艺复兴时期意大利造园奠定基础
中世纪时代 （公元5世纪罗马帝国崩溃直到16世纪的欧洲）	城堡园林和寺院园林，布局随意，造园的目的主要是生产果蔬副食和药材，观赏意义其次
文艺复兴时代 （意大利园林、法国园林、18世纪自然风景园、美国现代园林）	意大利园林：初期简洁、中期（鼎盛）丰富、末期（衰落）装饰过分（巴洛克）。 法国园林：把中轴线对称均齐的规整式园林布局手法运用于平地造园，从而形成了法国特有的园林形式——勒诺特式园林，它在气势上较意大利园林更强，更人工化。 英国园林：18世纪英国的园林从封闭式"城堡园林"和规则严谨的"勒诺特式园林"逐渐转变为一种近乎自然、返朴归真的新的园林风格，即自然风景园。 美国现代园林：着重于城市公园及个人住宅花园，倾向于自然式，并将建设乡土风景区的目的扩大到教育、保健和休养

1.3.1 中国古典园林与园林建筑

中国古典园林的演变与发展按其历史进程可分为以下几个主要阶段：

1. 黄帝以讫周期

我国造园的历史极其久远，据其可考者，以黄帝的玄因为滥觞，其后尧设虞人掌山泽、苑囿、田猎之事，舜命虞官，掌上下草木鸟兽之职责，苑囿之掌理，乃有专官的设置。作为游憩生活景域的园林的建造，需要付出相当的人力与物力。因此，只有到社会的生产力发展到一定的水平，才有可能兴建以游息生活为内容的园林。商是我国形成国家政权机构最早的一个朝代，那时的象形文字甲骨文已有宫（溶）、室（因）、宅（积）、囿（腮）等字眼。其中的囿是从天然地域中截取的一块田地，在其内挖池筑台、狩猎游乐，是最古老朴素的园林形态。早期为园林多为种植果木菜蔬之地，或是豢养禽兽之所，且为帝王所有，其教化的目的也较舒畅身心的目的大。

2. 春秋战国至秦时代

春秋战国时代是思想史的黄金时代，以孔孟为两大主流，其中宇宙人生的基本课题受到重视，人对自然的关系，由敬畏而逐渐转为敬爱，诸侯造园亦渐普遍。公元前 221 年，秦始皇反六国完成了统一中国的事业，建都咸阳。他集全国物力、财力、人力将各诸侯国的建筑式样建于咸阳北陵之上，殿阁相属，形成规模宏大的官苑建筑群，建筑风格与建筑技术的交流足使其建筑艺术水平空前提高。在渭河南岸建上林范，苑中以阿房宫为中心，加上许多离宫别馆，还在咸阳"作长池，引渭水，……筑土为蓬莱山"，把人工堆山引入园林。

3. 汉朝

公元前 139 年，汉武帝开始修复和扩建秦时的上林苑，"厂长三百里"，是规模极为宏大的皇家园林。上林苑中有苑、有宫、有观。其中还挖了许多池沼、河流，种植了各种奇花异木，豢养了珍禽奇兽供帝王观赏与狩猎，殿、堂、楼、阁、亭、廊、台、榭等园林建筑的各种类型的雏形都有具备。建章宫在汉长安西郊，是个苑囿性质的离宫，其中除了各式楼台建筑外，还有河流、山岗和宽阔的太液池，池中筑有蓬莱、方丈、瀛洲三岛。这种摹拟海上神仙境界、在池中置岛的方法逐渐成为我国园林理水的基本模式之一。

汉代后期，私人造园逐渐兴起，人与自然的关系愈见亲密，私园中模拟自然成为风尚，尤其是袁广汉之茂陵园，是此时私人园林的代表。在这一时期的园林中，园林建筑为了取得更好的游憩观赏效果，在布局上已不拘泥于均齐对称的格局，而有错落变化、依势随形而筑。在建筑造型上，汉代由木构架形成的屋顶已具有庑殿、悬山、囤顶、攒尖和歇山这五种基本形式。

4. 魏晋南北朝

魏晋南北朝时期（公元前 581 年），社会动荡，许多文人雅士为了逃避纷繁复杂的现实社会，于是就在名山大川中求超脱、找寄托，日益发现和陶醉在自然美好世界之中，加之当时盛行的玄言文学空虚乏味，因而人们把兴趣转向自然景物，山水游记作为一种文学样式逐渐兴起。另外，这一时期中国写意山水诗和山水画也开始出现。创作实践下的繁荣也促进了文艺理论的发展，像"心师造化"、"迁想妙得"、"形似与神似"、"以形写神"，以及"气韵生动"为首的"六法"等理论，都超越了绘画的范围，对园林艺术的创造也产生了深刻、长远的影响，文学艺术对自然山水的探求，促使了园林艺术的转变。首先，官僚士大夫们的审美趣味和美的理想开始转向自然风景山水花鸟的世界，自然山水成了他们居住、休憩、游玩、观赏的现实生活中亲切依存的体形环境。他们期求保持、固定既得利益，把自己的庄园理想化、牧歌化，因此，私人园林开始兴盛、发展起来。他们隐逸野居，陶醉于山林田园，选择自然风景优美的地段，模拟自然景色，开池筑山，建造园林。同时，寺庙园林作为园林的一种独立类型开始在这一时期出现，主要是由于政治动荡，战争频繁，人民生活痛苦。自东汉初，佛教经西域传入中国，并得以广泛流传，佛寺广为修建，诗云"南朝四百八十寺，多少楼台烟雨中"。中国土生土长的道教形成于东汉晚期，南北朝时达到了早期高潮。东晋末年，就盛行文人与佛教徒交游的风气，他们出没于深山幽林、寺庙榭台，加以祖国的锦绣山河壮丽如画，游踪所至，目有所见，情有所动，神有所思。在深山幽谷中建起梵刹，与佛教超尘脱俗、恬静无为的宗旨也很对路。与此同时，贵族士大夫为求超度入西天，也往往"舍身入寺"或"舍宅为寺"，因此，附属于住宅中的山水风景园林也就移植到佛寺中去了。于是，我国早期的寺庙园林便应运而生。

佛教传入我国，很快为我国文化所汲取。最初的佛寺就是按中国官署的建筑布局与结构方式建造的，因此，虽然是宗教建筑，却不具印度佛教的崇拜象征——萃堵坡那种瓶状的塔体及中世纪哥特教堂的那种神秘感，而成为中国人的传统审美观念所能接受的、与人们的正常生活有联系的、世俗化的建筑物。中国"佛寺的布局，在公元第四、第五世纪已经基本定型了"。"佛寺布局，采取了中国传统世俗建筑的院落式布局方法。一般地说，从山门（即寺院外面的正门）起，在一根南北轴线上，每隔一定距离就布置一座殿堂，周围用廊庑以及一些楼阁把它们围绕起来。这些殿堂的尺寸、规模，一般是随同它们的重要性而逐步加深，往往到了第三或第四个殿堂才是庙寺的主要建筑——大雄殿。"……这些殿堂和周围的廊庑楼阁等就把一座寺院划为层层深入、引人入胜的院落（梁思成：《中国的佛教建筑》）。这些寺庙为平民提供了朝佛进香、逛庙游憩及交际场所，起到了当时一种公共建筑的作用。高耸的佛塔，不仅为登高远望，而且对城市及风景区的景观起到了重要的点缀作用，成为城市及景区视线的焦点和标志。

从北魏起，许多著名的寺庙、寺塔都选择在风景优美的名山兴建。原来优美的风景区，有了这些寺、塔人文景观的点染，更觉秀美、优雅，寺庙从虚无缥缈的神学转化成了现实。

自然美的艺术。游山逛庙，凡风景区必有庙，游风景也就是逛庙。这种传统很有意思，它吸引、启发了无数诗人、画家的创作灵感，而诗人和画家的创作又从一个重要方面丰富了我国的文学艺术和园林艺术，丰富了我国人民的精神生活，至今对风景旅游事业的发展仍起着重大的推动作用。

魏晋南北朝不仅是中国古代社会发展历史上的一个重大转折点，而且也是中国园林艺术发展史上的一个转折点。私人园林的发展，寺观园林的兴起，园林规划上由粗放走向精致，由人为地截取自然的一个片段到有意识地在有限空间范围中概括、再现自然山水的美景，都标志着园林创作思想上的转变。

5. 隋唐时代

隋朝统一乱局，官家的离宫苑囿规模大，尤其是隋炀帝在洛阳兴建的西苑，更是极尽奢靡华丽。《大业杂记》说："苑内造山为海，周十余里，水深数丈，其中有方丈、蓬莱、瀛洲分在诸山，相去各三百步，山高出水百余尺，上有通真观、习灵台、总仙官，分在诸山。风亭月观，皆以机成，或起或灭，若有神变，海北有龙鳞渠。屈曲周绕十六院人海。"可以看出，西苑是以大的湖面为中心，湖中仍沿袭汉代的海上神山布局。湖北以曲折的水渠环绕并分割了各有特色的十六小院，成为苑中之园。"其中有追逐亭，四面合成，结构之丽，冠以古今。"这种园中分成景区，建筑按景区形成独立的组团，组团之间以绿化及水面间隔的设计手法，已具有中国大型皇家园林布局基本构园的雏形。

唐是汉以后一个伟大的朝代，它揭开了我国古代历史上最为灿烂夺目的篇章。经百余年比较安定的政治局面和丰裕的社会经济生活，呈现出"升平盛世"的景象，经济的昌盛促进了文学艺术的繁荣，加上中外文化、艺术的大交流、大融合，突破传统，引进、汲取、创造、产生了文艺上所谓的"盛唐之音"。园林发展到唐代，它汲取前代的营养，根植于现实的土壤而茁壮成长，开放出了夺目的奇葩。

唐代官僚士大夫的第宅，府署、别业中筑园很多。如白居易建于洛阳的履道坊第宅为"五亩之宅，十亩之园，有水一池，有竹千竿"，即是清静幽雅的私家园林。与此同时，唐代的皇家园林也有巨大的发展，如著名的离宫型皇家园林——华清宫，位于临渔县缅山北麓，距今西安约20km，它以骊山脚下涌出的温泉作为建园的有利条件。据载，秦始皇时已在此建离宫，起名"缅山汤"，唐贞观十年（公元644年）又加营建，名为"温泉宫"；天宝六年（公元747年），定名"华清宫"。布局上以温泉之水为池，环山列宫室，形成一个宫城。建筑随山势之高低而错落修筑，山水结合，宫苑结合。此外，唐代的自然山水园也有所发展，如王维在蓝田筑的"辋川别业"、白居易在庐山建的草堂，都是在自然风景区中相地而筑，借四周景色略加人工建筑而成。由于写意山水画的发展，也开始把诗情画意写入园林。园林创作开始在更高的水平上发展（图1—1）。

6. 宋代

唐朝活泼充满生机的风气传至宋朝，同时，随着山水画的发展，许多文人、画师不仅寓诗于山水画中，更建庭园融诗情画意于园中。因此，形成了三维空间的自然山水园。例如北宋时期的大型皇家园林——艮岳，即是自然山水园的代表作品。艮岳位于宫城外，内城的东北隅，是当时一座大型的皇家园林，周围十多里，"岗连阜属，东西相望，前后相续，左山而右水，沿溪而傍陇，连绵弥满，吞山怀谷，其东则高峰峙立，其下植梅以万数，绿萼承跗，芬芳馥郁，结构山根，号草萼华堂，又旁有承岚昆云之亭。有屋内方外圆如半月，是名书馆。又有八仙馆……揽秀之轩，龙吟之堂。""寿山嵯峨，两峰并峙，列嶂如屏，瀑布下入雁池。（宋徽宗：《御制艮岳记》）"由此可见，艮岳在造园上的一些新的特点：首先，把人们主观上的感情、对自然美的认识及追求，比较自觉地移

金屑泉　栾家濑　柳浪　临湖亭　北垞　鹿砦　宫槐陌　茱萸沜　木兰柴　斤竹岭　文杏馆

图1—1　辋川别业图局部

辋川别业图局部（原载《关中胜迹图志》）

入了园林的创作之中，它已不像汉唐时期那样截取优美自然环境中的一个片段、一个领域，而是运用造园的种种手段，在有限的空间范围内表达出深邃的意境，把主观因素纳入艺术创作。其次，艮岳在创造以山水为主体的自然山水园景观效果方面，手法已十分灵活、多样。艮岳本来地势低洼，但通过筑山，摹拟余杭之凤凰山，号曰万岁山，依山势主从配列，并"增筑岗阜"形成幽深的峪望，还运用大量从南方运来的太湖石"花石桩砌"。又"引江水"，"凿池沼"，再形成"沼中有洲"，洲上置亭，并把水"流注山间"造成曲折的水网、涧溪、河。艮岳在缀山理水上所创造的成就，是我国园林发展到一个新高度的重要标志，对后来的园林产生了深刻的影响。在园林建筑布局上，艮岳也是从风景环境的整体着眼，因景而设，这也与唐代宫苑有别。在主峰的顶端置介亭作为观景与控制园林的风景点；在山涧、水畔各具特色的环境中，分别按使用需要，布置了不同类型的园林建筑；依靠山岩而筑的有倚翠楼、清斯阁；在水边筑有胜筠庵、蹑云台、萧闲馆；在池沼的洲上花间安置有嘘嘁亭等。这些都显示了北宋山水宫苑的特殊风格，为元、明、清之自然山水式皇家园林的创作奠定了坚实的基础（图1—2）。

南宋时期的江南园林得到极大的发展。这首先得益于当时的政治、经济中心自安史之乱以后逐渐移向江南，加上江浙一带优越的地理条件，促进了园林的空前发展。例如南宋时，西湖在其湖上、湖周分布着皇家的御花园，以及王公大臣们的私园共几

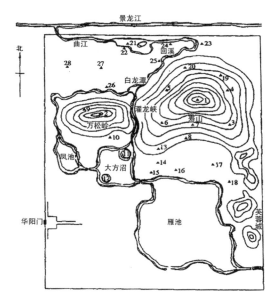

1. 介亭；2. 巢云亭；
3. 极目亭；4. 萧森亭；
5. 麓云亭；6. 半山亭；
7. 降雪楼；8. 龙吟堂；
9. 倚翠楼；10. 巢凤堂；
11. 芦渚；12. 梅渚；
13. 揽秀轩；14. 萼绿华堂；
15. 承岚亭；16. 昆云亭；
17. 书馆；18. 八仙馆；
19. 凝观亭；20. 圆山亭；
21. 蓬壶；22. 老君洞；
23. 萧闲馆；24. 漱玉轩；
25. 高阳酒肆；26. 胜筠庵；
27. 药寮；28. 西庄

图1—2　艮岳设想图

十座，真是"一色楼台三十里，不知何处觅孤山"，园林之盛空前。

宋代园林建筑没有唐朝那种宏伟刚健的风格，但却更为秀丽、精巧，富于变化。建筑类型更加多样，如宫、殿、楼、阁、馆、轩、斋、室、台、榭、亭、廊等，按使用要求与造型需要合理选择。在建筑布局上更讲究因景而设，把人工美与自然美结合起来，按照人们的主观愿望，编织成富有诗情画意的、多层次的体形环境。江南的园林建筑更密切地与当地的秀丽山水环境相结合，创造了许多因地制宜的设计手法。由于《木经》《营造法式》这两部建筑文献的出现，更推动了建筑技术及构件标准化水平的提高。宋代在我国历史上对古代文化传统起到了承前启后的作用，也是中国园林与园林建筑在理论与实践上走向更高水平发展的一个重要时期。

7．元朝

元朝是异族统治，士人多追求精神层次的境界，庭园成为其表现人格、抒发胸怀的场所，因此庭园之中更重情趣，如倪瓒所凿之清闷阁、云林堂和其参与设计的狮子林均为很好的代表。

元朝在进行大规模都城的建设中，把壮丽的宫殿与幽静的园林交织在一起，人工的神巧和自然景色交相辉映，形成了元大都的独特风格。在建筑形式上，先后在元大都内建起伊斯兰教礼拜寺和西藏的喇嘛寺，给城市及风景区带来了新的建筑形象、装饰题材与手法。但由于连年战乱，经济停滞，民族矛盾深重，这个时期，除元大都太液池、宫中禁苑的兴建外，其他园林建筑活动很少。

8．明清时期

在明代270余年间，由于经济的恢复与发展，园林与园林建筑又重新得到了发展。北方与南方，都市、市集、风景区中的园林在继承唐、宋传统基础上都有不少新的创作，造园的技术水平也大大提高了，并且出现了系统总结造园经验的理论著作。清代的文化、建筑、园林基本上沿袭了明代的传统，在260余年的发展历史中，把中国园林与中国建筑的创作推向了封建社会中的最后一个高峰。在全国范围内，园林数量之多、形式之丰富、风格之多样都是过去历代所不能比拟的。在造园艺术与技术方面也达到了十分纯熟的境地。中国园林与园林建筑作为一个独立的、完整的体系而确定了它应占有的世界地位。保留至今的中国古典园林、自然风景区、寺庙园林多数都是明、清时期创建的（图1-3）。

图1-3　清代北京西郊
园林分布

明清时期在园林与园林建筑方面的主要成就，概括起来主要表现在以下几个方面：

（1）在园林的数量和质量上大大超过了历史上的任何一个时期。

（2）明清时期，中国的园林与园林建筑在民族风格的基础上依据地区的特点逐步形成的地方特色日益鲜明，它们汇集了中国园林色彩斑斓、丰富多姿的面貌。在明清时期，中国园林的四大基本类型——皇家园林、私家园林、寺观园林、风景名胜园林都已发展到相当完备的程度，它们在总体布局、空间组织、建筑风格上都有其不同的特色。其中，以北京为中心的皇家园林，以长江中下游的苏州、扬州、杭州为中心的私家园林，以珠江三角洲为中心的岭南庭园都具有代表性。风景名胜园林与风景区的寺观园林则遍布祖国大江南北，其中四川、云南等西南地区，由于地理、气候及穿斗架建筑技术等方面的共同性，在园林建筑上也表现了明显的特色。

（3）明清时期还产生了一批造园方面的理论著作。我国有关古代园林的文献，在明清以前多数见于各种文史、四论、名园记、地方志中。如宋代的《洛阳名园记》、《吴兴园林记》。

明清以后，在广泛总结实践经验的基础上把造园作为专门学科来加以论述的理论著作相继问世，其中重要的著作有明代计成的《园冶》、文震亨的《长物志》。《园冶》对造园作了全面的论述，全书分为相地、立基、屋宇装折、门窗、墙垣、铺地、掇山、选石、借景等十个专题。在相地之前还列有兴造论和园说，是全书的总论，阐明了园林设计的指导思想。其中提出的造园要"巧于因借，精在体宜"、"虽由人作，宛自天开"等精辟独到的见解，都是对我国园林艺术的高度概括。

1.3.2 外国园林与园林建筑

1. 日本园林

日本园林初期大多受中国园林的影响，尤其是在平安朝时代（约我国唐末至南末），真可谓是"模仿时期"，到了中期因受佛教思想，特别是受禅宗影响，多以闲静为主题。末期明治维新以后，受欧洲致力于公园建造的影响，而成为日本有史以来造园的黄金时期。

日本园林在造园过程中常以石代山，以砂代水，树木加工成老态，形成日本趣味的枯山水庭院，一般面积较小，缺乏豪迈气氛。

2. 欧美园林

欧美园林的起源可以追溯到古埃及和古希腊。而欧洲最早接受古埃及中东造园影响的是希腊，希腊以精美的雕塑艺术及地中海区盛产的植物加入庭园中，使过去实用性的造园加强了观赏功能。几何式造园传入罗马，他们加强了水在造园中的重要性，许多美妙的喷水出现在园景中，并在山坡上建立了许多台地式庭园，这种庭园的另一个特点，就是将树木修剪成几何图形。台地式庭园传到法国后，成为平坦辽阔形式，并且加进更多的草花栽植成人工化的图案，确定了几何式庭园的特征。法国几何式造园在欧洲大陆风行的同时，英国一部分造园家不喜欢这种违背自然的庭园形式，于是提倡自然庭园，有天然风景似的森林及河流，像牧场似的草地及散植的花草。英国式与法国式的极端相反的造园形式，后来相互影响产生了混合式庭园，形成了美国及其他各国造园的主流，并加入科学技术及新潮艺术的内容，使造园确立了游憩上及商业上的地位。欧美园林的发展主要经历了下列几个时期：

(1) 上古时代

1) 埃及。早在公元前 3000 多年，古埃及在北非建立奴隶制国家。尼罗河沃土冲积，适宜于农业耕作，但国土的其余部分都是沙漠地带，对于沙漠居民来说，在一片炎热荒漠的环境里有水和遮荫树木的"绿洲"，就是最珍贵的地方。因此，古埃及人的园林即以"绿洲"作为摹拟的对象。尼罗河每年泛滥，退水之后需要丈量耕地，因而发展了几何学。于是，古埃及人也把几何的概念用之于园林设计。水池和水渠的形状方整规则，房屋和树木亦按几何规矩加以安排，成为世界上最早的规则式园林。古埃及庭园形式多为方形，平面呈对称的几何形，表现其直线美及线条美。庭园中心常设置一水池，水池可行舟。庭园四周有围墙或栅栏，园路以椰子类热带植物为行道树。庭园中水池里养殖鸟、鱼及水生植物。园内布置有简单的凉亭，盆栽花木则置于住宅附近的园路旁。

2) 巴比伦。底格里斯河一带，地形复杂而多丘陵，且土地潮湿，故庭园多呈台阶状，每一阶均为宫殿。并在顶上系植树木，从远处看好像悬在半空中，故称之为悬园。著名的巴比伦空中花园就是其典型代表。巴比伦空中花园建于公元前 6 世纪，是新巴比伦国王尼布甲尼撒二世为他的妃子建造的花园。据考证：该园建是由不同高度的越向上越小的台层组合成剧场般的建筑物。每个台层以石拱廊支撑，拱廊架在石墙上，拱下布置成精致的房间，台层上面覆土，种植各种花木。顶部有提水装置，用以浇灌植物，这种逐渐收缩的台层上布满植物，如同覆盖着森林的人造山，远看宛如悬挂在空中。

3) 波斯。波斯土地高燥，多丘陵地，地势倾斜，故造园皆利用山坡。成为阶段式立体建筑，然后行山水。利用水的落差与喷水，并栽植点缀，其中有名者为"乐园"，是王侯、贵族之狩猎苑。

(2) 中古时代

1) 古希腊。古希腊是欧洲文明的发源地，据传说，公元前 10 世纪时，希腊已有贵族花园。公元前 5 世纪，贵族住宅往往以柱廊环绕，形成中庭，庭中有喷泉、雕塑、瓶饰等，栽培蔷薇、罂粟、百合、风信子、水仙等以及芳香植物，最终发展成为柱廊园形式。那时已出现公共游乐地，神庙附近的圣林是群众聚集和休息的场所。圣林中竞技场周围有大片绿地，布置了浓荫覆被的行道树和散步小径，有柱廊、凉亭和座椅。这种配置方式对以后欧洲公园颇有影响。

2) 古罗马。古代罗马受希腊文化的影响，很早就开始建造宫苑和贵族庄园。由于气候条件和地势的特点，庄园多建在城郊外依山临海的坡地上，将坡地辟成不同高程的台地，各层台地分别布置建筑、雕塑、喷泉、水池和树木。用栏杆、台阶、挡土墙把各层台地连接起来，使建筑同园林、雕塑、建筑小品融为一体，园林成为建筑的户外延续部分。园林的地形处理、水景、植物都呈规则式布置。树木被修剪成绿丛植坛、绿篱、各种几何形体和绿色雕塑园林建筑有亭、柱廊等，多建在上层台地，可居高临下，俯瞰全景。到了全盛时期，造园规模亦大为进步，多利用山、海之美于郊外风景胜地，作大面积别墅园，奠定了后世文艺复兴时意大利造园的基础。

(3) 中世纪时代

公元 5 世纪罗马帝国崩溃直到 16 世纪的欧洲，史称＂中世纪＂。整个欧洲都处于封建割据的自然经济状态。当时，除了城堡园林和寺院园林之外，园林建筑几乎完全停滞。寺院园林依附于基督教堂或修道院的一侧，包括果树园、菜畦、养鱼池和水渠、花坛、药圃等，布局随意而又无定式。造园的主要目的在于生产果蔬副食和药材，观赏的意义尚属其次。城堡园林由深沟高墙包围着，园内建置藤萝架、花架和凉亭，沿城墙设坐凳。有的园在中央堆叠一座土山，叫做座山，上建亭阁之类的建筑物，便于观赏城堡外面的田野景色。

(4) 文艺复兴时代

1) 意大利园林。西方园林在更高水平上的发展始于意大利的＂文艺复兴＂时期。意大利园林在文艺复兴时代，由于田园自由扩展，风景绘画融入造园，以及建筑雕塑在造园上的利用，成为近代造园的渊源，直接影响欧美各国的造园形式。意大利园林一般附属于郊外别墅，与别墅一起由建筑师设计，布局统一，但别墅不起统率作用。它继承了古罗马花园的特点，采用规则式布局而不突出轴线。园林分两部分：紧挨着主要建筑物的部分是花园，花园之外是林园。意大利境内多丘陵，花园别墅建在斜坡上，花园顺地形分成几层台地。在台地上按中轴线对称布置几何形的水池和用黄杨或柏树组成花纹图案的绿丛植坛，很少用花卉。重视水的处理，借地形修渠道将山泉水引下，层层下跃，叮咚作响。或用管道引水到平台上，因水压形成喷泉。跃水和喷泉是花园里很活跃的景观。外围的林园是天然景色，林木茂密。别墅的主建筑物通常在较高或最高层的台地上，可以俯瞰全园景色和观赏四周的自然风光。16 ~ 17 世纪，是意大利台地园林的黄金时代，在这一时期建造出许多著名的台地园林。例如著名的埃斯特别墅（建于 1550 年，图 1-4），该别墅在罗马东郊的蒂沃利。主建筑物在高地边缘，后面的园林建筑在陡坡上，分成八层台地，上下相差 50m，由一条装饰着台阶、雕像和喷泉的主轴线贯穿起来。中轴线的左右还有次轴。在各层台地上种满高大茂密的常绿乔木。一条＂臣泉路＂横贯全园，林间布满小溪流和各种喷泉。园的两侧还有一些小独立景区，从＂小罗马＂景区可以远眺 30km 外的罗马城。花园最低处布置水池和植坛。到了 17 世纪以后，意大利园林则趋向于装饰趣味的巴洛克式，其特征表现为园林中大量应用矩形和曲线，细部有浓厚的装饰色彩，利用各种机关变化来处理喷水的形式，以及树形的修剪表现出强烈的人工凿作的痕迹。

图1-4 埃斯特别墅

2）法国园林。17世纪，意大利文艺复兴式园林传入法国。法国多平原，及大片天然植被和大量的河流湖泊。法国人并没有完全接受台地园的形式，而是把中轴线对称均齐的规整式园林布局手法运用于平地造园，从而形成了法国特有的园林形式——勒诺特式园林，它在气势上较意大利园林更强、更人工化。勒诺特是法国古典园林集大成的代表人物。他继承和发展了整体设计的布局原则，借鉴意大利园林艺术，并为适应当时王朝专制下的宫廷需要而有所创新，眼界更开阔，构思更宏伟，手法更复杂多样。他使法国造园艺术摆脱了对意大利园林的摹仿，成为独立的流派。勒诺特设计的园林总是把宫殿或府邸放在高地上，居于统率地位。从建筑的前面伸出笔直的林荫道，在其后是一片花园，花园的外围是林园。府邸的中轴线，前面穿过林荫道指向城市，后面穿过花园和林园指向荒郊。他所经营的宫廷园林规模都很大。花园的布局、图案、尺度都和宫殿府邸的建筑构图相适应。花园里，中央主轴线控制整体，配上几条次要轴线，外加几道横向轴线，便构成花园的基本骨架。孚-勒-维贡府邸花园便是这种古典主义园林的代表作。这座花园展开在几层台地上，每层的构图都不相同。花园最大的特点是把中轴线装点成全园最华丽、最丰富、最有艺术表现力的部分。中轴线全长约1km，宽约200m，在各层台地上有不同的处理方法。最重要的有两段：靠近府邸的台地上的一段两侧是顺向长条绣花式花坛，图案丰满生动，色彩艳丽；次一个台地上的一段，两侧草地边上密排着喷泉，水柱垂直向上，称为"水晶栏栅"。再往前行，最低处是由一条水渠形成的横轴。水渠的两岸形成美妙的"水剧场"。过了水剧场，登上大台阶。前面高地顶上耸立着大力神梅格里斯像。其后围着半圆形的树墙，有三条路向后放射出去，成为中轴线的终点。中轴线两侧有草地、水池等，再外侧便是林园。

勒诺特的另一个伟大的作品便是闻名世界的凡尔赛宫苑。该园有一条自宫殿中央往西延伸长达2km的中轴线，两侧大片的树林把中轴线衬托成为一条极宽阔的林荫大道，自东向西一直消逝在无垠的天际。林荫大道的设计分为东西两段：西段以水景为主，包括十字形大运河和阿波罗水池，饰以大理石雕像和喷泉。十字大运河横臂的北端为别墅园"大特阿农"，南端为动物饲养园。东段的开阔平地上则是左右对称布置的几组大型的"绣花式植坛"。大林荫道两侧的树林里隐蔽地分布着一些洞府、水景剧场、迷宫、小型别墅等，是比较安静的就近观赏场所。树林里还开辟出许多笔直交叉的小林荫路，它们的尽端都有对景，因此形成一系列的视景线。这种园林被称为"小林园"。中央大林荫道上的水池、喷泉、台阶、雕塑等建筑小品以及植坛、绿篱均严格按对称均匀的几何格式布置，是为规则式园林的典范，较之意大利文艺复兴园林更明显地反映了有组织有秩序的古典主义原则。它所显示的恢宏的气度和雍容华贵的景观也远非前者所能比拟；法国古典主义文化当时领导着欧洲文化潮流，勒诺特式园林艺术流传到欧洲各国，许多国家的君主甚至直接摹仿凡尔赛宫苑（图1—5）。

3.18世纪英国自然风景园

英伦三岛多起伏的丘陵，17～18世纪时由于毛纺工业的发展而开辟了许多牧羊的草场。如茵的草地、森林、树丛与丘陵地貌相结合，构成英国天然风致的特殊景观。这种优美的自然景观促进了风景画和田园诗的兴盛，而风景画和浪漫派诗人对大自然的纵情讴歌又使得英国人对天然风致之美产生了深厚的感情。这种思潮当然会波及园林艺术，于是以前流行于英国的封闭式"城堡园林"和规则严谨的"勒诺特式园林"逐渐为人们所厌弃而促使他们去探索另一种近乎自然、返璞归真的新的园林风格，即自然风景园。这种园林与园外环境结为一体，又便于利用原始地形和乡土植物，所以被各国广泛地用于城市公园，也影响现代城市规划理论的发展。自然风景园抛弃所有几何形状和对称均

图1—5 凡尔赛宫鸟瞰图

齐的布局，代之以弯曲的道路、自然式的树丛和草地、蜿蜒的河流，讲究借景和与园外的自然环境相融合。为了彻底消除园内外景观的界限，把园墙修筑在深沟之中，即所谓"沉墙"。当这种造园风格盛行时，英国过去的许多出色的文艺复兴和勒诺特式园林都被平毁而改造成为自然风景园。这种自然风景园与规则式园林相比，虽然突出了自然景观方向的特征，但由于多为模仿和抄袭自然风景和风景画，以至于经营园林虽然耗费大量人力和资金，而所得到的效果与原始的天然风景并无多大区别，虽源于自然但未必高于自然，因此引起人们的反感。造园家勒普敦主张在建筑周

图1-6 伦敦丘园中的塔

围运用花坛、棚架、栅栏、台阶等装饰件布置，作为建筑物向自然环境的过渡，而把自然风景作为各种装饰性布置的壮丽背景。因此，在他设计的园林中又开始使用台地、绿篱、人工理水、植物整形修剪以及日晷、鸟舍、雕像等的建筑小品，特别注意树的外形与建筑形象的配合衬托以及虚实、色彩、明暗的比例关系。在英国自然风景园的发展过程中，除受到欧洲式的启发，英国皇家建筑师钱伯斯两度游历中国，归来后著文盛谈中国园林并在他所设计的丘园（Kem Garden）中首次运用所谓"中国式"的手法。在该园中建有中国传统形式的亭、廊、塔等园林建筑小品（图1-6）。

4. 美国现代园林

现代园林可以美国为代表，美国殖民时代，接受各国的庭园式样，有一时期盛行古典庭园，独立后渐渐具有其风格，但大抵而言，仍然是混合式的。因此，美国园林的发展，着重于城市公园及个人住宅花园，倾向于自然式，并将建设乡土风景区的目的扩大于教育、保健和休养。美国城市公园的历史可追溯到1634年至1640年，英国殖民时期波士顿市政当局曾作出决定，在市区保留某些公共绿地，一方面是为了防止公共用地被侵占，另一方面是为市民提供娱乐场地。这些公共绿地已有公园的雏形。1858年纽约市建立了美国历史上第一座公园——中央公园，为近代园林学先驱者奥姆斯特德所设计（图1-7）。他强调公园建设要保护原有的优美自然景观，避免采用规划式布局；在公园的中心地段保留开朗的草地或草坪；强调应用乡土树种，并在公园边界栽植浓密的树丛或树林；利用徐缓弯曲的园路和小道形成公园环路，有主要园路可以环游整个公园；并由此确立美国城市公园建设的基本原则。美国城市公园有平缓起伏的地形和自然式水体；有大面积的草坪和稀疏草地、树丛、树林，并有花丛、花台、花坛；有供人散步的园路和少量建筑、雕塑和喷泉等。城市公园里的园林建筑和园林小品有仿古典式的和现代各流派的作品，最引人注目的是大多数公园里都布置北美印第安人的图腾柱，这或许是美国城市公园中的一个重要标志。

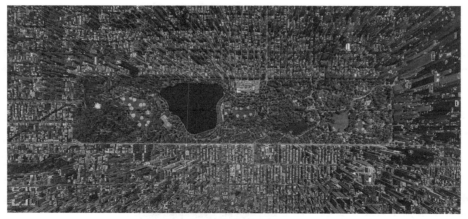

(a)

(b)

(c)

图 1-7 纽约中央公园
　　图组
(a) 俯视图；
(b) 鸟瞰图；
(c) 中央景观

1.3.3 现代园林与园林建筑发展趋势

人类的思想、心理及需要随着社会的发展不断地改变，园林也与其他所有的文化一样在变化。现代园林由于服务对象不同了，园林范围更加广阔，内容更为丰富，尤其是随着人与环境矛盾的日益突出，现代园林不单纯是作为游览的场所，而应把它放在环境保护、生态平衡的高度来对待。现代社会，随着社会经济的不断发展，人们的物质生活水平得到了大幅度的提高，工作时间的缩短以及便捷的交通条件，都为人们提供了外出观光游览的有利条件，人们渴望欣赏优美的园林景观、享受大自然的激情越来越强烈，促使园林事业的发展比历史上任何时期都更加迅猛。正是基于这种强烈的需求，现代园林与园林建筑发展就应该更适合于现代人生活，满足人们的各种需求，因此，现代园林与园林建筑发展趋势应体现在以下几个方面：

1. 合理利用空间

由于人口增加，土地使用面积相对减少，园林建设中十分注意对有限空间的合理利用，提高空间的利用率。在造园实践中，不仅要合理利用各种大小不同的空间，而且还要从死角中去发掘出额外的空间来。

2. 园林的内涵在扩大

现代园林注重人们户外生活环境的创造，从过去纯观赏的概念转回重视园林的环境保护、生态效益、游憩、娱乐等综合功能上来，现代园林成为人们生活环境的组成部分，再不单纯是为美观而设置。

3. 园林的形式简单而抽象

现代社会，人们的生活节奏在加快，现代园林的设计讲求简单而抽象，所以在现代的园景中，我们常常可以见到大片的花、大片的树和草地。另外，在园林设计中由于受其他艺术的影响，园林创作也注意表现主观的创意，运用具有现代感的造型、线条，不但出现许多新颖的雕塑，即使是道路、玩具或其他实用设施，也都抽象起来。

4. 造园材料更复杂

随着科学的发展，许多科研新产品不断被应用在园林中。如利用生物工程技术培育出来的大量抗逆性强的观赏植物新品种，极大地丰富了现代园林中的植物材料，塑料、充气材料的发明和应用，促进了现代园林中建筑物向轻型化、可移动、可拆卸的方面发展。

5. 造园材料企业化

受工业生产小规模化、标准化的影响，各国开始盛行造园材料企业化生产，不但苗木可以大规模经营，就是儿童玩具、造园装饰品及其他材料，也多由工厂统一制造，这样做的弊端是丧失了艺术的创意，但在价值上及数量上却是改进不少。

6. 采用科学的方法进行园林建筑设计

过去的观念是将造园当作艺术品那样琢磨，如今的园林及建筑设计却是采用科学的方法，设计前要先进行调查分析，设计后还要根据资料进行求证，然后再配合科学技术来施工完成，所以说现代园林设计已从艺术的领域走向科学的范畴。

2

第 2 章　建筑设计

2.1 建筑及建筑设计概述

2.1.1 建筑的概念

建筑最早是远古人类为了遮蔽风雨、抵御寒暑和防止其他自然现象或野兽的侵袭，所建造的一个赖以栖身的场所。建筑的发展演变史与人类文明史相伴相依，不可分割。那么什么是建筑呢？

简单地讲，建筑是为了满足人类社会活动的需要，利用物质条件，按照科学法则和审美要求，通过对空间的塑造组织与完善形成的物质环境。

建筑：建筑物和构筑物的通称。

建筑物：供人们在其中生产生活或其他活动的房屋或场所，如：学校、住宅、办公楼等。

构筑物：人们不在其中生产生活的建筑，如：纪念碑、水塔、烟囱等。

2.1.2 建筑的构成要素

虽然现代建筑的构成比较复杂，但从根本上讲，建筑是由以下三个基本要素构成的：建筑功能、建筑的物质技术条件、建筑的艺术形象。

1. 建筑功能

建筑功能是指建筑的用途和使用目的，是建筑三要素里面的最重要的一个。建筑功能的要求随着社会生产和生活的发展而发展，不同功能要求产生不同的建筑类型，不同类型的建筑就有不同的特点，如各种生产性建筑、居住建筑、公共建筑等。建筑的功能包括建筑物在物质和精神方面的具体使用要求，建筑的功能要求是建筑的最基本要求，也是人们建造房屋的主要目的。

不同类别的建筑具有不同的使用要求。

例如：交通建筑要求人流线路流畅，观演建筑要求有良好的视听环境，工业建筑必须符合生产工艺流程的要求，等等；同时，建筑必须满足人体尺度和人体活动所需的空间尺度；以及人的生理要求，如良好的朝向、保温隔热、隔声、防潮、防水、采光、通风条件等。

2. 建筑的物质技术条件

建造房屋的主要手段和基础，包括建筑材料与制品技术、结构技术、施工技术、设备技术等，建筑不可能脱离技术而存在。材料是物质基础，结构是构成建筑空间的骨架，施工技术是实现建筑生产的过程和方法，设备是改善建筑环境的技术条件。随着经济的发展和技术水平的提高，建筑的建造水平也不断提高，建造的手段和建造过程更加合理、有序。

3. 建筑的艺术形象

建筑的形式或形象是关于建筑的造型、美观问题，是建筑的外观，是指通过客观实在的多维参照系的表现方式来实现建筑的艺术追求。构成建筑形象的因素包括建筑群体和单体的体形、内部和外部的空间组合、立面构图、细部处理、材料的色彩和质感以及光影和装饰的处理等。这些因素处理得当，便会产生良好的艺术效果，满足人们的审美要求。建筑形象并不单纯是一个美观问题，常常能反映时代的生产水平、文化传统、民族风格和社会发展趋势，表现在建筑的外部性格和功能内容。

建筑首先是物质产品，因此建筑形象就不能离开建筑的功能要求和物质技术条件而任意创造，否则就会走到形式主义、唯美主义的歧途。有些建筑的形象同样具有一定的精神功能，如纪念馆、博物馆、纪念碑、艺术馆等。

良好的建筑形象首先应该是美观的，这就要求建筑要符合形式美的一些基本规律。古今中外历代优秀建筑尽管在建筑年代、建筑材料、建造技术、形式处理上有很大差别，但必然遵循形式美的一些基本法则，如对比与统一、比例和尺度、均衡与稳定、节奏与韵律等。

2.1.3 建筑的分类

建筑构造与建筑的类型有着密切的关系，不同的建筑的类型常有不同的构造处理方法。现就与构造有关的建筑类型简述如下。

1. 按建筑的使用性质分类

（1）工业建筑

指为工业生产服务的生产车间、辅助车间、动力用房、仓储等。

（2）农业建筑

供农业、牧业生产和加工用的建筑，如温室、畜禽饲养场、水产品养殖场、农畜产品加工厂、农产品仓库、农机修理厂（站）等。

（3）民用建筑

1）居住建筑

主要是指提供家庭和集体生活起居用的建筑物，如住宅、宿舍、公寓等。

2）公共建筑

主要是指提供人们进行各种社会活动的建筑物，如：行政办公建筑、文教建筑、托幼建筑、医疗建筑、商业建筑、观演建筑、体育建筑、展览建筑、旅馆建筑、交通建筑、通信建筑、园林建筑、纪念建筑、娱乐建筑等。

2. 按建筑的层数或总高度分类

住宅建筑：1～3层为低层住宅、4～6层为多层住宅、7～9层为中高层住宅、10层及以上为高层住宅。

除住宅建筑之外的民用建筑：高度不大于24m者为单层和多层建筑，大于24m者为高层建筑（不包括建筑高度大于24m的单层公共建筑）。

建筑高度大于100m的民用建筑为超高层建筑。

3. 按建筑规模和数量分类

（1）大量性建筑

这类建筑如一般居住建筑、中小学校、小型商店、诊所、食堂等。特点：数量多，相似性大。

（2）大型性建筑

大型性建筑是指多层和高层公共建筑和大厅型公共建筑。如大城市火车站、机场候机厅、大型体育馆场、大型影剧场、大型展览馆等建筑。其特点：数量少，单体面积大，个性强。

2.1.4 建筑等级的划分

建筑等级一般按民用建筑的设计使用年限和耐火性进行划分。

1. 按民用建筑的设计使用年限划分

按民用建筑的设计使用年限可将建筑分为 4 类，见表 2—1。

民用建筑的设计使用年限划分　　　　　　　　　　表2—1

类别	设计使用年限/年	示例
1	5	临时性建筑
2	25	易于替换结构构件的建筑
3	50	普通建筑和构筑物
4	100	纪念性建筑和特别重要的建筑

2. 按建筑的耐火等级划分

在建筑构造设计中，一概对建筑的防火与安全给予足够的重视，特别是在选择结构材料和构造做法上，应根据其性质分别对待。现行《建筑设计防火规范》GB 50016—2014 把建筑构件的耐火等级划分成四级，见表 2—2。一级的耐火性能最好，四级最差。性质重要的或规模宏大的或具有代表性的建筑，通常按一、二级耐火等级进行设计；大量性的或一般的建筑按二、三级耐火等级设计；很次要的或临时建筑按四级耐火等级设计。

建筑构件的耐火等级　　　　　　　　　　表2—2

构件名称		耐火等级			
		一级	二级	三级	四级
墙	防火墙	不燃性 3.00	不燃性 3.00	不燃性 3.00	不燃性 3.00
	承重墙	不燃性 3.00	不燃性 2.50	不燃性 2.00	难燃性 0.50
	非承重外墙	不燃性 1.00	不燃性 1.00	不燃性 0.50	可燃性
	楼梯间和前室的墙 电梯井的墙 住宅建筑单元之间的墙和分户墙	不燃性 2.00	不燃性 2.00	不燃性 1.50	难燃性 0.50
	疏散走道两侧的隔墙	不燃性 1.00	不燃性 1.00	不燃性 0.50	难燃性 0.25
	房间隔墙	不燃性 0.75	不燃性 0.50	难燃性 0.50	难燃性 0.25

构件名称	耐火等级			
	一级	二级	三级	四级
柱	不燃性 3.00	不燃性 2.50	不燃性 2.00	难燃性 0.50
梁	不燃性 2.00	不燃性 1.50	不燃性 1.00	难燃性 0.50
楼板	不燃性 1.50	不燃性 1.00	不燃性 0.50	可燃性
屋顶承重构件	不燃性 1.50	不燃性 1.00	不燃性 0.50	可燃性
疏散楼梯	不燃性 1.50	不燃性 1.00	不燃性 0.50	可燃性
吊顶（包括吊顶格栅）	不燃性 0.25	难燃性 0.25	难燃性 0.15	可燃性

（1）构件的耐火极限　建筑构件的耐火极限，是指按建筑构件的时间—温度标准曲线进行耐火试验，从受到火的作用时起，到失去支持能力或完整性被破坏或失去隔火作用时止的这段时间，用小时表示。具体判定条件如下：

1）失去支持能力。

2）完整性被破坏。

3）丧失隔火作用。

（2）构件的燃烧性能　构件的燃烧性能分为三类：

1）不燃烧体：即用不燃烧材料做成的建筑构件，如天然石材。

2）燃烧体：即用可燃或易燃烧的材料做成的建筑构件，如木材等。

3）难燃烧体：即用难燃烧的材料做成的建筑构件，或用燃烧材料做成而用不燃烧材料做保护层的建筑构件，如沥青混凝土构件、模板抹灰的构件均属于难燃烧体。

2.1.5　建筑模数协调

为了使建筑制品、建筑构配件和组合件实现工业化大规模生产，使不同材料、不同形式和不同制造方法的建筑构配件、组合件符合模数并具有较大的通用性和互换性，以加快设计速度，提高施工质量和效率，降低建筑造价，在建筑行业中必须共同遵守《建筑模数协调标准》GB/T 50002—2013。

1. 基本模数

基本模数是模数协调中选用的基本尺寸单位，基本模数的数值应为100mm，其符号为 M，即 1M = 100mm。建筑物和建筑物部件以及建筑组合件的模数化尺寸，应是基本模数的倍数，目前世界绝大部分国家均采用100mm为基本模数值。

2. 导出模数

导出模数分为扩大模数和分模数，其基数应符合下列规定：

（1）扩大模数　扩大模数基数应为 2M、3M、6M、9M、12M……

（2）分模数　A_0 模数基数应为 M/10、M/5、M/2。

3. 模数数列

是以基本模数、扩大模数、分模数为基础扩展成的一系列尺寸。模数数列在各类型建筑的应用中，其尺寸的统一与协调应减少尺寸的范围，但又应使尺寸的叠加和分割有较大的灵活性。

模数数列的适用范围如下：

（1）基本模数　主要用于建筑物的高度、层高和门窗洞口高度。

（2）扩大模数　主要适用于建筑物的开间或柱距，进深或跨度，梁板、隔墙和门窗洞口宽度等处。

（3）分模数　主要用于构造节点和分部件的接口尺寸。

2.1.6　建筑设计概述

1. 设计内容

建筑工程设计是指设计一个建筑物或建筑群所要做的全部工作，一般包括建筑设计、结构设计、设备设计等几个方面的内容。

建筑设计是在总体规划的前提下，根据任务书的要求，综合考虑基地环境、使用功能、结构施工、材料设备、建筑经济及建筑艺术等问题，着重解决建筑物内部各种使用功能和使用空间的合理安排，建筑物与周围环境、与各种外部条件的协调配合，内部和外表的艺术效果，各个细部的构造方式等，创造出既符合科学性又具有艺术性的生产和生活环境。

结构设计主要是根据建筑设计选择切实可行的结构方案，进行结构计算及构件设计、结构布置及构造设计等。一般是由结构工程师来完成。

设备设计主要包括给水排水、电气照明、通信、采暖、空调通风、动力等方面的设计，由有关的设备工程师配合建筑设计来完成。

2. 建筑设计的依据

（1）功能要求的影响　功能对空间的"量"的规定性，即空间的大小、使用功能不同，空间的面积和体积就不相同。

功能对空间的"形"有规定性，大多数的房间采用的是矩形平面，但一些特殊用房如体育比赛场馆，由于使用和视听要求可以采用矩形、圆形、椭圆形等环形平面，而天象厅由于要模拟天穹则应采用球状空间等。

功能对空间"质"的规定性，即一定的采光、通风、日照条件以及经济合理性、艺术性等。少数特殊房间如影剧院还会有声学、光学要求，计算机房有防尘、恒温等要求，等等。

（2）人体尺度与家具布置的影响　人体尺度及人体活动所占的空间尺度是确定民用建筑内部各种空间尺度的主要依据。图 2-1 所示为我国中等身材男子和女子的人体基本尺寸，图 2-2 所示为人体活动尺度。

（3）自然条件　建设地区的温度、湿度、日照、雨雪、风向、风速等是

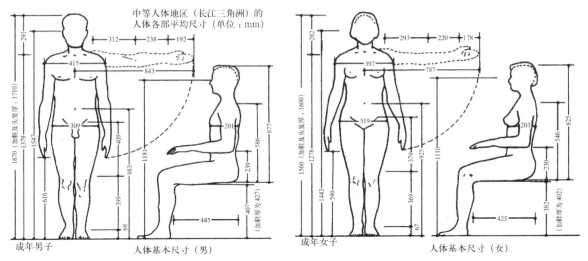

图 2-1 我国中等身材男女的人体基本尺寸

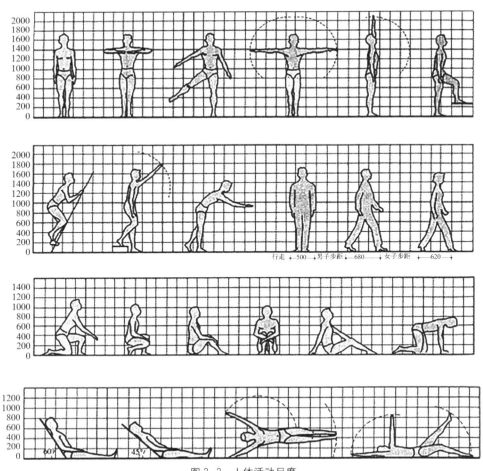

图 2-2 人体活动尺度

建筑设计的重要依据，对建筑设计有较大的影响。

基地地形平缓或起伏，基地的地质构成、土壤特性和地耐力的大小，对建筑物的平面组合、结构布置、建筑构造处理和建筑体型都有明显的影响。

地震烈度表示当发生地震时，地面及建筑物遭受一次性地震破坏的程度。烈度在6度以下时，地震对建筑物影响较小，一般可不考虑抗震措施。9度以上地区，地震破坏力很大，一般应尽量避免在该地区建筑房屋。

房间内家具设备的尺寸（图2-3），以及人们使用它们所需的活动空间是确定房间内部使用面积的重要依据。

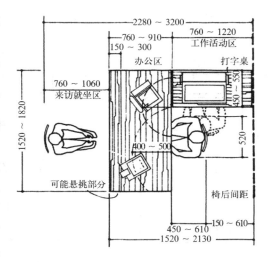

图2-3 房间内家具设备的尺寸

2.2 建筑平面设计

2.2.1 建筑平面的组成

平面设计的内容从组成平面各部分的使用性质来分析，建筑物由使用部分、交通联系部分和结构部分组成。

使用部分：包括主要使用房间和辅助使用房间。

交通联系部分：包括水平交通联系部分（走廊、过道等）、垂直交通联系部分（楼梯、坡道、电梯、自动扶梯等）和交通联系枢纽部分（门厅、过厅等）。

结构部分：具体墙体、柱子等。

2.2.2 主要使用房间的设计

1. 房间的分类和设计要求

布置合理，施工方便，有利于房间之间的组合，材料要符合相应的建筑设计要求。从主要使用房间的功能要求来分类有：

（1）生活用房间　住宅的起居室、卧室、宿舍和招待所等。

（2）工作学习用的房间　各类建筑中的办公室、值班室，学校中的教室、实验室等。

（3）公共活动房间　商场的营业厅，剧院、电影院的观众厅、休息厅等。

使用房间平面设计的要求主要有：

1）房间的面积、形状和尺寸要满足室内使用活动和家具、设备合理布置的要求；

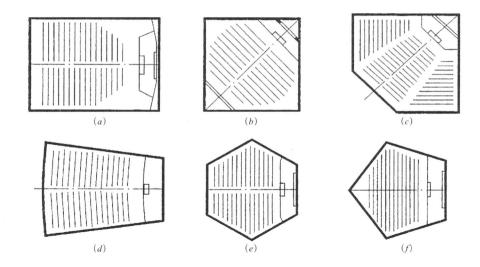

图 2-4　常见的房间
形状

(a)　　　　(b)　　　　(c)

(d)　　　　(e)　　　　(f)

2）门窗的大小和位置，应考虑房间的出入方便，疏散安全，采光通风良好；

3）房间的构成应符合结构标准；

4）室内空间、顶棚、地面、各个墙面和构件细部，要考虑人们的使用和审美要求。

2. 房间的面积

为了深入分析房间内部的使用要求，我们把一个房间内部的面积，根据它们的使用特点分为以下几个部分：

（1）家具或设备所占面积。

（2）人在室内的使用活动面积（包括使用家具及设备时，近旁所需面积）。

（3）房间内部的交通面积。

3. 房间的形状

民用建筑常见的房间形状有矩形、方形、多边形、圆形等，如图2-4所示。在设计中，应从使用要求、结构形式与结构布置、经济条件、美观等方面综合考虑，选择合适的房间形状。一般功能要求的民用建筑房间形状常采用矩形，当然，矩形平面也不是唯一的形式。一些有特殊功能和视听要求的房间如观众厅、杂技场、体育馆等房间，它的形状则首先应满足功能要求，也要考虑房间的空间艺术效果。

4. 房间的尺寸

房间尺寸是指房间的面宽和进深，而面宽常常是由一个或多个开间组成。房间尺寸的确定应考虑以下几方面：

（1）满足家具设备布置及人们活动要求。

（2）满足视听要求。

（3）良好的天然采光。

（4）经济合理的结构布置。

（5）符合建筑模数协调统一标准的要求。

5．门的设置

门的功能是解决室内外交通的联系，往往也兼有通风、采光的作用。窗的功能是满足室内空间的采光和通风要求。门窗的大小、数量、位置、形状和开启方式对室内的采光通风以及美观都有直接的影响。

(1) 门的种类　门的种类主要有：平开门、弹簧门、推拉门、自动门、旋转门、折叠门和卷帘门等（图2-5）。

其中供残疾人使用的门有：自动门、推拉门、平开门和折叠门，不能使用弹簧门和旋转门；自动门、旋转门不能用作疏散门，在公共建筑中设了旋转门，仍需在两旁设平开的侧门或采用双向开启的弹簧门（托儿所、幼儿园、小学等儿童活动场所除外）。

(2) 门的设置原则　大空间的门其位置应均匀布置；小房间的门其位置应利于家具布置（图2-6）。

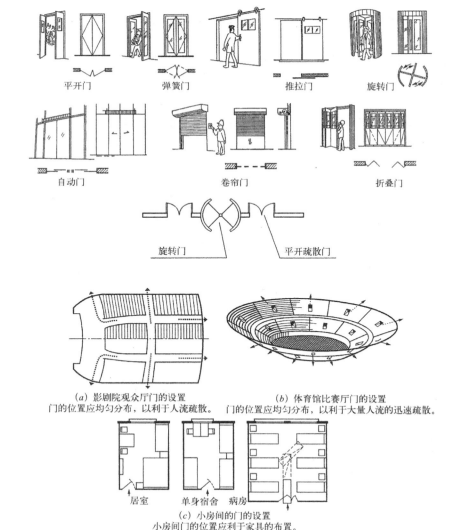

平开门　弹簧门　推拉门　旋转门

自动门　卷帘门　折叠门

旋转门　平开疏散门

图2-5　门的种类

（a）影剧院观众厅门的设置
门的位置应均匀分布，以利于人流疏散。

（b）体育馆比赛厅门的设置
门的位置应均匀分布，以利于大量人流的迅速疏散。

居室　单身宿舍　病房
（c）小房间的门的设置
小房间门的位置应利于家具的布置。

图2-6　门的位置及设置原则

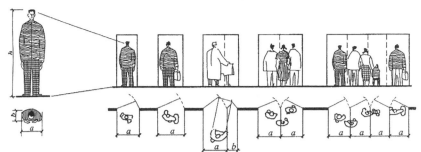

(a) 供人出入的门，其宽度与高度应当视人的尺度来确定。

(b) 供单人或单股人流通过的门，其高度应不低于2.1m，宽应在0.7～1.0m之间。

(c) 除人外还要考虑到家具、设备的出入，如病房的门应方便病床出入，一般宽1.1m。

(d) 公共活动空间的门应根据具体情况按多股人流来确定门的宽度。可开双扇、四扇或四扇以上的门。

图2-7 门的宽度与人体尺度

（3）门的宽度 门的宽度主要依据人体尺寸、人流通行量（人流股数，按每股 ≥ 0.55±0.15 考虑）及进出家具设备的最大尺寸（图2-7）。

1）单股人流宽为 550 ～ 600mm，侧身通过 300mm。门洞最小宽 700mm，居室等门宽 900mm。普通教室及办公室等门宽 1000mm。

2）人流集中的房间（如观众厅、会场等），门总宽按每 100 人 0.6m 宽计。且每樘门最小净宽不应小于 1400mm。

3）一般门扇宽度小于 1m，门宽大于 1000mm 时，可做双扇或多扇门。

（4）门的数量 门的数量主要考虑防火疏散要求，根据房间的人数和面积及疏散方便等决定。防火规范规定：面积超过 60m²，人数超过 50 人的房间，需设两个门，并分设房间两端。人流集中的房间（如观众厅、会场等），安全出口的数目不应少于两个。

在单一空间中门的数量反映的是安全出口的个数。根据《建筑设计防火规范》GB 50016—2014 的规定，可设一个完全出口的特例有：

1）一个房间面积不超过 60m²，人数不超过 50 人，可设一个门；

2）位于走道尽端房间（托幼建筑除外），非高层建筑中，由最远一点到房门口直线距离不超过 14m，且人数不超过 80 人；在高层建筑中面积不超过 75m² 时，可以只设一个净宽不小于 1.4m 的门（图2-8）。

（5）门的开启原则 门的开启原则为"外门外开，内门内开，疏散门朝向疏散方向开启"，如图2-9所示。

6. 窗的设置

（1）窗的种类 按照窗的开启方式，窗户可以分为固定窗、平开窗（分内开与外开）、上悬窗、中悬窗、内开下悬窗、立转窗、推拉窗（分水平推拉窗和垂直推拉窗），如图2-10所示。

多层建筑（小于或等于六

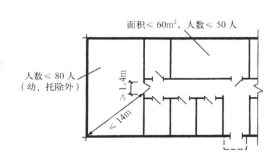

图2-8 房间可设一个门的条件

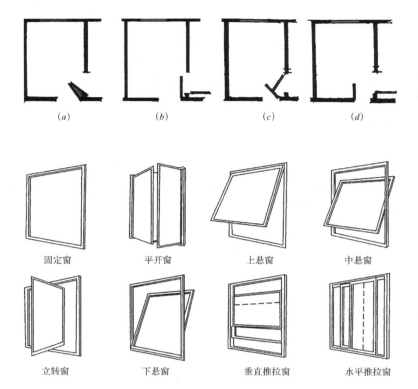

图 2-9　门的开启方向
(a)、(b)、(c) 三个方案，门开启时均会发生碰撞，交通不顺畅；
(d) 方案较好，第一个门宜与家具配合布置。

固定窗　　　平开窗　　　上悬窗　　　中悬窗

立转窗　　　下悬窗　　　垂直推拉窗　　水平推拉窗

图 2-10　窗的种类

层）常采用外开窗或推拉窗；在中小学建筑中由于要考虑到儿童擦窗的安全，外窗应采用内开下悬窗或内开窗；卫生间宜用上悬窗或下悬窗；外走廊内侧墙上的间接采光窗应使窗扇开启时碰不到人的头部。

　　（2）窗的面积　窗的面积主要取决于室内空间的采光通风要求。不同使用要求的房间对照度的要求不同。窗户洞口的面积一般通过窗地比（窗户洞口的面积与室内使用面积之比）来估算。

　　（3）窗的平面位置　窗的平面布置首先应使室内照度尽可能均匀，避免产生暗角和炫光。

　　门窗的位置还决定了室内气流的走向，并影响到室内自然通风的范围。所以，为了夏季室内有良好的自然通风，门窗的位置尽可能加大室内通风范围，形成穿堂风，避免产生涡流区（图 2-11）。

　　（4）窗的立面位置　按照采光位置，窗户可分为顶窗、高侧窗、侧窗和落地窗。

　　侧窗采光可以选择良好的朝向和室外景观，使用和维护也比较方便，是最常使用的一种采光方式（图 2-12）。

　　落地窗最大的优点就是能够达到室内外环境之间的最大交流，使室内外空间相互渗透、相互延伸（图 2-13）。落地窗进行窗地比计算时要注意在 0.8m 以下范围的窗户面积不记入有效采光面积，并且应采取安全防护措施，如采用附加防护栏杆、安全玻璃等。

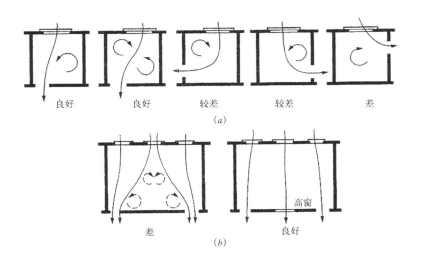

图 2-11　门窗位置与
室内通风

(a) 对流通风效果好；

(b) 教室靠走道设高
窗效果好

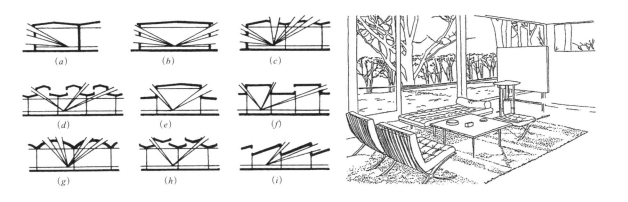

2.2.3　辅助使用房间的设计

民用建筑中的辅助使用房间是指厕所、盥洗间、浴室、设备用房（通风机房、锅炉房、变配电室、水泵房等）、储藏间、开水间等。其中厕所、盥洗间、浴室最为常见。

1. 厕所、盥洗间设计的一般规定

(1) 建筑物的厕所、浴室、盥洗间不应布置在餐厅及食品加工、食品储存、医疗、变配电等有严格卫生要求或防水、防潮要求的房间的上层。

(2) 卫生用房的使用面积和卫生设备设置的数量，主要取决于使用人数、使用对象、使用特点，按《城市环境卫生设施规划规范》GB 50337 等有关规范确定。

(3) 厕所设备的类型：有大便器、小便器、洗手盆、污水池等。

1) 大便器：蹲式（公用）、坐式（人数少的场所，如宾馆、家用）、大便槽。

2) 小便器：小便槽，小便斗（挂式、落地式）用于标准高、人数少的场所。

3) 洗手盆：挂式、台式、盥洗槽。

(4) 卫生用房宜有天然采光和不向邻室对流的自然通风。严寒及寒冷地

图 2-12　建筑自然采
光的一般形式（左）

(a)、(b)、(e) 侧面采光；

(d)、(f)、(g)、(h)、(i) 顶部采光；

(c) 混合采光

图 2-13　落地窗采光
效果（右）

区用房宜设自然通风道。当自然通风不能满足通风换气时，应采用机械通风。

(5) 楼地面和墙面应严密防水、防渗漏，楼地面及墙面或墙裙面层应采用不吸水、不吸污、耐腐蚀和易清洗的材料；楼地面应防滑、应有坡度，坡向地漏或水沟。

(6) 室内上下水管和浴室顶棚应防冷凝水下滴，浴室热水管应防烫人。

(7) 公共厕所宜分设前室或有遮挡措施，并宜设置独立的清洁间。

(8) 浴室不与厕所毗邻时，应设便器。浴卫较多时，应设集中更衣室及存衣柜。

2．公用卫生间设计

公用卫生间一般由厕所、盥洗间两部分组成。一般布置在人流活动的交通路线上，如楼梯间附近、走廊尽头等。男、女厕常并列布置以省管道。

(1) 公共卫生间设计应注意的几个问题：

1) 男女蹲位的数量应比例合理；

2) 视线应有所遮挡，不宜一览无余；

3) 流线应顺畅；

4) 应布置前室。前室作用：形成空间过渡，形成视线遮挡并防止串味。

(2) 公用卫生间设计应满足一般规定，图 2-14 为厕所使用单个设备时基本尺寸要求。

(3) 卫生设备间距的最小尺寸

1) 第一具洗脸盆或盥洗槽水嘴中心与侧墙面净距不应小于 0.55m；

2) 并列洗脸盆或盥洗槽水嘴中心距不应小于 0.70m；

3) 单侧并列洗脸盆或盥洗槽外沿至对面墙的净距不应小于 1.25m；

4) 双侧并列洗脸盆或盥洗槽外沿之间的净距不应小于 1.80m；

5) 浴盆长边至对面墙面的净距不应小于 0.65m；

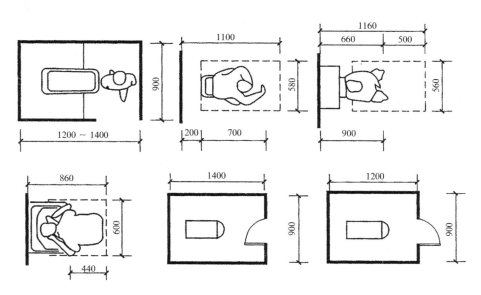

图 2-14　厕所使用单个设备时基本尺寸要求

6）并列小便器的中心距离不应小于0.65m；

7）单侧隔间至对面墙面的净距及双侧隔间之间的净距：当采用内开门时不应小于1.10m，当采用外开门时不应小于1.30m；

8）单侧厕所隔间至对面小便器或小便槽外沿的净距：当采用内开门时不应小于1.10m，当采用外开门时不应小于1.30m。

卫生设备的间距如图2-15所示。

3. 公共厕所的无障碍设计

（1）无障碍设计厕位设置要求

1）公共建筑、城市广场、城市公园、旅游景点的厕所至少应有两个无障碍厕位（男女各一）、两个无障碍洗手盆（男女各一）、一个无障碍小便器。

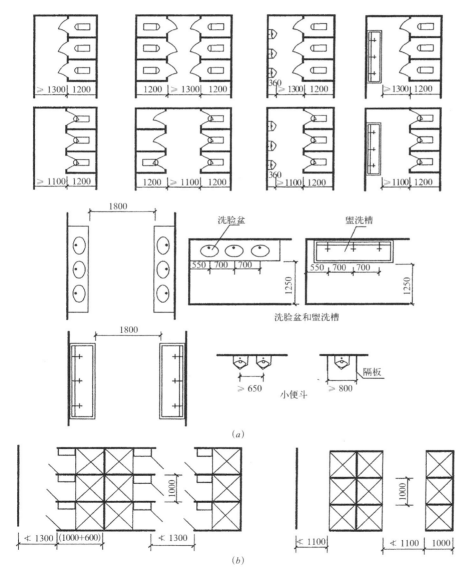

图2-15 卫生间设备间距的最小尺寸

（a）卫生设备间距的最小尺寸；

（b）浴室间隔之间以及与墙间最小间距

2) 大型公共建筑设四个无障碍厕位（男女各一）、两个无障碍小便器、两个无障碍洗手盆（男女各一）。

（2）无障碍设计要求

1) 厕所入口、通道应方便乘轮椅者进入和到达厕位、洗手盆，并能进行回转。

2) 地面应防滑、不积水。

3) 无障碍厕位的门应向外开启，门净宽不应小于0.8m，门内侧设关门拉手。

4) 内设0.4～0.45m高坐便器，并在两侧设安全抓杆（水平抓杆0.7m高，垂直抓杆高1.4m）。

5) 无障碍便器下口距地面不应大于500mm，并应设宽600～700mm、高1.2m的安全抓杆。如图2-16所示。

（3）无障碍卫生间

1) 入口、通道与门扇应方便乘轮椅者到达和进入。

2) 无障碍淋浴间　门外开时不小于3.5m，短边净宽不小于1.5m，内设0.45m洗浴座椅，并附设高0.7m的水平抓杆和高1.4m的垂直抓杆。如图2-17（a）所示。

3) 无障碍盆浴间　门外开时面积不小于4.5m，短边净宽不小于2.0m，

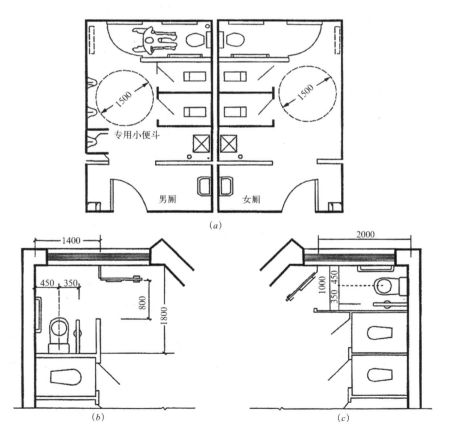

（a）

（b）　　　　　　　　　　（c）

图2-16　公共厕所无障碍设计厕位
（a）厕所入口、通道及无障碍厕位；
（b）新建无障碍厕位；
（c）改建的无障碍厕位

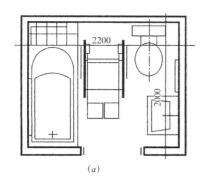 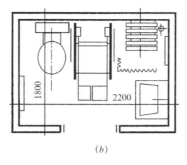

图 2-17 无障碍卫生间平面布置
(a) 盆浴卫生间；
(b) 淋浴卫生间

浴盆内侧应设高 0.6m 和 0.9m 的水平抓杆。如图 2-17（b）所示。

4）距地面 0.4～0.5m 处设置安全按钮。

2.2.4 交通联系部分设计

1.交通联系部分设计原则

交通联系部分是建筑平面设计中的重要组成部分，是将主要使用房间、辅助使用房间组合起来的重要方式，是建筑各部分功能得以发挥作用的保证。

交通联系空间一般可以分为水平交通部分、垂直交通部分和枢纽交通部分三种基本空间形式。在交通联系空间设计时应遵守以下原则：

（1）交通流线组织符合建筑功能特点，有利于形成良好的空间组合形式。

（2）交通流线简捷明确，具有导向性。

（3）满足采光、通风及照明要求。

（4）适当的空间尺度，完美的空间形象。

（5）节约交通面积，提高面积利用率。

（6）严格遵守防火规范要求，能保证紧急疏散时的安全。

2.水平交通联系部分

水平交通空间指走廊、连廊等专供水平交通联系的狭长空间。

（1）走道的形式

走道又称为过道、走廊。为了满足人的行走和紧急情况下的疏散要求。分为内走廊（走廊两侧为房间）、单侧外廊（一侧临空，一侧为房间）、连廊（两侧临空）和复廊（中国古建筑中在廊子中间加设一带有漏窗的墙体）等形式，如图 2-18 所示。

图 2-18 走廊的形式
(a) 内廊；
(b) 外廊；
(c) 连廊

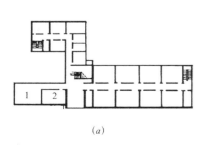 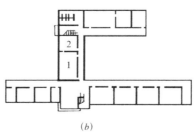 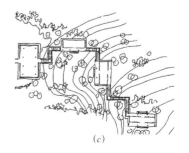

(a)　　　　　　　　(b)　　　　　　　　(c)

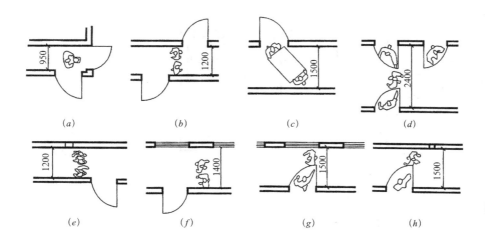

图 2-19 门的开启方向与走道宽度

(2) 走道宽度设计

1) 功能性质。走道的功能要求主要有通行、停留、休息、无障碍设计等内容。设计走道的宽度时要注意其功能要求。如旅馆、办公等建筑的走道和电影院的安全通道等是供人流集散使用的，只考虑单一交通功能，而医院门诊部的宽型过道除了用作通行外，还要考虑病人候诊之用。

2) 通行能力。走道通行能力可以按照通行人流股数来估算确定，门的开启方向对走道宽度也有影响，如图 2-19 所示。

3) 建筑标准。走道的宽度还可以按照各类建筑设计规范规定的走道最小净宽直接采用，部分公共建筑走道最小净宽见表 2-3。

部分民用建筑公共走道最小净宽（m）　　表2-3

建筑类型	走道形式	走道两侧布房	走道单侧布房或外廊	备注
托幼建筑	生活用房	1.8	1.5	
	服务供应用房	1.5	1.3	
教育建筑	教学用房	<2.1	<1.8	
	行政办公用房	<1.5	<1.5	
文化馆建筑	群众活动用房	2.1	1.8	
	学习辅导用房	1.8	1.5	
	专业工作用房	1.5	1.2	
办公建筑	走道长<40	1.4	1.3	
	走道长>40	1.8	1.5	
营业厅通道		≥2.2		通道在柜台与墙面或陈列橱之间

4) 安全疏散。按规范计算走道的宽度时主要依据是每百人宽度指标。楼梯、门、走道的每百人宽度指标见表 2-4。

民用建筑楼梯、门、走道的宽度指标 表2-4

宽度指标 (m/百人) 层数	耐火等级		
	一、二级	三级	四级
一、二层	0.65	0.75	1.00
三层	0.75	1.00	—
≥四层	1.00	1.25	—

（3）走道长度设计（安全疏散距离的规定）　走道的长度应根据建筑性质、耐火等级、防火规范以及视觉艺术等方面的要求确定。其中主要是防火规范的要求，一般要将最远房间的门中线到安全出口的距离控制在安全疏散距离之内，见表2-5。

多层民用建筑安全疏散距离（m） 表2-5

名称	房门至外部出口或楼梯间的最大距离					
	位于两个外部出口或楼梯间之间的房间			位于袋形走廊两侧或尽端的房间		
	耐火等级			耐火等级		
	一、二级	三级	四级	一、二级	三级	四级
托儿所、幼儿园	25	20	—	20	15	—
医院、疗养院	35	30	—	20	15	—
学校	35	30	—	22	20	—
其他民用建筑	40	35	25	22	20	15

（4）走道采光和通风设计　　走道的采光，一般应考虑自然采光。某些大型公共建筑可采用人工照明外。在走道双面布置房间时采光容易出现问题，解决的办法一般是依靠走道尽端开窗，或借助于门厅过厅、楼梯间的光线采光，也可以利用走道两侧开敞的空间来改善过道的采光。内走道采光方式如图2-20所示。

（5）无障碍走道设计

1）一辆轮椅通行最小宽度为0.9m，住宅建筑走道宽度不应小于1.2m，中小型公共建筑走道宽度不应小于1.5m，大型公共建筑走道宽度不应小于1.8m。

2）走道两侧应设扶手。

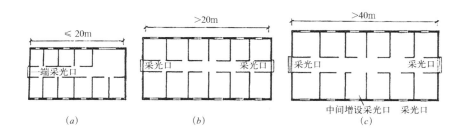

图2-20　内走道采光

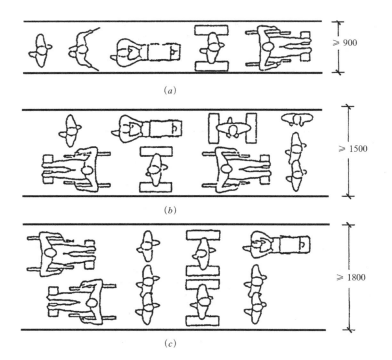

图 2-21 供残疾人使
用的走道设计
(a) 一辆轮椅通道;
(b) 中小型公共建筑
走道;
(c) 大型公共建筑走道

3）走道两侧墙面应设高 0.35m 护墙板。

4）走道及室内地面应平整，并应选用防滑的地面材料。

5）走道转弯处的阳角应为弧墙面或切角墙面。

6）走道内不得设置障碍物，光照度不小于 120lx，在走道一侧或尽端与其他地坪有高差时，应设置栏杆或栏板等安全措施。供残疾人使用的走道设计如图 2-21 所示。

3. 垂直交通空间设计

垂直交通空间是指坡道、台阶、楼梯、工作梯、爬梯、自动扶梯、自动人行道（坡道）和电梯等联系不同标高上各使用空间的空间形式。

坡道　台阶与坡道是在建筑中连接室内与室外地坪或室内楼错层的主要过渡设施。

1）坡道分为室内坡道和室外坡道。室内坡道占地面积大，采用较少。常用于多层车库、医院建筑等。坡度不宜大于 1∶8，室外坡道一般位于公共建筑出入口处，主要供车辆到达出入口前。坡度不宜大于 1∶10。在建筑中的应用如图 2-22 所示。

2）供残疾人使用的坡道坡度和宽度要求见表 2-6。

3）残疾人坡道不同坡度每段最大高度及水平长度见表 2-7。

图 2-22　建筑出入口坡道

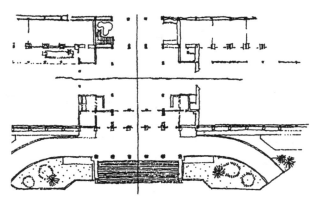

残疾人坡道坡度和宽度   表2—6

坡道位置类型	最大坡度	最小宽度	平台最小宽度
有台阶的建筑入口	1 : 12	≥1.2m	1.5m
只设坡道的建筑入口	1 : 20	≥1.5m	—
室内坡道	1 : 12	≥1.0m	—
室外通道	1 : 20	≥1.50m	—
困难地段	1 : 10~1 : 8	≥1.2m	改建建筑物

残疾人坡道不同坡度每段最大高度及水平长度   表2—7

坡度	最大高度	最大水平长度
1 : 20	1.5m	30m
1 : 16	1.0m	16m
1 : 12	0.75m	9m
1 : 10	0.6m	6m
1 : 8	0.35m	2.8m

4）普通坡道最大水平长度为15m。

4. 交通枢纽空间设计

交通枢纽空间主要指门厅、过厅、出入口、中庭等，是人流集散、方向转换、空间过渡与衔接的场所。在空间组合中有重要地位。一般公共建筑的交通枢纽空间还应该根据建筑的性质设置一定的辅助空间，以满足人们休息、观赏、交往及其他具体功能的需要。

（1）建筑出入口　建筑出入口是建筑室内外空间的一个过渡部位，常以雨篷、门廊等形式出现，如图2—23（a）所示。并与雨篷、外廊、台阶、坡道、垂带、挡墙、绿化小品等结合设计。因此不仅是内外交通的要冲，也是建筑造型的重要组成部分，常成为建筑立面构图的中心。

建筑出入口的数量与位置应根据建筑的性质与流线组织来确定，并符合防火疏散的要求。

有无障碍设计要求的建筑入口，必须设计轮椅坡道和扶手。在寒冷地区，入口部位常设计防风门斗或双道门，如图2—23（b）、（c）、（d）所示。双道门之间的间距应按照各专项建筑设计规范执行。

（2）门厅　门厅几乎是所有公共建筑都具有的一个重要空间，它处在建筑主要出入口处，具有接纳人流和分散人流的作用。门厅空间是建筑艺术印象的第一空间，在整个建筑设计中有重要作用，如图2—24所示。

门厅设计中应解决好以下问题。

1）布局合理形式多样。一般门厅布局分为对称和不对称两类。对称式布局有明确中轴线，空间形态严整，如图2—25（a）所示。非对称布局空间形态较灵活，无明确中轴线，如图2—25（b）所示。

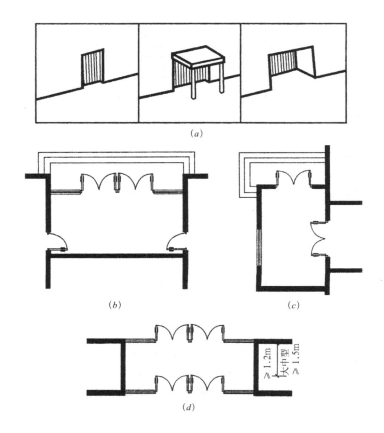

图 2-23 建筑出入口
　　　　形式
(a) 建筑出入口的形
　　式示意；
(b) 防风门斗 1；
(c) 防风门斗 2；
(d) 双道门

图 2-24 门厅空间形式
(a) 单层空间；
(b) 夹层空间；
(c) 回廊空间和共享
　　空间

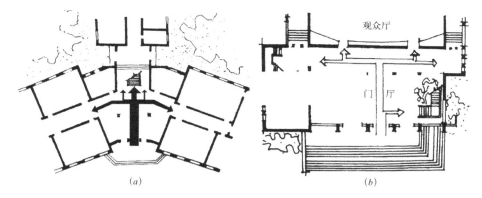

图2-25 门厅布局
形式
(a) 对称布置；
(b) 不对称布置

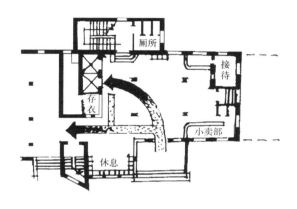

图2-26 某宾馆门厅
布置图

2）流线组织合理，导向明确。门厅内交通流线组织应简单明确。符合使用顺序要求，尽量避免或减少交叉。并留出适当活动空间部分。如图2-26所示。

门厅虽不大，但布置得当，流线清晰。楼梯口设置的台阶强调了行进方向。休息区相对独立，避免了干扰，尺度亲切。

3）空间尺度适宜，环境协调，疏散安全。门不同的门厅应设计创造不同的空间氛围。或亲切宜人或富丽堂皇，都应与建筑的功能相适应。空间氛围的形成，要有合适的空间尺度，还包括空间的组织和装修做法以及室内环境的协调。

4）面积适宜。厅的疏散安全要有相应的面积保证，门厅的面积与建筑类型、规模、门厅的功能组成等因素相关，也可根据有关面积定额指标确定。

（3）过厅　过厅是人流再次分配的缓冲空间，起到空间转换与过渡作用。有时也兼作其他用途，如休息场所等。其设计方法与门厅相似但标准稍低，如图2-27所示。

（4）中庭　中庭是供人们休息、观赏、交往的多功能共享大厅。常常在中庭内设楼梯、景观电梯或自动扶梯等，使其兼有交通枢纽的作用。

中庭空间的形式，从其在建筑中的位置看，有落地中庭、空中花园和屋顶花园；从其采光方式上分，有顶部采光、侧采光和综合采光。

中庭在建筑空间序列中常作为高潮部分处理，具有以下特点：

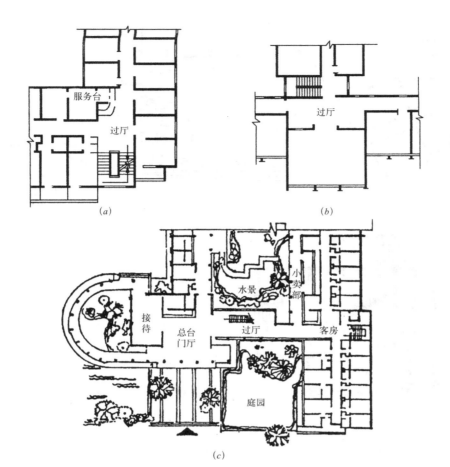

图 2-27 过厅
(a) 位于房屋转角和
走道转向处的过厅;
(b) 位于大空间与走
道联系处的过厅;
(c) 位于两个使用空间
之间的过厅

1）多功能。中庭往往位于公共建筑的中心，在其内部有咖啡座、小商亭、休息座，在其周围常设各种商店、小卖部等服务设施，在一些大型商场的中庭还经常搭设舞台进行 T 台表演，成为人们活动的中心。

2）多空间。中庭中包含着供人休息、餐饮、购物、娱乐等各种小空间。人们位于中庭一隅，既可感受中庭的巨大和壮观，又可观察、体验中庭内外诸多活动。形成多角度、多方位的交流，创造出别有情趣的"共享"效果。

3）环境丰富。现代建筑技术使大跨度的玻璃顶棚的实现成为可能，解决了采光问题。中庭设计常常将传统的室外庭院移入室内，包括植物、喷泉、假山，创造出一个与室外相似的室内自然庭院。

图 2-27（a）增设服务台，增加了使用功能。

图 2-27（b）起人流再次分配的作用。

图 2-27（c）将门厅与客房联系，兼有休息作用，与庭院结合较好。

中庭是组合空间的一种手法，能够实现大体量建筑的中部采光，并易于形成建筑的高潮；中庭空间要计算建筑面积，需要构造复杂的采光顶棚；中庭空间的使用能耗大；随着建筑技术的发展，其形式将实现多样化，如图 2-28 所示。

图 2-28　各种中庭空间效果

2.3　建筑立面设计

2.3.1　立面设计的主要任务

建筑立面是由许多部件组成的，恰当地确定立面中这些组成部分和构件中的比例、尺度、韵律、对比等手法，设计出体形完整、形式与内容统一的建筑立面，是立面设计的主要任务。

2.3.2　立面设计的主要方法

1. 立面的比例尺度

尺度正确、比例协调，是使立面完整统一的重要方面。

2. 立面的虚实与凹凸

建筑立面的构成要素中，窗、空廊、凹进部分以及实体中的透空部分，常给人以通透感，可称之为"虚"；墙、柱、栏板、屋顶等给人以厚重封闭的感觉，可称为"实"，如图 2-29 所示。

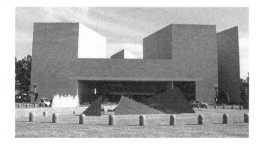

图 2-29　美国华盛顿美术馆东馆立面

3. 立面的线条处理

线条有位置、粗细、长短、方向、曲直、繁简、凹凸等变化，能由设计者主观上加以组织、调整，而给人不同的感受如图 2-30、图 2-31 所示。

图 2-30　以竖直线条为主的建筑立面

4. 立面的色彩与质感

色彩与质感是材料固有特性。对一般建筑来说，由于其功能、结构、材料和社会经济条件限制，往往主要通过材料色彩的变化使其相互衬托与对比来增强建筑表现力。

图 2-31　水平与竖直线条组合的建筑立面

立面色彩处理时应注意以下问题：第一，色彩处理要注意统一与变化，并掌握好尺度。一般建筑外形应有主色调，局部运用其他色调容易取得和谐效果；第二，色彩运用应符合建筑性格；第三，色彩运用要与环境有机结合：既要与周围相邻建筑、环境气氛相协调，又要适应各地的气候条件与文化背景。

材料的质感处理包括两个方面，一是利用材料本身的固有特性，如清水墙的粗糙表面、花岗石的坚硬、大理石的纹理、玻璃的光泽等；二是创造某种特殊质感，如仿石、仿砖、仿木纹等。

5. 重点与细部处理

由于建筑功能和造型的需要，建筑立面中有些部位需要重点处理，这种处理会加强建筑表现力，打破单调感。

建筑立面需要重点处理部位有建筑物主要出入口、楼梯、形体转角及临街立面等。可采用高低、大小、横竖、虚实、凹凸、色彩、质感等对比。

立面设计中对于体量较小，人们接近时能看得清的构件与部位的细部装饰等的处理称为细部处理。如漏窗、阳台、檐口、栏杆、雨篷等。这些部位虽不是重点处理部位，但由于其宜人的特定位置，也需要对细部进行设计，否则将使建筑产生粗糙不精细之感，而破坏建筑整体形象。立面中细部处理主要指运用材料色泽、纹理、质感等自身特性来体现出艺术效果。

2.4 建筑剖面设计

建筑是三维的空间，所以仅有平面设计是不够的，还需从建筑的剖面去反映尺度问题。

2.4.1 剖面设计的任务

1. 分析建筑物的各部分高度和剖面形式；
2. 确定建筑的层数；
3. 分析建筑空间的组合和利用；
4. 分析建筑剖面中结构和构造的关系。

2.4.2 房间的高度和确定因素

层高：是指该楼地面到上一层楼面之间的垂直距离。它是国家对各类建筑房间高度的控制指标。建筑层高应结合建筑使用功能、工艺要求和技术经济条件综合确定，并符合专用建筑设计规范的要求。

净高：是指楼地面到楼板或板下凸出物的底面的垂直距离。它是供人们直接使用的有效高度，它根据室内家具设备、人体活动、采光通风、结构类型、照明、技术条件及室内空间比例等要求综合确定。

1. 人体活动及家具设备的要求

人体活动要求：房间净高应不低于2.20m。卧室净高常取2.8～3.0m，但不应小于 2.4m。教室净高一般常取 3.30 ～ 3.60m。商店营业厅底层层高常取 4.2 ～ 6.0m，二层层高常取 3.6 ～ 5.1m 左右。

家具设备的影响：

(1) 学生宿舍通常设有双人床，层高不宜小于 3.25m。

(2) 演播室顶棚下装有若干灯具，为避免眩光，演播室的净高不应小于 4.5m。

2．采光、通风要求

(1) 进深越大，要求窗户上沿的位置越高，即相应房间的净高也要高一些。

(2) 当房间采用单侧采光时，通常窗户上沿离地的高度，应大于房间进深长度的一半；当房间允许两侧开窗时，房间的净高不小于总深度的 1/4。

(3) 用房间内墙上开设高窗，或在门上设置亮子等，改善室内的通风条件。

(4) 公共建筑应考虑房间正常的气容量，中小学教室每个学生气容量为 3 ～ 5m³/ 人，电影院为 4 ～ 5m³/ 人。根据房间的容纳人数、面积大小及气容量标准，可以确定出符合卫生要求的房间净高。

3．结构高度及其布置方式的影响

(1) 在满足房间净高要求的前提下，其层高尺寸随结构层的高度而变化。结构层愈高，则层高愈大；结构层高度小，则层高相应也小。

(2) 坡屋顶建筑的屋顶空间高，不做吊顶时可充分利用屋顶空间，房间高度可较平屋顶建筑低。

4．建筑经济效果

(1) 在满足使用要求和卫生要求的前提下，适当降低层高可相应减小房屋的间距、节约用地、减轻房屋自重，节约材料。

(2) 从节约能源出发，层高也宜适当降低。

5．室内空间比例

(1) 房间比例应给人以适宜的空间感觉。

(2) 不同的比例尺度往往得出不同的心理效果。

(3) 处理空间比例时，可以借助一些手法来获得满意的空间效果。

6．处理空间比例常用手法

(1) 利用窗户的不同处理来调节空间的比例感。

(2) 运用以低衬高的对比手法，将次要房间的顶棚降低，从而使主要空间显得更加高大，次要空间感到亲切宜人。

2.5 建筑构造基础知识

2.5.1 概述

1．建筑构造与建筑设计的关系

建筑设计是指建筑物在建造之前，设计者按照建设任务，把施工过程和使用过程中所存在的或可能发生的问题，事先作好通盘的设想，拟定好解决这些问题的办法、方案，用图纸和文件表达出来。作为备料、施工组织工作和各工种在制作、建造工作中互相配合协作的共同依据。便于整个工程得以在预定的投资限额范围内，按照周密考虑的预定方案，统一步调，顺利进行。并使建成的建筑物充分满足使用者和社会所期望的各种要求。

建筑构造是研究建筑物的构成、各组成部分的组合原理和构造方法的学科。主要任务是根据建筑物的使用功能、技术经济和艺术造型要求提供合理的构造方案，作为建筑设计的依据。建筑构造是为建筑设计提供可靠的技术保证。现代化的建筑工程如果没有技术依据，所做的设计只能是纸上的方案，建筑构造作为建筑技术，自始至终贯穿于建筑设计的全过程，即方案设计、初步设计、技术设计和施工详图设计等每个步骤。

2. 建筑构造基本知识

建筑作为民用建筑的一种，通常是由基础、墙体（或柱）、楼板层（或楼地层）、楼梯、门窗、屋顶等六个主要部分所组成，如图2-32所示。房屋的各组成部分在不同的部位发挥着不同的作用。因而其设计要求也各不相同。

房屋除了上述几个主要组成部分之外，对不同使用功能的建筑，还有一些附属的构件和配件，如阳台、雨篷、台阶、散水、勒脚、通风道等。这些构配件也可以称为建筑的次要组成部分。

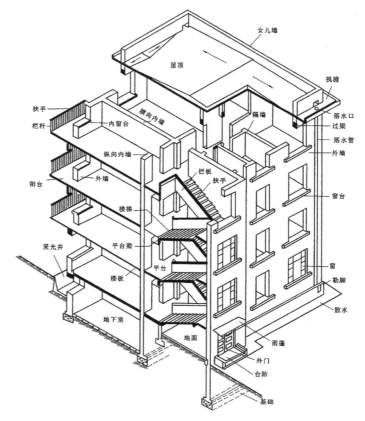

图2-32 建筑物的组成

2.5.2 地基与基础

1. 地基与基础的基本概念

在建筑工程中，建筑物与土层直接接触的部分称为基础，支承建筑物重量的土层叫地基。基础是建筑物的组成部分，它承受着建筑物的全部荷载，并将其传给地基。而地基则不是建筑物的组成部分，它只是承受建筑物荷载的土壤层。其中，具有一定的地耐力，直接支承基础，持有一定承载能力的土层称为持力层；持力层以下的土层称为下卧层。地基土层在荷载作用下产生的变形，随着土层深度的增加而减少，到了一定深度则可忽略不计（图2-33）。

（1）基础的作用和地基土的分类

基础是建筑物的主要承重构件，处在建筑物地面以下，属于隐蔽工程。基

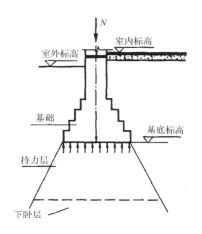

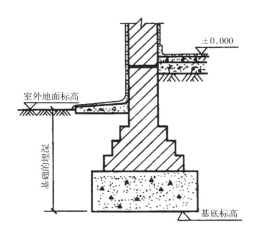

图 2-33　基础与地基
（左）

图 2-34　基础的埋深
（右）

础质量的好坏,关系着建筑物的安全问题。建筑设计中合理地选择基础极为重要。

地基按土层性质不同，分为天然地基和人工地基两大类。凡天然土层具有足够的承载能力，不须经人工改良或加固，可直接在上面建造房屋的称天然地基。当建筑物上部的荷载较大或地基土层的承载能力较弱，缺乏足够的稳定性，须预先对土壤进行人工加固后才能在上面建造房屋的称人工地基。人工加固地基通常采用压实法、换土法、化学加固法和打桩法。

（2）基础的埋置深度

室外设计地面至基础底面的垂直距离称为基础的埋置深度，简称基础的埋深（图 2-34）。埋深大于或等于 4m 的称为深基础；埋深小于 4m 的称为浅基础；当基础直接做在地表面上的称不埋基础。在保证安全使用的前提下，应优先选用浅基础，可降低工程造价。但当基础埋深过小时，有可能在地基受到压力后，会把基础四周的土挤出，使基础产生滑移而失去稳定，同时易受到自然因素的侵蚀和影响，使基础破坏，故基础的埋深在一般情况下，不要小于 0.5m。

（3）影响基础埋深的因素

1）建筑物上部荷载的大小和性质

多层建筑一般根据地下水位及冻土深度等来确定埋深尺寸。一般高层建筑的基础埋置深度为地面以上建筑物总高度的 1/10。

2）工程地质条件

基础底面应尽量选在常年未经扰动而且坚实平坦的土层或岩石上，俗称"老土层"。

3）水文地质条件

确定地下水的常年水位和最高水位，以便选择基础的埋深。一般宜将基础落在地下常年水位和最高水位之上，这样可不需进行特殊防水处理，节省造价，还可防止或减轻地基土层的冻胀。

4）地基土壤冻胀深度

应根据当地的气候条件了解土层的冻结深度，一般将基础的垫层部分做在土层冻结深度以下。否则，冬天土层的冻胀力会把房屋拱起，产生变形；天气转暖，冻土解冻时又会产生陷落。

5）相邻建筑物基础的影响

新建建筑物的基础埋深不宜深于相邻的原有建筑物的基础；但当新建基础深于原有基础时，则要采取一定的措施加以处理，以保证原有建筑的安全和正常使用。

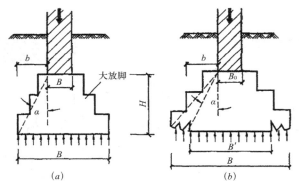

图 2-35　刚性基础的受力、传力特点
(a) 基础在刚性角范围内传力；
(b) 基础的面宽超过刚性角范围而破坏刚性基础的受力、传力特点

2. 常用的刚性基础

(1) 刚性基础

由刚性材料制作的基础称为刚性基础。一般指抗压强度高，而抗拉、抗剪强度较低的材料就称为刚性材料。常用的有砖、灰土、混凝土、三合土、毛石等。为满足地基容许承载力的要求，基底宽 B 一般大于上部墙宽，为了保证基础不被拉力、剪力而破坏，基础必须具有相应的高度。通常按刚性材料的受力状况，基础在传力时只能在材料的允许范围内控制，这个控制范围的夹角称为刚性角，用 α 表示。砖、石基础的刚性角控制在 (1：1.25)～(1：1.50) (26°～33°) 以内，混凝土基础刚性角控制在 1：1 (45°) 以内。刚性基础的受力、传力特点如图 2-35 所示。

(2) 非刚性基础

当建筑物的荷载较大而地基承载能力较小时，基础底面 B 必须加宽，如果仍采用混凝土材料作基础，势必加大基础的深度，这样很不经济。如果在混凝土基础的底部配以钢筋，利用钢筋来承受拉应力，使基础底部能够承受较大的弯矩，这时，基础宽度不受刚性角的限制，故称钢筋混凝土基础为非刚性基础或柔性基础。

3. 基础按构造形式分类

(1) 条形基础

当建筑物上部结构采用墙承重时，基础沿墙身设置，多做成长条形，这类基础称为条形基础或带形基础，是墙承式建筑基础的基本形式。

(2) 独立式基础

当建筑物上部结构采用框架结构或单层排架结构承重时，基础常采用方形或矩形的独立式基础，这类基础称为独立式基础或柱式基础。独立式基础是柱下基础的基本形式。

当柱采用预制构件时，则基础做成杯口形，然后将柱子插入并嵌固在杯口内，故称杯形基础。

(3) 井格式基础

当地基条件较差，为了提高建筑物的整体性，防止柱子之间产生不均匀沉降，常将柱下基础沿纵横两个方向扩展连接起来，做成十字交叉的井格基础。

（4）片筏式基础

当建筑物上部荷载大，而地基又较弱，这时采用简单的条形基础或井格基础已不能适应地基变形的需要，通常将墙或柱下基础连成一片，使建筑物的荷载承受在一块整板上成为片筏基础。片筏式基础有平板式和梁板式两种。

（5）箱形基础

当板式基础做得很深时，常将基础改做成箱形基础。箱形基础是由钢筋混凝土底板、顶板和若干纵、横隔墙组成的整体结构，基础的中空部分可用作地下室（单层或多层的）或地下停车库。箱形基础整体空间刚度大，整体性强，能抵抗地基的不均匀沉降，较适用于高层建筑或在软弱地基上建造的重型建筑物。

4. 地基与基础的设计要求

（1）地基应具有足够的承载能力和均匀程度；

（2）基础应具有足够的强度和耐久性；

（3）经济技术要求。

2.5.3　墙与隔墙

1. 墙与隔墙的基本概念

墙：建筑物竖直方向的主要构件，起分隔、围护和承重等作用，还有隔热、保温、隔声等功能。中国古代主要以土和砖筑墙，欧洲古代则多用石料筑墙。

隔墙：不承重的内墙叫隔墙（死隔断）。对隔墙的基本要求是自身质量小，以便减少对地板和楼板层的荷载，厚度薄，以增加建筑的使用面积，并根据具体环境要求隔声、耐水、耐火等。考虑到房间的分隔随着使用要求的变化而变更，因此隔墙应尽量便于拆装。

2. 墙体的类型及设计要求

（1）墙体的类型

1）按墙体所在位置分类

按墙体在平面上所处位置不同，可分为外墙和内墙；纵墙和横墙。对于一片墙来说，窗与窗之间和窗与门之间的称为窗间墙，窗台下面的墙称为窗下墙。墙体各部分名称如图 2-36 所示。

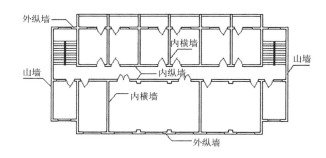

图 2-36　墙体各部分
　　　　名称

2）按墙体受力状况分类

在混合结构建筑中，按墙体受力方式分为两种：承重墙和非承重墙。非承重墙又可分为两种：一是自承重墙，不承受外来荷载，仅承受自身重量并将其传至基础；二是隔墙，起分隔房间的作用，不承受外来荷载，并把自身重量传给梁或楼板。框架结构中的墙称框架填充墙。

3）按墙体构造和施工方式分类

a. 按构造方式墙体可以分为实体墙、空体墙和组合墙三种。

实体墙由单一材料组成，如砖墙、砌块墙等。空体墙也是由单一材料组成，可由单一材料砌成内部空腔，也可用具有孔洞的材料建造墙，如空斗砖墙、空心砌块墙等。组合墙由两种以上材料组合而成，例如混凝土、加气混凝土复合板材墙。其中混凝土起承重作用，加气混凝土起保温隔热作用。

b. 按施工方法墙体可以分为块材墙、板筑墙及板材墙三种。

块材墙是用砂浆等胶结材料将砖石块材等组砌而成，例如砖墙、石墙及各种砌块墙等。板筑墙是在现场立模板，现浇而成的墙体，例如现浇混凝土墙等。板材墙是预先制成墙板，施工时安装而成的墙，例如预制混凝土大板墙、各种轻质条板内隔墙等。

（2）墙体的设计要求

1）结构要求

对以墙体承重为主结构，常要求各层的承重墙上、下必须对齐；各层的门、窗洞孔也以上、下对齐为佳。此外，还需考虑以下两方面的要求。

a. 合理选择墙体结构布置方案

墙体结构布置方案有：

※ 横墙承重：凡以横墙承重的称横墙承重方案或横向结构系统。这时，楼板、屋顶上的荷载均由横墙承受，纵向墙只起纵向稳定和拉结的作用。它的主要特点是横墙间距密，加上纵墙的拉结，使建筑物的整体性好、横向刚度大，对抵抗地震力等水平荷载有利。但横墙承重方案的开间尺寸不够灵活，适用于房间开间尺寸不大的宿舍、住宅及病房楼等小开间建筑。

※ 纵墙承重：凡以纵墙承重的称为纵墙承重方案或纵向结构系统。这时，楼板、屋顶上的荷载均由纵墙承受，横墙只起分隔房间的作用，有的起横向稳定作用。纵墙承重可使房间开间的划分灵活，多适用于需要较大房间的办公楼、商店、教学楼等公共建筑。

※ 纵横墙承重：凡由纵向墙和横向墙共同承受楼板、屋顶荷载的结构布置称纵横墙（混合）承重方案。该方案房间布置较灵活，建筑物的刚度亦较好。混合承重方案多用于开间、进深尺寸较大且房间类型较多的建筑和平面复杂的建筑中，前者如教学楼、住宅等建筑。

※ 部分框架承重：在结构设计中，有时采用墙体和钢筋混凝土梁、柱组成的框架共同承受楼板和屋顶的荷载，这时，梁的一端支承在柱上，而另一端则搁置在墙上，这种结构布置称部分框架结构或内部框架承重方案。它较适合

于室内需要较大使用空间的建筑，如商场等。

b. 具有足够的强度和稳定性

强度是指墙体承受荷载的能力，它与所采用的材料以及同一材料的强度等级有关。作为承重墙的墙体，必须具有足够的强度，以确保结构的安全。

墙体的稳定性与墙的高度、长度和厚度有关。高而薄的墙稳定性差，矮而厚的墙稳定性好；长而薄的墙稳定性差，短而厚的墙稳定性好。

2）功能要求

a. 墙体的保温要求

对有保温要求的墙体，须提高其构件的热阻，通常采取以下措施。

※ 增加墙体的厚度。墙体的热阻与其厚度成正比，欲提高墙身的热阻，可增加其厚度。

※ 选择导热系数小的墙体材料。要增加墙体的热阻，常选用导热系数小的保温材料，如泡沫混凝土、加气混凝土、陶粒混凝土、膨胀珍珠岩、膨胀硅石、浮石及浮石混凝土、泡沫塑料、矿棉及玻璃棉等。其保温构造有单一材料的保温结构和复合保温结构之分。

※ 采取隔蒸汽措施。为防止墙体产生内部凝结，常在墙体的保温层靠高温一侧，即蒸汽渗入的一侧，设置一道隔蒸汽层。隔蒸汽材料一般采用沥青、卷材、隔汽涂料以及铝箔等防潮、防水材料。

b. 墙体的隔热要求

隔热措施有：

※ 外墙采用浅色而平滑的外饰面，如白色外墙涂料、玻璃马赛克、浅色墙地砖、金属外墙板等，以反射太阳光，减少墙体对太阳辐射的吸收。

※ 在外墙内部设通风间层，利用空气的流动带走热量，降低外墙内表面温度。

※ 在窗口外侧设置遮阳设施，以遮挡太阳光直射室内。

※ 在外墙外表面种植攀缘植物使之遮盖整个外墙，吸收太阳辐射热，从而起到隔热作用。

c. 隔声要求

墙体主要隔离由空气直接传播的噪声。一般采取以下措施。

※ 加强墙体缝隙的填密处理。

※ 增加墙厚和墙体的密实性。

※ 采用有空气间层式多孔性材料的夹层墙。

※ 尽量利用垂直绿化降噪。

3. 块材墙构造

(1) 墙体材料

砖墙是用砂浆将一块块砖按一定技术要求砌筑而成的砌体，其材料是砖和砂浆。

1）砖

砖按材料不同，有黏土砖、页岩砖、粉煤灰砖、灰砂砖、炉渣砖等；按形状分有实心砖、多孔砖和空心砖等。其中常用的是普通黏土砖。

普通黏土砖以黏土为主要原料，经成形、干燥焙烧而成。有红砖和青砖之分。青砖比红砖强度高，耐久性好。

我国标准砖的规格为 240mm×115mm×53mm，砖长：宽：厚 =4：2：1（包括 10mm 宽灰缝），标准砖砌筑墙体时是以砖宽度的倍数，即 115+10=125mm 为模数。这与我国现行《建筑模数协调标准》中的基本模数 M ＝ 100mm 不协调，因此在使用中，须注意标准砖的这一特征。

砖的强度以强度等级表示，分别为 MU30、MU25、MU20、MU10、MU7.5 六个级别。如 MU30 表示砖的极限抗压强度平均值为 30MPa，即每平方毫米可承受 30N 的压力。

2）砌块

砌块是利用混凝土、工业废料（炉渣、粉煤灰等）或地方材料制成的人造块材，外形尺寸比砖大，具有设备简单、砌筑速度快的优点，符合了建筑工业化发展中墙体改革的要求。

种类：普通混凝土与装饰混凝土小型空心砌块、轻集料混凝土小型空心砌块、粉煤灰小型空心砌块、蒸压加气混凝土砌块和石膏砌块。

3）砂浆

砂浆是砌块的胶结材料。常用的砂浆有水泥砂浆、混合砂浆、石灰砂浆和黏土砂浆。

a. 水泥砂浆由水泥、砂加水拌和而成，属水硬性材料，强度高，但可塑性和保水性较差，适应砌筑湿环境下的砌体，如地下室、砖基础等。

b. 石灰砂浆由石灰膏、砂加水拌和而成。由于石灰膏为塑性掺合料，所以石灰砂浆的可塑性很好，但它的强度较低，且属于气硬性材料，遇水强度即降低，所以适宜砌筑次要的民用建筑的地上砌体。

c. 混合砂浆由水泥、石灰膏、砂加水拌和而成。既有较高的强度，也有良好的可塑性和保水性，故在民用建筑地上砌体中被广泛采用。

d. 黏土砂浆是由黏土加砂加水拌和而成，强度很低，仅适于土坯墙的砌筑，多用于乡村民居。它们的配合比取决于结构要求的强度。

砂浆强度等级有 M15、M10、M7.5、M5、M2.5、M1、M0.4 共 7 个级别。

（2）组砌方式

1）砖墙

为了保证墙体的强度，砖砌体的砖缝必须横平竖直，错缝搭接，避免通缝。同时砖缝砂浆必须饱满，厚薄均匀。常用的错缝方法是将顶砖和顺砖上下皮交错砌筑。每排列一层砖称为一皮。常见的砖墙砌式有全顺式（120 墙），一顺一丁式、三顺一丁式或多顺一丁式、每皮丁顺相间式也叫十字式（240 墙），两平一侧式（180 墙）等（图 2-37）。

2）砌块墙的组砌

砌块在组砌中与砖墙不同的是，由于砌块规格较多、尺寸较大，为保证

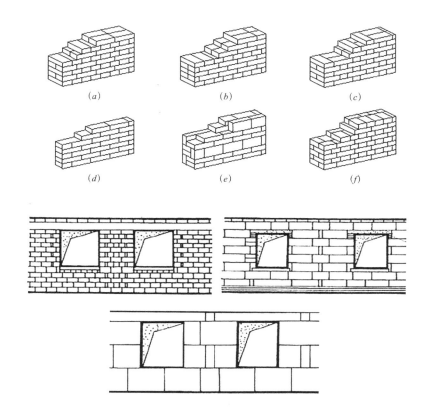

图 2-37 砖墙的组砌
方式
(a) 240 砖墙 一顺一
丁式；
(b) 240 砖墙 多顺一
丁式；
(c) 240 砖墙 十字式；
(d) 240 砖墙 一顺一
丁式；
(e) 240 砖墙 多顺一
丁式；
(f) 240 砖墙 十字式

图 2-38 砌块排列示意

错缝以及砌体的整体性，应事先做排列设计，并在砌筑过程中采取加固措施，如图 2-38 所示。

砌块体积较砖大，对灰缝要求更高。一般砌块用 M5 级砂浆砌筑，灰缝为 15 ~ 20mm，为了在关键部位插钢筋灌注混凝土的需要，多孔的小型砌块一般错缝搭接后要求孔洞上下对齐。中型砌块则上下皮搭接长度不得小于 150mm。

（3）墙体尺度

墙体尺度指厚度和墙段长两个方向的尺度。要确定墙体的尺度，除应满足结构和功能要求外，还必须符合块材自身的规格尺寸。

1）墙厚

墙厚主要由块材和灰缝的尺寸组合而成。常用的实心砖规格（长 × 宽 × 厚）：240mm×115mm×53mm。砌筑砂浆的宽度和厚度一般在 8 ~ 12mm，通常按 10mm 计，砖缝又叫灰缝。

2）砖墙洞口与墙段尺寸

a. 洞口尺寸应按模数协调统一标准制定，这样可以减少门窗规格，有利于工厂化生产，提高工业化的程度。

1000mm 以内的洞口尺度采用基本模数 100mm 的倍数。如：600、700、800、900、1000mm，大于 1000mm 的洞口尺度采用扩大模数 300mm 的倍数。如：1200、1500、1800mm 等。

b. 墙段尺寸是指窗间墙、转角墙等部位墙体的长度。

较短的墙段应尽量符合砖砌筑的模数，如370、490、620、740、870等，以避免砍砖及错缝搭接砌筑。

4.隔墙构造

隔墙是分隔建筑物内部空间的非承重构件，本身重量由楼板或梁来承担。设计要求隔墙自重轻、厚度薄，有隔声和防火性能，便于拆卸，浴室、厕所的隔墙能防潮、防水。常用隔墙有块材隔墙、轻骨架隔墙和板材隔墙三大类。

（1）块材隔墙

块材隔墙是用普通黏土砖、空心砖、加气混凝土等块材砌筑而成，常采用普通砖隔墙和砌块隔墙两种。

1）普通砖隔墙

构造做法：普通砖隔墙一般采用1/2砖（120mm）隔墙。用普通砖顺砌，砌筑砂浆宜大于M2.5。

特点：坚固耐久，有一定的隔声能力，但自重大，湿作业多，施工麻烦。

2）砌块隔墙

构造做法：加气混凝土砌块隔墙、粉煤灰硅酸盐砌块隔墙、水泥炉渣空心砖隔墙。

特点：质轻、孔隙率大、隔热性能好，但吸水性强，有防水、防潮要求时应在墙下先砌3～5皮吸水率低的砖。砌块隔墙厚度较薄，需采取加强稳定性措施，方法与砖隔墙类似。

3）框架填充墙

构造做法：用砖或轻质混凝土块材砌筑在结构框架梁柱之间的墙体，既可以用于外墙，也可以用于内墙，施工顺序为框架完工后砌填充墙。框架承重体系按传力系统的构成，分为：梁、柱、板体系和板、柱体系。

特点：轻质砌块吸水性较强，有防水、防潮要求时应在墙下先砌3～5皮吸水率低的砖。充填墙与框架的连接：与半砖隔墙类似。

（2）轻骨架隔墙

轻骨架隔墙面板本身不具有必要的刚度，难以自立成墙，需要先制作一个骨架，再在其表面覆盖面板，因而又称为立筋式隔墙。如图2-39所示。

轻骨架隔墙由骨架和面板层两部分组成，骨架有木骨架和金属骨架之分，面板有板条抹灰、钢丝网板条抹灰、胶合板、纤维板、石膏板等。由于先立墙筋（骨架），再做面层，故又称为立筋式隔墙。

1）骨架

常用的骨架有木骨架（图2-40）和型钢骨架（图2-41）。近年来，为节约木材和钢材，出现了不少采用工业废料和地方材料以及轻金属制成的骨架。木

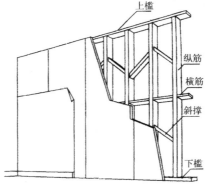

图2-39　轻骨架隔墙构成

上槛
纵筋
横筋
斜撑
下槛

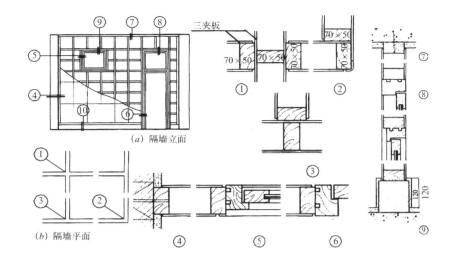

图2—40　木骨架夹板面隔墙

(a) 隔墙立面

(b) 隔墙平面

三夹板

泥砂浆抹面

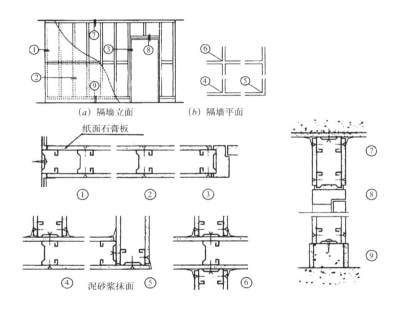

(a) 隔墙立面　　(b) 隔墙平面

纸面石膏板

图2—41　金属骨架石膏板面隔墙

骨架由上槛、下槛、墙筋、斜撑及横档组成。

轻钢骨架是由各种形式的薄壁型钢制成，其主要优点是强度高、刚度大、自重轻、整体性好、易于加工和大批量生产，还可根据需要拆卸和组装。

2）面层

轻骨架隔墙的面层材料可以是木质板材、胶合板、石膏板、硅酸钙板、塑铝板、水泥平板等。

（3）板材隔墙

板材隔墙是指各种轻质板材的高度相当于房间净高，不依赖骨架，可直接装配而成，目前多采用条板，如碳化石灰板、加气混凝土条板、多孔石膏条板、纸蜂窝板、水泥刨花板、复合板等。

1）轻质条板隔墙

种类：玻纤增强水泥条板、钢丝增强水泥条板、增强石膏空心条板、轻骨料混凝土条板。

长度：2200～4000mm，常用2400～3000mm。

宽度：常用600mm，以100mm递增。

厚度：最小为60mm，常用60、90、120mm。

2）蒸压加气混凝土板隔墙

蒸压加气混凝土板：是由水泥、石灰、砂、矿渣等加发泡剂（铝粉）经原料处理、配料浇注、切割、蒸压养护工序制成。

用途：外墙、内墙和屋面。

特点：其自重较轻，可锯、可刨、可钉、施工简单，防火性能好（板厚与耐火极限的关系是：75mm—2h，100mm—3h，150mm—4h），由于板内的气孔是闭合的，能有效抵抗雨水的渗透。但不宜用于具有高温、高湿或有化学有害空气介质的建筑中。

3）复合板材隔墙

用几种材料制成的多层板为复合板。复合板的面层有石棉水泥板、石膏板、铝板、树脂板、硬质纤维板、压型钢板等。夹心材料可用矿棉、木质纤维、泡沫塑料和蜂窝状材料等。

复合板充分利用材料的性能，大多具有强度高，耐火性、防水性、隔声性能好的优点，且安装、拆卸简便，有利于建筑工业化。

2.5.4 楼地面

1. 楼地层的构造组成

楼板层是建筑物中分隔上下楼层的水平构件，它不仅承受自重和其上的使用荷载，并将其传递给墙或柱，而且对墙体也起着水平支撑的作用。

地层是建筑物中与土壤直接接触的水平构件，承受作用在它上面的各种荷载，并将其传给地基。

地面是指楼板层和地层的面层部分，它直接承受上部荷载的作用，并将荷载传给下部的结构层和垫层，同时对室内又有一定的装饰作用。

楼板层主要由面层、结构层和顶棚层组成（图2-42）。

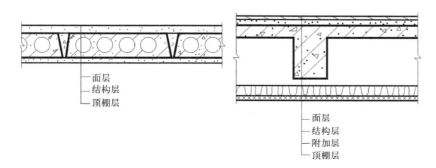

面层
结构层
顶棚层

面层
结构层
附加层
顶棚层

图2-42 楼板层的构造组成

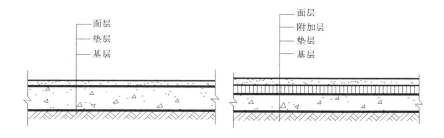

图 2-43 地坪层的构造组成

地坪层主要由面层、垫层和基层组成（图 2-43）。

根据使用要求和构造做法的不同，楼地层有时还需设置找平层、结合层、防水层、隔声层、隔热层等附加构造层。

（1）面层：位于楼板层的最上层，起着保护楼板层、分布荷载和绝缘的作用，同时对室内起美化装饰作用。

（2）结构层：主要功能在于承受楼板层上的全部荷载并将这些荷载传给墙或柱；同时还对墙身起水平支撑作用，以加强建筑物的整体刚度。

（3）附加层：附加层又称功能层，根据楼板层的具体要求而设置，主要作用是隔声、隔热、保温、防水、防潮、防腐蚀、防静电等。根据需要，有时和面层合二为一，有时又和吊顶合为一体。

（4）楼板顶棚层：位于楼板层最下层，主要作用是保护楼板、安装灯具、遮挡各种水平管线，改善使用功能、装饰美化室内空间。

2. 楼地层的构造要求

（1）具有足够的强度和刚度，以保证结构的安全和正常使用；

（2）根据不同的使用要求和建筑质量等级，要求具有不同程度的隔声、防火、防水、防潮、保温、隔热等性能；

（3）便于在楼地层中敷设各种管线；

（4）满足建筑经济的要求；

（5）尽量为建筑工业化创造条件，提高建筑质量和加快施工进度。

3. 楼板的类型

楼板层按其结构层所用材料的不同，可分为木楼板、砖拱楼板、钢筋混凝土楼板及压型钢板混凝土组合板等多种形式（图 2-44）。

木楼板具有自重轻、构造简单、吸热指数小等优点，但其隔声、耐久和耐火性能较差，且耗木材量大，除林区外，一般极少采用。

砖拱楼板虽可节约钢材、木材、水泥，但其自重大，承载力及抗震性能较差，

图 2-44 楼板的类型
(a) 木楼板；
(b) 砖拱楼板；
(c) 钢筋混凝土楼板；
(d) 压型钢板混凝土组合板

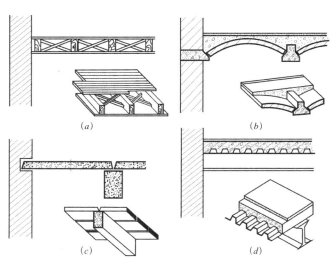

(a)　　　　(b)

(c)　　　　(d)

且施工较复杂，目前也很少采用。

钢筋混凝土楼板强度高、刚度好、耐久、耐火、耐水性好，且具有良好的可塑性，目前被广泛采用。

压型钢板混凝土组合板是以压型钢板为衬板与混凝土浇筑在一起而构成的楼板。

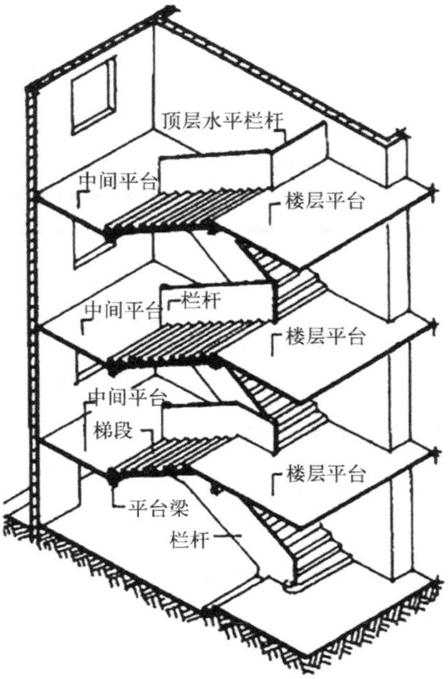

2.5.5 楼梯

1. 楼梯的组成

楼梯一般由楼梯段、平台及栏杆（或栏板）三部分组成（图2-45）。

图2-45 楼梯的组成

（1）楼梯段

楼梯段又称楼梯跑，是楼梯的主要使用和承重部分。它由若干个踏步组成。为减少人们上下楼梯时的疲劳和适应人行的习惯，一个楼梯段的踏步数要求最多不超过18级，最少不少于3级。

（2）平台

平台是指两楼梯段之间的水平板，有楼层平台、中间平台之分。其主要作用在于缓解疲劳，让人们在连续上楼时可在平台上稍加休息，故又称休息平台。同时，平台还是梯段之间转换方向的连接处。

（3）栏杆

栏杆是楼梯段的安全设施，一般设置在梯段的边缘和平台临空的一边，要求它必须坚固可靠，并保证有足够的安全高度。

2. 楼梯的类型

按位置不同分，楼梯有室内与室外两种。

按使用性质分，室内有主要楼梯、辅助楼梯;室外有安全楼梯、防火楼梯。

按材料分有木质、钢筋混凝土、钢质、混合式及金属楼梯。

按楼梯的平面形式不同，可分为如下几种：(a) 单跑直楼梯；(b) 双跑直楼梯；(c) 曲尺楼梯；(d) 双跑平行楼梯；(e) 双分转角楼梯；(f) 双分平行楼梯；(g) 三跑楼梯；(h) 三角形三跑楼梯；(i) 圆形楼梯；(j) 中柱螺旋楼梯；(k) 无中柱螺旋楼梯；(l) 单跑弧形楼梯；(m) 双跑弧形楼梯；(n) 交叉楼梯；(o) 剪刀楼梯。楼梯的形式如图2-46所示。

3. 楼梯的设计要求

（1）作为主要楼梯，应与主要出入口邻近，且位置明显；同时还应避免垂直交通与水平交通在交接处拥挤、堵塞。

（2）必须满足防火要求，楼梯间除允许直接对外开窗采光外，不得向室内任何房间开窗；楼梯间四周墙壁必须为防火墙；对防火要求高的建筑物特别

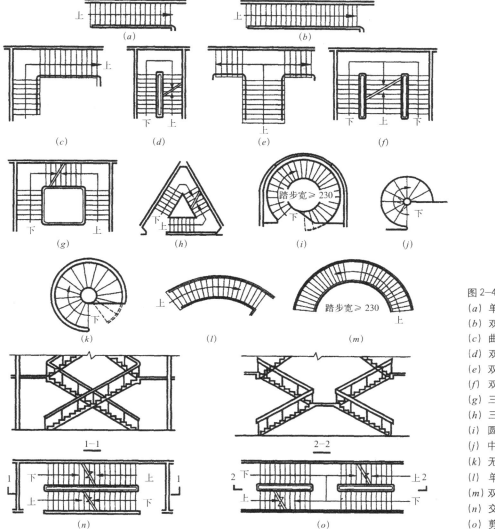

图 2-46　楼梯平面形式
(a) 单跑直楼梯；
(b) 双跑直楼梯；
(c) 曲尺楼梯；
(d) 双跑平行楼梯；
(e) 双分转角楼梯；
(f) 双分平行楼梯；
(g) 三跑楼梯；
(h) 三角形三跑楼梯；
(i) 圆形楼梯；
(j) 中柱螺旋楼梯；
(k) 无中柱螺旋楼梯；
(l) 单跑弧形楼梯；
(m) 双跑弧形楼梯；
(n) 交叉楼梯；
(o) 剪刀楼梯

是高层建筑，应设计成封闭式楼梯或防烟楼梯。

（3）楼梯间必须有良好的自然采光。

4. 楼梯的尺度

（1）楼梯段的宽度

楼梯的宽度必须满足上下人流及搬运物品的需要。从确保安全角度出发，楼梯段宽度是由通过该梯段的人流数确定的。

（2）楼梯的坡度与踏步尺寸

楼梯梯段的最大坡度不宜超过 38°；当坡度小于 20° 时，采用坡道；大于 45° 时，则采用爬梯。楼梯坡度实质上与楼梯踏步密切相关，踏步高与宽之比即可构成楼梯坡度。踏步高常以 h 表示，踏步宽常以 b 表示。

民用建筑中，楼梯踏步的最小宽度与最大高度的限制值见表 2-8。

楼梯类别	最小宽度b	最大高度h
住宅公用楼梯	250 （260～300）	180 （150～175）
幼儿园楼梯	260 （260～280）	150 （120～150）
医院、疗养院等楼梯	280 （300～350）	160 （120～150）
学校、办公楼等楼梯	260 （280～340）	170 （140～160）
剧院、会堂等楼梯	220 （300～350）	200 （120～150）

楼梯踏步最小宽度和最大宽度（mm）　　　　表2—8

（3）楼梯栏杆扶手的高度

楼梯栏杆扶手的高度，指踏面前缘至扶手顶面的垂直距离。楼梯扶手的高度与楼梯的坡度、楼梯的使用要求有关，很陡的楼梯，扶手的高度矮些，坡度平缓时高度可稍大。在30°左右的坡度下常采用900mm；儿童使用的楼梯一般为600mm。对一般室内楼梯≥900mm，靠梯井一侧水平栏杆长度>500mm，其高度≥1000mm，室外楼梯栏杆高≥1050mm。

（4）楼梯尺寸的确定（图2—47）

设计楼梯主要是解决楼梯梯段和平台的设计，而梯段和平台的尺寸与楼梯间的开间、进深和层高有关。

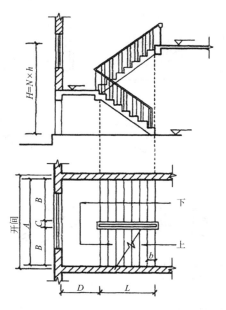

图2—47　楼梯尺寸的确定

1）梯段宽度与平台宽的计算

梯段宽 B：

$$B=\frac{A-C}{2}$$

A ——开间净宽；

C ——两梯段之间的缝隙宽，考虑消防、安全和施工的要求，C=60～200mm。

平台宽 D：$D \geqslant B$

2）踏步的尺寸与数量的确定

$$N=\frac{H}{h}$$

H ——层高；

h ——踏步高。

3）梯段长度计算

梯段长度取决于踏步数量。当 N 已知后，对两段等跑的楼梯梯段长 L 为

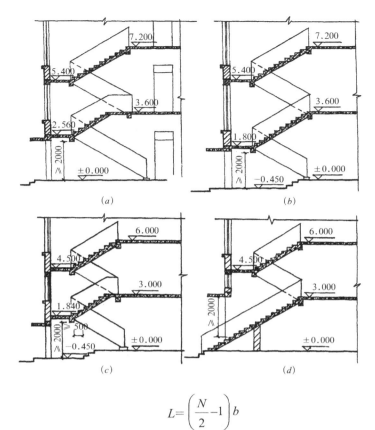

图 2-48 平台下作出
入口时楼梯净高设
计的几种方式
(a) 底层设计成"长
短跑";
(b) 增加室内外高差;
(c) (a)、(b) 相结合;
(d) 底层采用单跑梯段

$$L=\left(\frac{N}{2}-1\right)b$$

b ——踏步宽。

(5) 楼梯的净空高度

为保证在这些部位通行或搬运物件时不受影响,其净高在平台处应大于 2m;在梯段处应大于 2.2m。

当楼梯底层中间平台下做通道时,为求得下面空间净高 ≥ 2000mm,常采用以下几种处理方法 (图 2-48):

1) 将楼梯底层设计成"长短跑",让第一跑的踏步数目多些,第二跑踏步少些,利用踏步的多少来调节下部净空的高度。

2) 增加室内外高差。

3) 将上述两种方法结合,即降低底层中间平台下的地面标高,同时增加楼梯底层第一个梯段的踏步数量。

4) 将底层采用单跑楼梯,这种方式多用于少雨地区的住宅建筑。

5) 取消平台梁,即平台板和梯段组合成一块折形板。

2.5.6 屋顶

1. 屋顶的类型

(1) 平屋顶

平屋顶通常是指排水坡度小于 5% 的屋顶,常用坡度为 2% ~ 3%。图 2-49

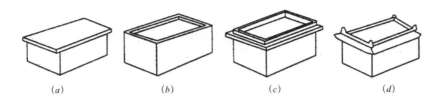

图 2-49 平屋顶的形式
(a) 挑檐；
(b) 女儿墙；
(c) 挑檐女儿墙；
(d) 盝顶

为平屋顶常见的几种形式。

（2）坡屋顶

坡屋顶通常是指屋面坡度大于 10% 的屋顶。坡屋顶常见的几种形式如图 2-50 所示。

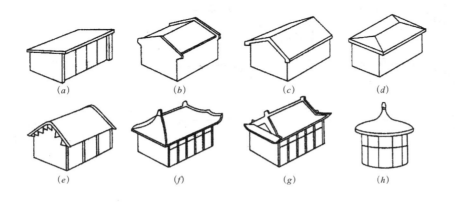

图 2-50 坡屋顶的形式
(a) 单坡顶；
(b) 硬山两坡顶；
(c) 悬山两坡顶；
(d) 四坡顶；
(e) 卷棚顶；
(f) 庑殿顶；
(g) 歇山顶；
(h) 圆攒尖顶

（3）其他形式的屋顶

随着科学技术的发展，出现了许多新型的屋顶结构形式，如拱结构、薄壳结构、悬索结构、网架结构屋顶等。这类屋顶多用于较大跨度的公共建筑。其他形式的屋顶如图 2-51 所示。

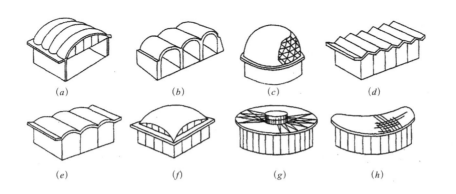

图 2-51 其他形式的屋顶
(a) 双曲拱屋顶；
(b) 砖石拱屋顶；
(c) 球形网壳屋顶；
(d) V 形网壳屋顶；
(e) 筒壳屋顶；
(f) 扁壳屋顶；
(g) 车轮形悬索屋顶；
(h) 鞍形悬索屋顶

2. 屋顶的设计要求

（1）要求屋顶起良好的围护作用，具有防水、保温和隔热性能。其中防止雨水渗漏是屋顶的基本功能要求，也是屋顶设计的核心。

（2）要求具有足够的强度、刚度和稳定性。能承受风、雨、雪、施工、上人等荷载，地震区还应考虑地震荷载对它的影响，满足抗震的要求，并力求做到自重轻、构造层次简单；就地取材、施工方便；造价经济、便于维修。

（3）满足人们对建筑艺术即美观方面的需求。屋顶是建筑造型的重要组成部分，中国古建筑的重要特征之一就是有变化多样的屋顶外形和装修精美的屋顶细部，现代建筑也应注重屋顶形式及其细部设计。

2.5.7 门窗

1. 门窗的作用和要求

门在房屋建筑中的作用主要是交通联系，并兼采光和通风；窗的作用主要是采光、通风及眺望。在不同情况下，门和窗还有分隔、保温、隔声、防火、防辐射、防风沙等要求。

门窗在建筑立面构图中的影响也较大，它的尺度、比例、形状、组合、透光材料的类型等，都影响着建筑的艺术效果。

2. 门窗的形式与尺度

（1）门的形式

门按其开启方式通常有：平开门、弹簧门、推拉门、折叠门、转门等（图2-52）。

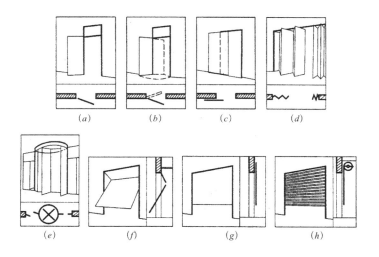

图2-52 门的开启形式
（a）平开门；
（b）弹簧门；
（c）推拉门；
（d）折叠门；
（e）转门；
（f）上翻门；
（g）升降门；
（h）卷帘门

（2）门的尺度

门的尺度通常是指门洞的高宽尺寸。门作为交通疏散通道，其尺度取决于人的通行要求，家具器械的搬运及与建筑物的比例关系等，并要符合现行《建筑模数协调统一标准》的规定。

1）门的高度

不宜小于2100mm。如门设有亮子时，亮子高度一般为300～600mm，则门洞高度为2400～3000mm。公共建筑大门高度可视需要适当提高。

2）门的宽度

单扇门为 700 ~ 1000mm，双扇门为 1200 ~ 1800mm。宽度在 2100mm 以上时，则做成三扇、四扇门或双扇带固定扇的门，因为门扇过宽易产生翘曲变形，同时也不利于开启。辅助房间（如浴厕、贮藏室等）门的宽度可窄些，一般为 700 ~ 800mm。

（3）窗的形式

窗的形式一般按开启方式定。而窗的开启方式主要取决于窗扇铰链安装的位置和转动方式。通常窗的开启方式有以下几种（图 2-53）：

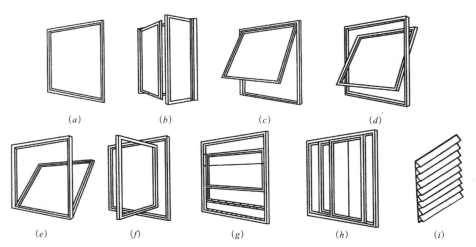

图 2-53　窗的开启方式
(a) 固定窗；
(b) 平开窗；
(c) 上悬窗；
(d) 中悬窗；
(e) 下悬窗；
(f) 立转窗；
(g) 垂直推拉窗；
(h) 水平推拉窗；
(i) 百叶窗

1）固定窗

无窗扇、不能开启的窗为固定窗。固定窗的玻璃直接嵌固在窗框上，可供采光和眺望之用。

2）平开窗

铰链安装在窗扇一侧与窗框相连，向外或向内水平开启。有单扇、双扇、多扇，有向内开与向外开之分。其构造简单，开启灵活，制作维修均方便，是民用建筑中采用最广泛的窗。

3）悬窗

因铰链和转轴的位置不同，可分为上悬窗、中悬窗和下悬窗。

4）立转窗

引导风进入室内效果较好，防雨及密封性较差，多用于单层厂房的低侧窗。因密闭性较差，不宜用于寒冷和多风沙的地区。

5）推拉窗

分垂直推拉窗和水平推拉窗两种。它们不多占使用空间，窗扇受力状态较好，适宜安装较大玻璃，但通风面积受到限制。

6）百叶窗

主要用于遮阳、防雨及通风，但采光差。百叶窗可用金属、木材、钢筋混凝土等制作，有固定式和活动式两种形式。

（4）窗的尺度

窗的尺度主要取决于房间的采光、通风、构造做法和建筑造型等要求，并要符合现行《建筑模数协调标准》的规定。为使窗坚固耐久，一般平开木窗的窗扇高度为 800～1200mm，宽度不宜大于 500mm；上下悬窗的窗扇高度为 300～600mm；中悬窗窗扇高不宜大于 1200mm，宽度不宜大于 1000mm；推拉窗高宽均不宜大于 1500mm。对一般民用建筑用窗，各地均有通用图，各类窗的高度与宽度尺寸通常采用扩大模数 3M 数列作为洞口的标志尺寸，需要时只要按所需类型及尺度大小直接选用。

2.6 建筑设计案例分析

名称：绍兴师爷博物馆建筑方案设计

设计单位：本案例由浙江某建筑设计有限公司提供

设计内容：博物馆、游客中心、贵宾接待中心、休闲娱乐、办公、商业

■ 设计概念篇

概念篇

主导性设计理念

序 -【名】开头的，在正式内容之前的。

——新华字典

"序"是本案的主导性设计理念，它来源于本案对于师爷文化和古镇印象的认识。

古镇印象：基于对古镇游客心理的分析，本案认为无论是入口基地的规划或单体的设计，其出发点都应该是为了给古镇本身做铺垫，为即将进入古镇的游客打造古镇的印象从而引导他们进入古镇游玩和消费。

因此，本案在打造仿古建筑的同时避开它们与古镇实体的雷同，用较为纯净的建筑语言抽象表达了古镇的空间感，可以说是求得复古与简约主义的平衡。游客对于古镇的直观感受因此留有了相当的余地，这也进一步强化了他们充分体验古镇的兴致。

师爷文化：对于师爷的描述，本案认为徐文长的"不隐不显"可谓经典的概括。师爷大多本为落地秀才，不谋官职，可谓不显。然而师爷却在诸多场合胜于官差，掌控刑文钱谷，可谓不隐。作为非官方的民间私人顾问，师爷以文学韬略各侍其主，饮茶谈笑间出谋划策、运筹帷幄。这种独特的气质与"序"所隐含的厚积薄发，深不可测的定义不谋而合。"序"之腠腻，更可以彰显师爷内有乾坤的特质。

本案在规划和建筑手法上都诠释了师爷的掌控大局和不隐不显，将作为师爷象征的博物馆主体建筑置于基地深处，令其特有的带状建筑元素（下称"纤维"）延伸至主入口，勾勒出基地总体的布局和配套建筑。进入基地的游客将首先注意到穿梭于配套建筑之间的"纤维"及其掌控规划的地位，而后深入察觉到这种建筑元素汇聚构成的博物馆所暗喻的师爷文化。

案例参考和分析

在翻阅了诸多包含坡屋顶的经典古镇的资料之后，我们总结出如下几项对于古镇入口的处理手法：

经典古镇案例	丽江	平遥	乌镇
入口处理手法	大型浮雕、水车等刻画纳西族的文化风俗	登高塔楼可以望古城全景	仿古门关建筑加上石雕像反映民居生活
分析	对于当地的文化善加利用，渗透于小品和平面的处理上，凸现出古镇本身的独特定位	所谓只缘身在此山中。通过登高纵观古城反而能更强烈地感受古镇并置身于古城中的冲动	直白的仿古建筑、文字和塑像。最为普通而且直接的古镇入口处理

本案总结了古镇入口案例中的两个要点：

1. 引导游客入镇而非效仿古镇

2. 凸现本地文化对古镇的渲染

这两点佐证了"序"的可行性。对师爷文化的诠释和抽象的古镇空间打造不仅给予了古镇独特的定位也强化了游客对于古镇实体空间的好奇心。

总体规划

以"序"为主导思想，基地的规划有如下几个要点：

1. 入口门关相对简洁低调，布置了临街商业、游客中心和第一个庭院。

2. 从建筑群外围就引入了特有的博物馆建筑元素"纤维"，其形似放大的布纤维，取材于当地的织布文化；其走向框定了整个规划的格局并汇聚构成了师爷博物馆的主体建筑，表达了当地师爷文化中不隐不显、掌控全局核心内容。

3. 蜿蜒的游客路径给予建筑本身充分的机会向游客展示古镇的空间印象。

4. 在基地中心布置了第二个庭院和休闲娱乐的功能，娱乐功能相对内向的布置与古镇的实体娱乐空间有所区分。

5. 基地深处的博物馆由纯净的纤维元素汇聚而成，游客通过穿越博物馆主体来感受建筑对师爷文化的诠释。

6. 博物馆后第三个庭院利用了基地外现有的保留空地，并设置了登高塔楼以便游客眺望古镇全景，将"序"的篇章推向高潮。

7. 由于考虑到游客购物多集中于离开景区的时候，保留建筑中的商业街被定位为游客的出口路径并加强打造。

8. 停车场的位置设于基地外围人行入口与人行出口之间，不仅最为便利，而且最大限度隔离了城市交通对于古镇印象打造的影响。

9. 办公楼被置于基地东北角，减小办公人流和游客的互相干扰。

■ 博物馆
■ 办公楼
□ 专家接待
■ 游客中心
□ 休闲娱乐
□ 商业
■ 瞭望塔楼

建筑单体手法

师爷文化：

主要建筑元素"纤维"的设计灵感来源于当地的织布文化"南沙哗叽"。

师爷之乡安昌"花行堡"是绍兴最早的棉业中心，农家兼营纺织土布，布质实细匀，誉为"南沙哗叽"。

设计中将师爷博物馆最重要的建筑元素"纤维"贯穿于其余的规划建筑中，"纤维"或墙面或屋顶或地面，自由变换，随意舞动。既作为点缀存在于白墙黑瓦之间，又与博物馆有着密不可分的联系，如同将师爷博物馆隐入古镇，但又处处影响着其余建筑，吻合师爷不隐不显、掌控全局的气质。

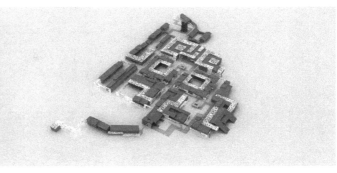

古镇印象：

设计时抛开纯仿古建筑的思路，围绕打造古镇的"印象"做文章，将民居、老街与帮岸、廊棚、桥等传统元素以现代的建筑手法演绎出来。但这并不代表对仿古元素的完全摒弃，木格窗、木板门、木柱、木梁等中国古建的元素依稀点缀于建筑之间，给人以古村落的模糊"印象"，另一方面，光线透过放大化的布纤维，映射在白墙以及青砖地面上，犹如烟雨缭绕，将江南古镇最美的画面，深深地印在游人的心中。

■ 规划分析篇

规划总平面图

经济技术指标

用地总面积		$47814m^2$
用地净面积		$44782m^2$
总建筑面积		$31987.4m^2$
地上总建筑面积		$29078.31m^2$
其中	博物馆	$7607.56m^2$
	游客中心	$3210.64m^2$
	贵宾接待中心	$3440.85m^2$
	休闲娱乐	$6850.77m^2$
	办公	$4457.05m^2$
	商业	$3511.44m^2$
地下总建筑面积		$2909.09m^2$
容积率		0.65
建筑占地		$15670.12m^2$
建筑密度		35%
绿地率		20%
总停车位		277辆
其中	地面停车位	236辆
	地下停车位	41辆

基地的总体规划强调的是师爷博物馆"不隐不显"的寓意和古镇空间典型的街巷尺度。建筑的面积分布和功能布置突出了博物馆和休闲娱乐两大体块，除游客中心、商业和办公以外，本案还设计了部分高级接待宿舍供专家暂住。

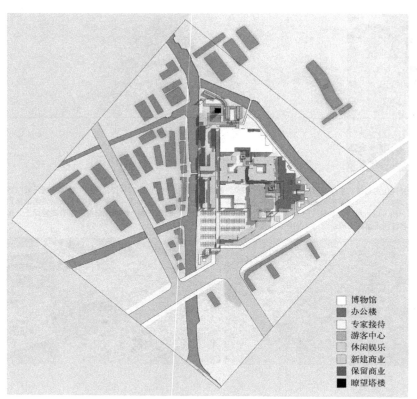

为凸显师爷的掌控全局和内有乾坤之势，象征师爷的博物馆被置于基地深处，与休闲娱乐的主题功能呈呼应之势。沿游客路径先后从外到内的功能有临街商业、游客中心、专家住宿、休闲娱乐、博物馆和塔楼。游客出口路径经过基地西南侧的保留商业街。基地东北端的办公楼独立成群，在游客路径之外。

博物馆
办公楼
专家接待
游客中心
休闲娱乐
新建商业
保留商业
瞭望塔楼

功能布局分析图

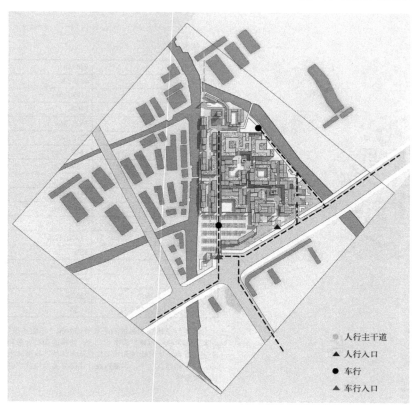

人行主入口设置在道路中端，三进三折，先后通过三个庭院，穿越博物馆和塔楼通往古镇。人行出口经由商业街与停车场和车行入口相连。人行路径的南北各有一个后勤道路。东北角的办公楼人行流线与游客流线分离，并设有地下车库供办公人员专用。

人行主干道
人行入口
车行
车行入口

交通流线分析图

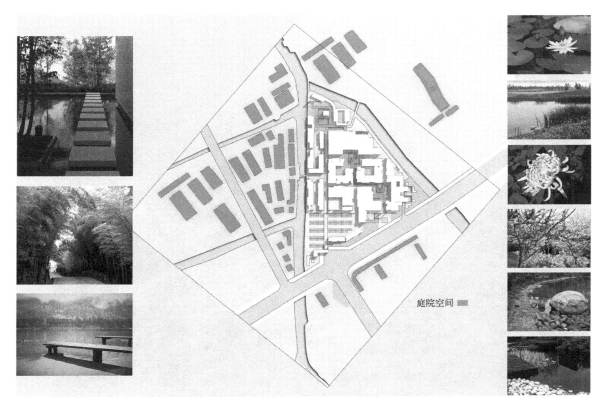

庭院空间 ▨

庭院景观分析图

本案地形北高南低。南北设计高差为 0.6m。

竖向设计分析图

整体鸟瞰图

入口日景透视图

博物馆日景透视图

博物馆室内透视图

游客中心透视图

办公日景透视图

小巷局部透视图

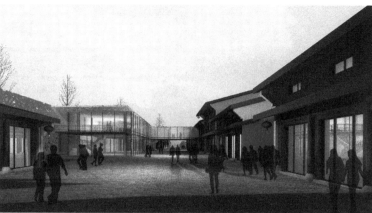

商业透视图

塔楼透视图

建筑形体多角度比对分析一

建筑形体多角度比对分析二

建筑形体多角度比对分析三

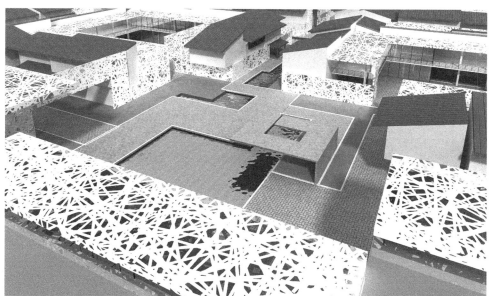

建筑形体多角度比对分析四

建筑形体多角度比对分析五

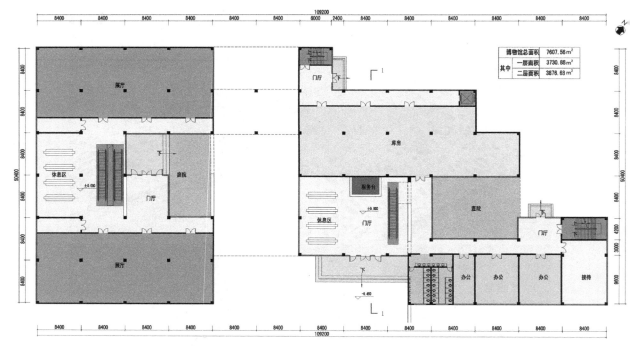

博物馆一层平面图

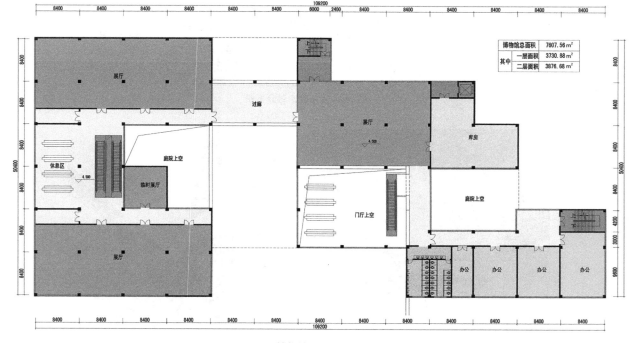

博物馆二层平面图

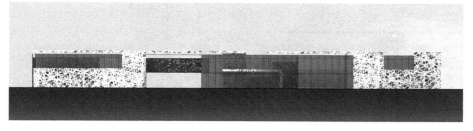

博物馆立面图

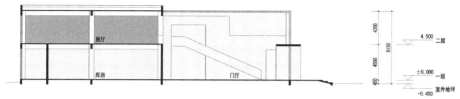

博物馆剖面图

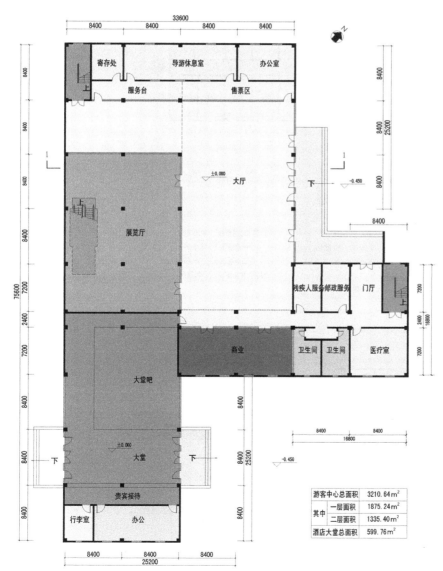

游客中心总面积		3210.64㎡
其中	一层面积	1875.24㎡
	二层面积	1335.40㎡
酒店大堂总面积		599.76㎡

游客中心及贵宾接待
中心大堂一层平面图

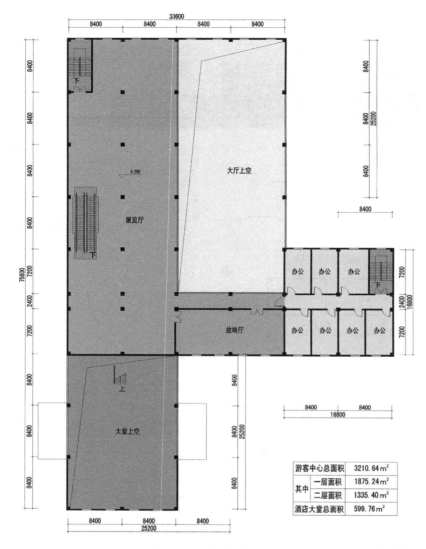

游客中心总面积	3210.64 m²
其中	一层面积	1875.24 m²
	二层面积	1335.40 m²
酒店大堂总面积	599.76 m²

游客中心及贵宾接待
中心大堂二层平面图

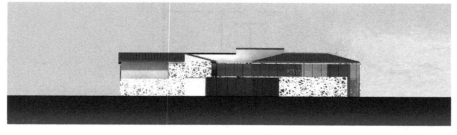

游客中心及贵宾接待
中心大堂立面

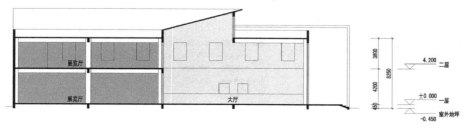

游客中心及贵宾接待
中心剖面图

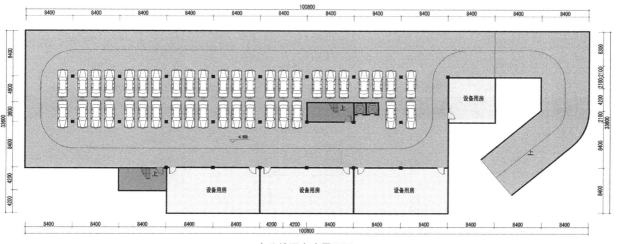

办公地下车库平面图

办公总面积	4457.05 m²		
其中	一层面积	2432.05 m²
	二层面积	2025.00 m²
	地下室总面积	2908.09 m²
地下室停车位	41辆		

办公一层平面图

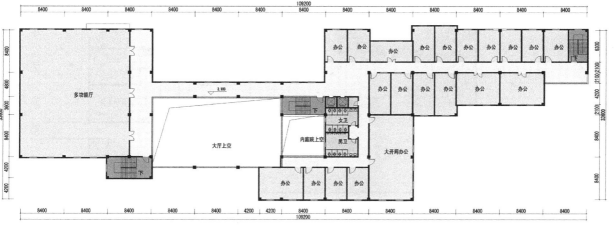

办公二层平面图

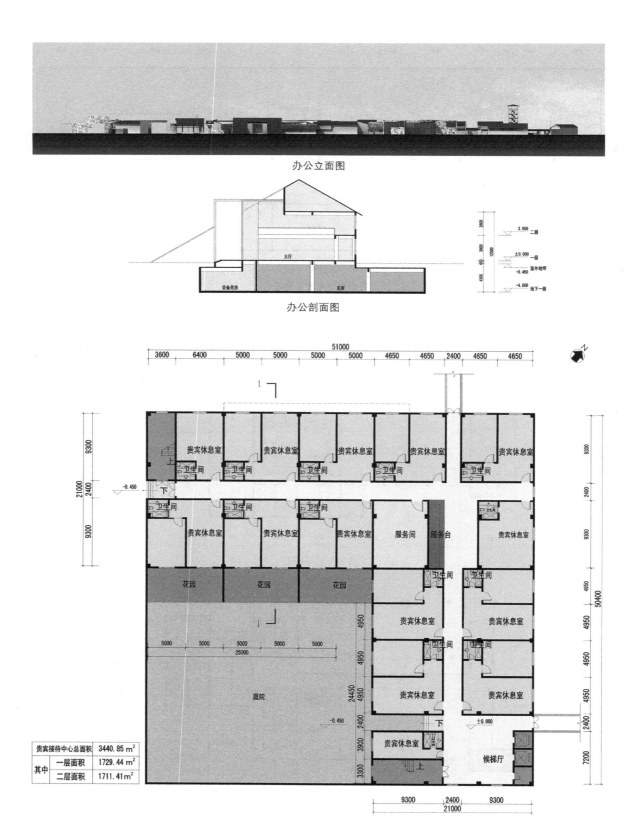

办公立面图

办公剖面图

贵宾接待中心一层平面图

贵宾接待中心总面积	3440.85 m²
其中 一层面积	1729.44 m²
二层面积	1711.41 m²

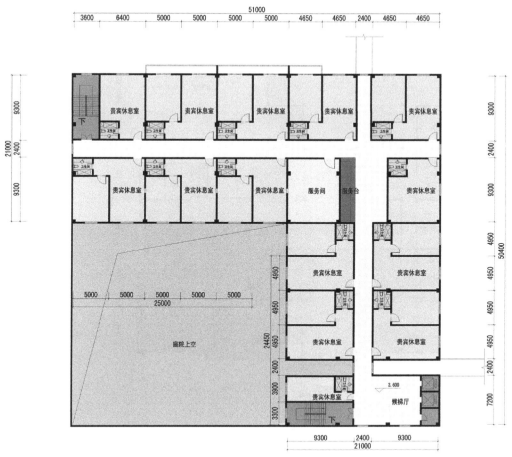

贵宾接待中心二层平面图

贵宾接待中心立面图

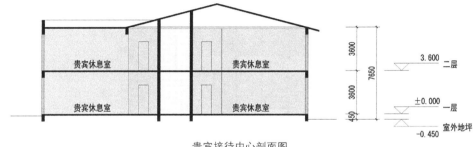

贵宾接待中心剖面图

休闲娱乐 A 一层平面图

休闲娱乐 A 二层平面图

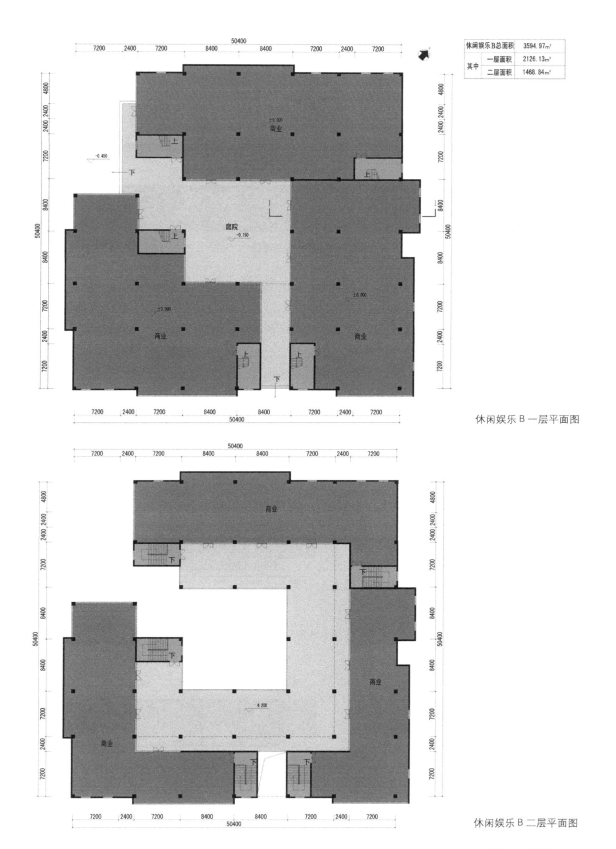

休闲娱乐B总面积	3594.97㎡
其中 一层面积	2126.13㎡
二层面积	1468.84㎡

休闲娱乐 B 一层平面图

休闲娱乐 B 二层平面图

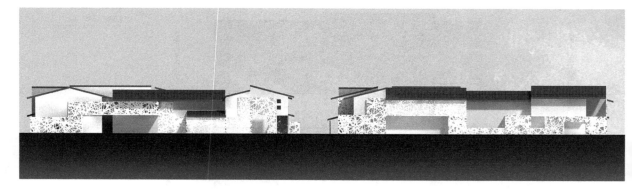

休闲娱乐 B 立面图

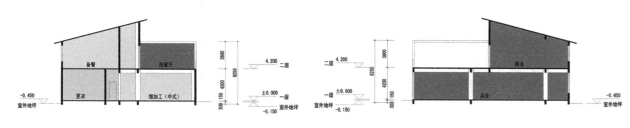

休闲娱乐 A1—1 剖面图

休闲娱乐 B1—1 剖面图

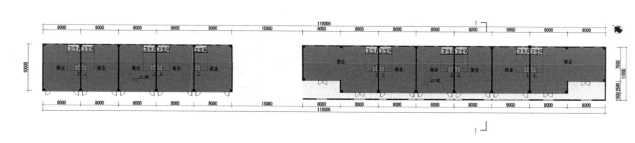

商业 A 区一层平面图

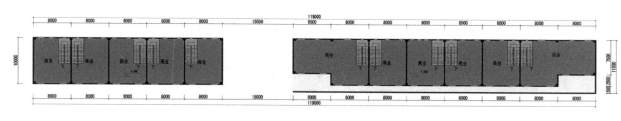

商业 A 区二层平面图

商业A总面积	2059.64 m²	
其中	一层面积	1029.82 m²
	二层面积	1029.82 m²

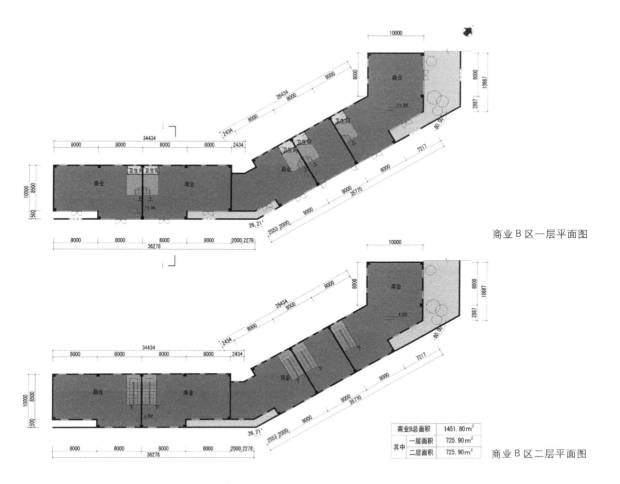

商业 B 区一层平面图

商业 B 区二层平面图

商业B总面积		1451.80 m²
其中	一层面积	725.90 m²
	二层面积	725.90 m²

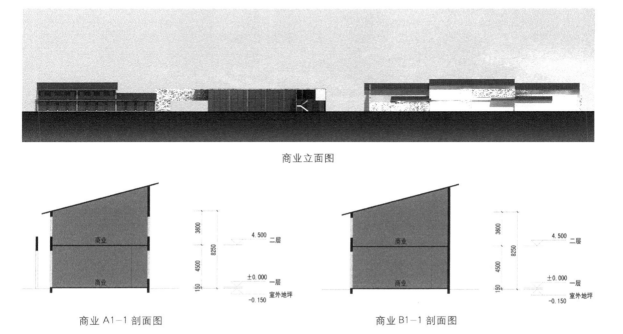

商业立面图

商业 A1—1 剖面图

商业 B1—1 剖面图

3

第 3 章　建筑施工图设计

3.1 建筑施工图设计的概念、内容和要求

3.1.1 建筑施工图设计的概念

一套完整的工程施工图，包含建筑施工图、结构施工图、设备施工图（给水排水、电器、暖通）三方面。建筑施工图简称"建施"，是用来表示房屋的规划位置、外部造型、内部布置、内外装修、细部构造、固定设施及施工要求等的图纸，是依据正投影原理、国家有关的制图标准及行业规范进行绘制的，是房屋施工的主要依据，也是编制工程概预算、施工组织设计和工程验收的重要技术依据。它包括施工图首页、总平面图、平面图、立面图、剖面图和详图。

3.1.2 建筑施工图设计的内容

一个工程的建筑施工图，要按内容的主次关系编排成册，通常以"建施"加图纸的顺序号来命名，例如建施－01、建施－02等，不同地区、不同设计单位对图纸的编号不尽相同。一套完整的建筑施工图，主要包含有以下内容：

（1）图纸目录：是施工图编排的目录单，按专业分列，通常由序号、图号、图名、图幅、备注等几项组成。

（2）建筑总平面图：是在新建房屋所在的建筑场地上空俯视，将场地周边和场地内的地貌和地物向水平投影面进行正投影得到的图样。它反映了建筑物的规划位置、总体布局、周边环境等。

（3）建筑设计总说明：是建筑施工图的纲领性文件，反映工程的总体施工要求，用文字的形式来表达图样中无法表达清楚且带有全局性的内容，主要包含设计依据、工程概况、建筑构造做法等。

（4）建筑平面图：即假想用一个水平面在窗台上方将建筑物剖开，移去上部以后，将剖切面以下部分向水平投影面进行正投影得到的图样。建筑平面图由底层平面图、中间层平面图（或标准层平面图）、屋顶平面图等组成。反映建筑物的平面形状、布局等。

（5）建筑立面图：是在与建筑物立面平行的投影面上所作的正投影图。通常有正立面、背立面、左侧立面、右侧立面四个立面图。反映建筑的外部造型、装饰做法等。

（6）建筑剖面图：即假想用一个垂直于外墙的铅垂剖切面将建筑物剖开，移去观察者与剖切面之间的部分，对剩余部分所作的正投影图。反映了建筑物的内部结构、竖向布置等。

（7）建筑详图：即为用较大的比例（1：50～1：5等）将建筑物的细部构造层次、尺寸、材料、做法等详尽地绘制出来的图样。通常有楼梯、电梯、厨房、卫生间等局部平面放大详图和构造节点详图等。

（8）建筑节能设计专篇：建筑节能设计主要是通过对建筑各部分的节能构造设计、建筑内部空间的合理分隔设计，以及新型建筑节能材料和设备的设

计与选择等，来更好地利用既有建筑外部气候环境条件，以达到节能和改善室内微气候环境的效果。

3.1.3 建筑施工图设计的要求

建筑施工图设计主要有以下要求：

（1）民用建筑工程一般应分为方案设计、初步设计和施工图设计三个阶段；对于技术要求简单的民用建筑工程，经有关主管部门同意，并且合同中有不做初步设计的约定，可在方案设计审批后直接进入施工图设计。施工图设计必须以方案设计和初步设计为基础，保持原方案的设计风格。

（2）建筑施工图设计文件的编制和深度要求，应遵照中华人民共和国住房和城乡建设部颁发的《建筑工程设计文件编制深度规定》（2008 年版）和《民用建筑工程建筑施工图设计深度图样》09J801 执行。

（3）建筑施工图设计在构造处理、装修标准、用料选择上除了满足各项规范要求和行业要求外，还应充分考虑建设单位对材料供应、施工技术、工程造价等技术与经济指标的要求。

（4）坚持设计规范的原则、互相配合协调的原则、为施工着想的原则，各专业间互提条件，交叉进行设计，逐一解决问题完成设计。

3.2 建筑施工图设计的基本知识及法规

3.2.1 建筑施工图设计的基本知识

1. 定位轴线

定位轴线是用来确定建筑物主要结构或构件的位置及其标志尺寸的线。定位轴线应符合以下要求：

（1）定位轴线应用细单点长画线绘制。

（2）定位轴线编号应写在轴线端部的圆内。横向编号应用阿拉伯数字，从左至右顺序编写；竖向编号应用大写英文字母，从下至上顺序编写。英文字母的 I、O、Z 不得用作轴线编号（图 3-1）。

（3）附加定位轴线的编号，应以分数形表示，并应符合下列规定（图 3-2）：

1）两根轴线之间的附加轴线，应以分母表示前一轴线的编号，分子表示附加轴线的编号。编号宜用阿拉伯数字编写。

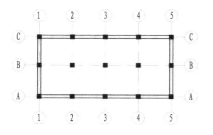

图 3-1 定位轴线的编号顺序（左）

图 3-2 附加定位轴线的编号（右）

用于两根轴线时

用于三根或三
根以上轴线时

用于三根以上连
续编号的轴线时

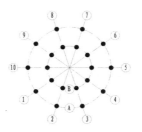

图3-3 定位轴线的编
号顺序（左）
图3-4 圆形平面定位
轴线的编号（右）

2）1号轴线或A号轴线之前的附加轴线的分母应以01或0A表示。

（4）一个详图适用于几根轴线时，应同时注明各有关轴线的编号（图3-3）。

（5）圆形与弧形平面中的定位轴线，其径向轴线应以角度进行定位，其编号宜用阿拉伯数字表示，从左下角或-90°（若径向轴线很密，角度间隔很小）开始，按逆时针顺序编写；其环向轴线宜用大写英文字母表示，从外向内顺序编写（图3-4）。

（6）折线形平面图中定位轴线的编号可按图3-5的形式编写。

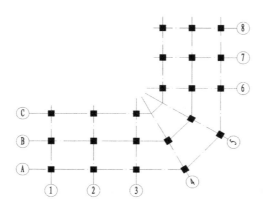

图3-5 折线平面定位
轴线的编号

2. 常用符号

（1）索引符号及详图符号

图样中的某一局部或构件，如需另见详图，应以索引符号索引（图3-6（a））。索引符号应按下列规定编写：

1）索引出的详图，如与被索引的详图在同一张图纸内，应在索引符号的上半圆中用阿拉伯数字注明该详图的编号，并在下半圆中间画一段水平细实线（图3-6（a））。

2）索引出的详图，如与被索引的详图不在同一张图纸内，应在索引符号的上半圆中用阿拉伯数字注明该详图的编号，在索引符号的下半圆用阿拉伯数字注明该详图所在图纸的编号（图3-6（b））。数字较多时，可加文字标注。

3）索引出的详图，若采用标准图，应在索引符号水平直径的延长线上加注该标准图集的编号，在索引符号的下半圆注明图集页码编号（图3-6（c））。需要标注比例时，文字在索引符号右侧或延长线下方，与符号对齐。

4）索引符号当用于索引剖视详图时，应在被剖切部位绘制剖切位置线，并以引出线引出索引符号，引出线所在的一侧应为剖视方向（图3-7）。

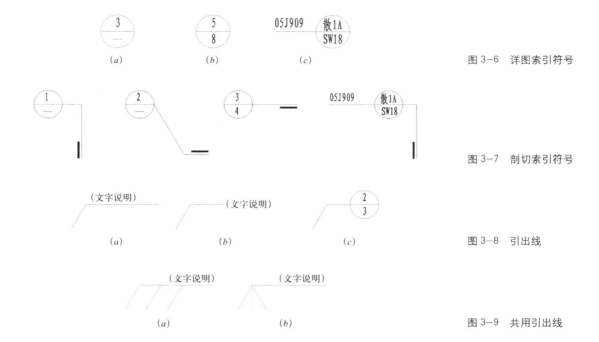

图 3-6　详图索引符号

图 3-7　剖切索引符号

图 3-8　引出线

图 3-9　共用引出线

（2）引出线

图样中某些部位的具体内容、要求或者尺寸无法标注时，需要用引出线注写文字说明或者详图号来表达。

1）引出线应以细实线绘制，宜采用水平方向的直线，或与水平方向成30°、45°、60°、90°的直线，并经上述角度再折成水平线。文字说明宜注写在水平线的上方（图 3-8（a））或端部（图 3-8（b））。索引详图的引出线，应与水平直径线相连接（图 3-8（c））。

2）同时引出的几个相同部分的引出线，宜互相平行（图 3-9（a）），也可画成集中于一点的放射线（图 3-9（b））。

3）多层构造引出线，应通过被引出的各层，并用圆点示意对应各层次。文字说明宜注写在水平线上方或端部，说明的顺序应由上至下，并应与被说明的层次对应一致；如层次为横向排序，则由上至下的说明顺序应与由左至右的层次对应一致（图 3-10）。

（3）标高符号

标高是指以某一水平面作为基准面，并作零点（水准原点）起算地面（楼面）至基准面的垂直高度。标高是竖向定位的依据，分为绝对标高和相对标高两种。

绝对标高：指一个国家或地区统一规定的基准面作为零点的标高。例如我国现行的 85 国家高程系

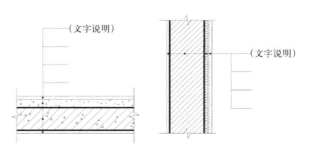

图 3-10　多层共用引出线

统，规定以青岛附近黄海的平均海平面作为标高的零点，其他各地标高以此为基准计算。任何一地点相对于黄海平均海平面的高差，就称它为绝对标高。

相对标高：指工程图中用来表示建筑物各部分高度的标高。一般把建筑物首层地面高度作为相对标高的零点。在建筑施工图的总说明中，会写有"本工程 ±0.000 处标高等于绝对标高 ×× 米"，指的就是本工程首层地面高度为绝对标高 ×× 米处。图中其余标高以此为基准计算。

1）标高符号应以等腰直角三角形表示，按图 3-11 (a) 所示形式用细实线绘制，当标注位置不够时，也可按图 3-11 (b)、(c) 所示形式绘制。标高符号的具体画法应符合图 3-11 的规定。

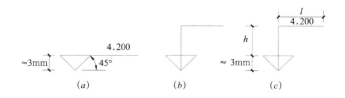

图 3-11　标高的标注方法
l—取适当长度注写标高数字；
h—根据需要取适当高度

2）总平面图室外标高符号，宜用涂黑的三角形表示。总平面图的道路交叉口标高，应用黑色圆点表示。具体画法应符合图 3-12 的规定。

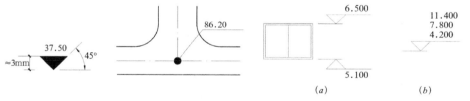

图 3-12　总平面图标高的标注方法（左）
图 3-13　标高的指向及同一位置注写多个标高（右）

3）标高符号数字应以米为单位，注写到小数点后三位。在总平面图中，可注写到小数点以后的第二位（图 3-13 (a)）。

4）在图样的同一位置需要表示几个不同标高的时候，数字可以上下排列注写（图 3-13 (b)）。

（4）坡度符号

标注坡度时，应加注坡度符号"◄—"或"◢—"（图 3-14 (a)），箭头应指向下坡方向。坡度也可以用直角三角形的形式标注（图 3-14 (b)）。

（5）其他符号

1）对称符号由对称线和两端的两对平行线组成。对称线用细单点长画线绘制；平行线用细实线绘制；对称线垂直平分于两对平行线，两端超出平行线宜为 2 ~ 3mm（图 3-15 (a)）。

2）对图纸中局部需变更部分宜采用云线表示范围，并宜注明修改版次（图 3-15 (b)）。

3）指北针的图形应符合图 3-15 (c) 的规定，其圆的直径宜为 24mm，用细实线绘制；通常指针头部应注"北"或"N"字样。

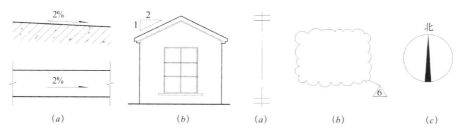

图 3-14 坡度的标注
　　方法（左）
图 3-15　其他符号
　　（右）

注：指北针应绘制在建筑物 ±0.000 标高的平面图上，并应放在明显位置，所指的方向应与总图一致。

3.2.2　法规和技术标准

3.2.2.1　概述

（1）标准的定义

标准是对重复性事物和概念所作的统一规定。它以科学、技术和实践经验的综合成果为基础，经有关方面协商一致，由主管机关批准，以特定的形式发布，作为共同遵守的准则和依据。

（2）标准的分类

1）按照《中华人民共和国标准化法》，我国工程建设标准分为：

国家标准（GB）、行业标准、地方标准和企业标准，代码表示如下：

"建筑工业"——JG；

"工程建设标准"——JGJ；

"地方标准"——DB+ 地区行政区划代码的前两位数。

2）按标准的性质（也称标准的属性）区分，我国工程建设标准分为强制性标准（法律属性）和推荐性标准（技术权威性）。

所谓强制性标准，是指具有法律属性，在一定范围内通过法律、行政法规等强制手段加以实施的标准。违反强制性标准就是违法，就要受到法律制裁。工程建设强制性标准是直接涉及工程质量、安全、卫生及环境保护等方面的工程建设标准强制性条文。目前颁布的《工程建设强制性条文》是工程建设过程中的强制性技术规定，是参与建设活动各方执行工程建设强制性标准的依据。条文颁布以后，立即受到了工程界的高度重视，并作为工程建设执法的依据。

除了强制性标准以外的标准是推荐性标准，也就是说，推荐性标准是非强制执行的标准，国家鼓励企业自愿采用推荐性标准。所谓推荐性标准，是指生产、交换、使用等方面，通过经济手段调节而自愿采用的一类标准，又称自愿性标准。这类标准任何单位都有权决定是否采用，违反这类标准，不承担经济或法律方面的责任。

（3）我国工程建设标准有三种表达形式：标准、规范、规程。

标准——内容通常是基础性和方法性的技术要求；

规范——内容通常是通用性和综合性的技术要求；

规程——内容通常是专用性和操作性的技术要求。

3.2.2.2 国家标准设计图集

1. 标准设计图集的作用

《国家标准设计图集》(以下简称"标准图集")是指国家和行业、地方对于工程建设构配件与制品、建筑物、构筑物、工程设施和装置等编制的通用设计文件。其作用是保证工程质量、提高设计速度、促进行业进步、推动工程建设标准化。

2. 标准图集的分级

国家建筑标准设计——中华人民共和国住房和城乡建设部主管，在全国内跨行业使用。

行业标准设计——国务院主管部门，在行业内使用。

地方建筑标准设计——省、自治区、直辖市的建设主管部门，在地区内使用。

3. 建筑专业标准图集的编号方法

例：06 J 8 07-1

06——批准年份；

J——专业代号（建筑 J、结构 G、给水排水 S、暖通空调 K、动力 R、电气 D、弱电 X 等）；

8——类别号（0—总图及室外工程；1—墙体；2—屋面；3—楼地面；4—梯；5—装修；6—门窗及天窗；8—设计图示；9—综合项目）；

07——顺序号；

1——分册号（无分册者无此号）。

3.2.2.3 施工图设计常用规范、技术标准

1. 制图标准

为了统一房屋建筑制图规则，保证图纸质量，提高制图效率，制订了一系列的制图标准。目前遵循的制图标准主要有以下内容：

《房屋建筑制图统一标准》GB/T 50001—2010：是房屋建筑制图的基本规定，适用于总图、建筑、结构、给水排水、暖通空调、电气等各专业制图。适用于新建、改建、扩建工程各阶段的设计图、竣工图。

《建筑制图标准》GB/T 50104—2010：为了使建筑专业、室内设计专业制图规则，做到图面清晰、简明，符合设计、施工、存档的要求，适应工程建设的需要而制定的标准。适用于新建、改建、扩建工程各阶段的设计图、竣工图。

《总图制图标准》GB 50103—2010：为了统一总图制图规则，做到图面清晰、简明，符合设计、施工、存档的要求，适应工程建设的需要而制定的标准。适用于新建、改建、扩建工程各阶段的总图制图（场地园林景观制图）。

2.《民用建筑设计通则》GB 50352—2005

本通则的主要技术内容是：1. 总则；2. 术语；3. 基本规定；4. 城市规划对建筑的限定；5. 场地设计；6. 建筑物设计；7. 室内环境；8. 建筑设备。对这几方面做一个总体性的规定。

3.《建筑设计防火规范》GB 50016—2014

本规范是一项综合型的防火技术标准，政策性和技术性强，涉及面广泛。主要技术内容是：1. 总则；2. 术语、符号；3. 厂房和仓库；4. 甲、乙、丙类液体、气体储罐和可燃材料堆场；5. 民用建筑；6. 建筑构造；7. 灭火救援设施；8. 消防设施的设置；9. 供暖、通风和空气调节；10. 电气；11. 木结构；12. 城市交通隧道；13. 消防设施的设置。

4.《全国民用建筑工程设计技术措施／规划·建筑·景观》(2009 年版)

本措施以国家、行业有关标准、规范为依据，对全国民用建筑工程的修建性详细规划、总平面设计中共性问题制定的技术措施。并且针对民用建筑设计中共性问题，对其中的重点条款加以提示及补充，并结合各地实践经验，给出了部分建议性的适宜数据供设计时参考。主要技术内容是：1. 总平面设计；2. 建筑设计；3. 景观设计。

5. 其他

在施工图设计过程中，一些构造设计通常使用标准图集做法更为合适，而不需要自己另行设计，施工也很简便。所以在设计过程中，会大量采用各类标准图集。例如《工程做法》05J909、《住宅建筑构造》11J930、《地下建筑防水构造》02J301、《平屋面建筑构造》12J201 等。

3.3 建筑施工图设计实例

3.3.1 建筑总平面图

建筑总平面图是表达建设工程总体布局的图样，它是在建设地域上空向地面一定范围内投影所形成的水平投影图。它是新建工程施工定位、土方施工及施工平面布局的依据，也是场地内规划给水排水、采暖、电气等专业工程总平面图的依据。建筑总平面图简称为总平面图。

1. 总平面图的主要内容

(1) 总体布局

用地红线范围、新建、改建、扩建的建筑物所处的位置，各构筑物的位置，道路、广场、绿化的布置等。

(2) 建筑物、构筑物的定位

新开发的项目、大型复杂的建筑物，一般用坐标的形式定位；小型的或者改建、扩建的建筑物，可以根据原有建筑定位。

(3) 建筑物的朝向

通常用指北针或风向玫瑰图来表明建筑物的朝向及当地风向。

(4) 竖向设计

表明红线范围内场地的标高、场地周边道路标高、新建建筑物的首层地面绝对标高、室外地坪标高，了解土方填挖情况等。

(5) 主要经济技术指标、图例、图名比例、设计说明表明建设项目的用地面积、建筑面积、绿化率、容积率等指标，完成经济技术指标表格；绘制主要的图例；写明总图设计的相关依据；总平面图根据大小，常用比例在 1 : 300 至 1 : 2000 之间，通常选择 1 : 500 进行绘制。

2. 总平面图的设计要点

(1) 保留的地形和地物

一般将现状地形图作为总平面图的底图，表达范围为用地红线以外 50m 范围内的场地、道路、建筑物、构筑物、水、暖、电灯基础设施的情况，并加以说明。原有及规划城市道路应画出中心线。

(2) 测量坐标网、坐标值

坐标网分为测量坐标网和施工坐标网两种。建筑总平面图中，通常以测量坐标网为定位系统。测量坐标网是由测绘部门在大地上测设的，一般为城市坐标系统（国家坐标系统）。测量坐标网的直角坐标以 x/y 表示，x 轴表示南北方向，y 轴表示东西方向。一般以 100m×100m 为一个方格网，在总平面图上方格网的交点以十字线表示。坐标轴及轴上的刻度在总平面图中都是不出现的，只有十字线的坐标值。

当建筑物与南北方向倾斜时，往往根据项目需要建立场地建筑坐标网，即施工坐标网。其轴线用 A、B 表示，分别与建筑物的长、宽方向平行。在总平面图中，施工坐标网用细实线方格网表示，在施工坐标网中仍用建筑物的角点定位（图3-16）。总平面图中有以上两种坐标系统时，应注明其换算关系。

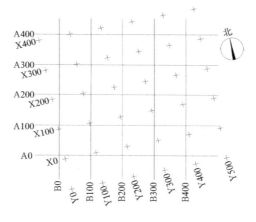

图 3-16　坐标网格

总图上的建筑物通常要求以三个以上的外墙轴线交点或者外墙边角点坐标来定位。道路应在两条道路中心线的交点用坐标表示（道路还应表达出交叉口的转弯半径大小）；用地红线的各个端点也应注明坐标值。其余构筑物通常以外边线交点坐标来定位。

(3) 建筑物、构筑物的表达

新建建筑物用粗实线表示其地上底层 ±0.00 标高处的外轮廓线，构筑物以细实线表示地上部分的外轮廓线，地下部分以虚线表示其外轮廓线。在建筑物或构筑物空白处须注明建筑名称或编号。

除了定位坐标以外，还需要标注建筑物的总尺寸、退让红线的控制尺寸、与道路的距离、与周边原有建筑的距离等必要数据。建筑层数用阿拉伯数字表示在轮廓线内右上角。

(4) 竖向设计

竖向设计是对建设场地，按其自然状况、工程特点及使用要求等做的整体规划，包含场地与道路标高设计、建筑物室内外高差设计等，以尽量少改变原有地形的情况下，满足使用要求为原则，并为良好的排水条件、基地的景观设计提供基础。竖向设计是否合理也直接影响到土方工程量，与基地建设费用息息相关。

建筑总平面图需要表达的竖向设计有以下几点内容：

1）建设用地红线外的道路、铁路、河流等关键性标高；

2）建筑物、构筑物的室内外设计标高；

3）广场、室外停车场、运动场地的地面设计标高，景观设计的水面、台地、院落、挡墙等控制性标高；

4）建设用地内的道路、排水沟的起点、变坡点、终点的设计标高，并在两点之间标注道路的长度、坡度和坡向箭头，表达地面的起伏变化。

大型的综合性项目，需要单独做场地的竖向设计图。当工程设计内容简单时，竖向布置可与总平面图合并。路网特别复杂的，可以单独出道路平面图。绿化景观设计单独委托设计时，则景观部分总图也可根据设计要求单独绘制。

(5) 文字说明

建筑总平面图需要必要的文字说明，通常包含设计依据和批文等、采用的坐标系统名称、采用的高程系统名称、尺寸标注的位置及注意事项等。

3. 案例分析——总平面图（建施01）

(1) 地形设计

用地红线的轮廓为粗点划线范围，所有角点均标注了测量坐标。根据图名比例和指北针，确定总图的绘制比例 1：500，指北针垂直向上；基地主要出入口朝向为西南。基地东面为一居住小区，南北两侧为预留空地。

(2) 总体布局

本工程共一个新建建筑，位于地块北面。建筑名称为"社区配套用房"。标注了建筑退建设用地南侧约 32m，其余三边约 5m；基地范围内道路环通，南面北面均设置有临时停车位。

(3) 定位坐标与尺寸

建筑为地上两层，总高度 8.9m；建筑总长度为 33.24m，总宽度为 20.94m。东面与 5 号楼的间距为 15.25m。建筑四个角点均标注了测量坐标予以定位。

(4) 竖向设计

标明了建筑室内一层地面的设计标高为 5.30m，室外场地设计标高为 5.00m，可以得知室内外高差设计为 0.3m；停车场地标高为 4.95m，稍有降低。红线外城市道路标高为 4.95m 和 4.85m，比用地范围内场地标高略低，有利于场地雨水的排放。

(5) 主要济技术指标、图例、设计说明

图中绘制了经济技术指标表格，明确本项目用地面积为 2784.84m²，建筑面积 1392.1m²，容积率为 0.5，绿化率为 15%，停车位共 34 个。项目比较小，图形简单，所以总图图例予以省略。图中还给出了必要的文字说明。

3.3.2 建筑设计总说明和工程做法表

1. 建筑设计总说明的主要内容和设计要点

建筑设计总说明对其他各专业设计来说是非常重要的，是施工图设计纲领性文件。例如建筑设计总说明中会涉及所处的地理位置，就为结构设计的抗震设防烈度、风雪荷载等提供了依据。标高设计、墙面、地面、楼地面的做法等，为结构设计提供荷载数据，也为设备布局提供了依据。所以建筑设计总说明的阅读必须仔细、全面。主要内容包含以下几方面：

（1）设计依据

一般包括依据性文件名称和批文、本专业所执行的法规和规范、技术标准等（包括名称、编号、年号、版本号等）。

（2）工程概况

一般包括建筑名称、建设地点、建设单位、建筑面积、建筑基地面积、建筑层数、建筑高度、结构类型、抗震设防烈度、设计使用年限、耐火等级、屋面防水等级、人防工程类别和防护等级、地下室防水等级等。其中，建筑的防火类别和耐火等级按《建筑设计防火规范》GB 50016—2014进行分类和定级；屋面防水等级、地下室防水等级根据建筑的使用性质和重要程度，根据《屋面工程技术规范》GB 50345—2012、《地下工程防水技术规范》GB 50108—2008来确定。

（3）标高和尺寸

说明本项目的相对标高和绝对标高的关系，明确建筑一层室内标高±0.000相当于绝对标高值，并说明室内外高差。

（4）各部位构造设计

包括墙体、楼地面、门窗、室外工程等各部位的通用构造及施工说明。

（5）内外装修

说明本项目的内外装修标准、依据的图纸等。

（6）消防设计

说明本项目的消防类别定性、层数、消防高度、总图建筑间距、疏散楼梯形式和疏散宽度、防火墙、防火门等构造设施的要求等。

（7）其他

明确各项工程的施工及验收标准、委托设计、安装的部件（门窗、幕墙、电梯等）对生产厂家的要求、各专业之间的责任关系和配合要求等。

建筑设计总说明是对整个项目的"定性"，编写时应先确定一个完善的框架。通常各个设计院都编制了各具特色的"提纲式"建筑设计总说明框架，但是所包含的内容大同小异。然后根据具体的项目内容进行相应的内容编写，取舍。

2. 工程做法表的主要内容和设计要点

建筑设计总说明是对整个项目的"定性"，工程做法则是对细部构造的"定量"。设计要求包括墙体、防潮层、屋面、楼地面、踢脚、顶棚、散水、台阶、坡道、楼梯等工程部位做出统一的材料做法和说明，详细做法和说明见图纸或装修做法表。工程做法表主要内容包含以下几方面：

（1）屋面

明确各种屋面、建筑内外檐沟、女儿墙泛水、出屋面孔洞等部位的材料构造做法,要注意区分正置屋面与倒置屋面的构造区别。应说明屋面找坡材料、坡度大小、最薄处厚度；应说明保温层材料、厚度,必要时对其物理性能做一定的表述；应说明防水层的材料、厚度、物理性能指标等。对屋面管道、设备基础、预埋件等应该有统一说明。

（2）楼地面、踢脚和顶棚

明确地面、楼面的各材料构造做法,特别注意有特殊要求的楼地面,例如防水楼地面、保温楼地面,则需要对保温材料和防水材料有明确的表述；明确各种不同材料的踢脚做法,注意踢脚与楼地面材料的对应关系；明确顶棚类型及构造,例如直接式顶棚或者悬吊式顶棚,采用什么材料来完成等。

（3）内墙和外墙

明确各部位外墙和内墙的材料构造做法,需注意保温构造应与节能设计专篇的计算结果一致。

（4）室外部分

明确室外散水、台阶、坡道、室外楼梯等的材料构造做法,引用标注图集的则给出图集号,并注明详图编号。

（5）室内装修做法表

通常用表格形式来表达,按表格的选项提示,填上相应的工程做法编号。较复杂的项目,应另行委托室内装饰设计,凡属于二次装修的部分,可不列入室内装修做法表。

工程做法应涵盖本设计范围内各工程部位的建筑材料及构造做法。应以文字的形式逐层叙述,或者引用标准图集的做法与编号。通常将工程做法与室内装修做法表编制在一起,将项目各个部位的构造完整地表达。编制工程做法要注意以下几点：

1）应分类编写,将同一构件的几种不同做法编写在一起,便于阅读和对比。

2）工程做法表中的分类编号,例如"屋面1",应与图纸中相应内容的注释说法一致。

3）引用标准图集的做法,应与被索引图集的做法名称一致,否则应注明"参见",并说明变更的内容。

4）含有二次装修的部分,其构造做法可以简化。

5）对于复杂部位,除了写明材料构造层次外,还应辅以一些节点来补充,才能交代清楚。

3. 案例分析——建筑设计总说明（建施02）

（1）设计依据

明确了本项目所依据的主要的设计规范和主管部门的批文。

（2）项目概况

明确本工程为地上二层,框架结构；耐火等级一级,屋面防水等级二级,抗震设防烈度 6 度，建筑设计使用年限 50 年等。

(3) 标高和尺寸

本工程 ±0.000 相当于高程为 5.3m，室内外高差 300mm。明确了本工程标高以 m 为单位，其他尺寸均以 mm 为单位。

(4) 各部位构造设计

"四、墙体及饰面工程"、"五、屋面工程"、"六、楼地面及天花工程"、"七、门窗工程"、"八、室外工程"、"九、内外装修工程"等内容，明确本工程中关于以上内容的通用做法要求，例如防潮层做法、屋面防水做法、卫生间等遇有水的房间的防水防潮构造做法、门窗安装定位、预埋件做法等。

(5) 消防设计及其他

"十一、消防设计"、"十二、节能设计"、"十三、其他工程"等，明确本工程属于多层公共建筑，建筑层数两层，建筑消防室外至屋面结构面高度为8.10m。建筑设置两部疏散楼梯，并明确本工程的防火门、防火墙的构造要求；

本工程有专项的节能设计，相关内容应在节能设计书及节能设计专篇里明确；以上各项中未能明确的部分，在"其他工程"内给予了补充，并明确各个专业应紧密配合，确认无误方可施工，施工中应严格执行国家各项施工质量验收规范。

4. 案例分析——工程做法表和室内装修做法表（建施 03）

(1) 屋面

本项目为正置式非上人平屋面，屋面保温材料为挤塑聚苯板，防水材料为 3 厚 SBS 高聚物改性沥青防水卷材一道（与建筑设计总说明中，屋面防水等级为二级的说法一致）。面层为细石混凝土保护层。

建筑设置内檐沟，保温层在檐沟内连续铺设，保温层之上为 SBS 高聚物改性沥青防水卷材，并自带保护层。

注意保温构造设计应与节能设计专篇的计算结果一致。

(2) 楼地面、踢脚和顶棚

本项目共有两种楼地面构造做法，即普通防滑地砖楼地面和带防水层的防滑地砖楼地面。所有房间踢脚线均为水泥砂浆踢脚线。所有房间顶棚为直接式顶棚，明确材料为普通内墙涂料二度刷白。

(3) 内墙和外墙

本项目有两种内墙做法，即普通内墙涂料和瓷砖内墙。外墙均为外保温构造形式，面层材料为仿石漆。注意保温构造设计应与节能设计专篇的计算结果一致。

(4) 室外部分

室外坡道为防滑地砖面层，通常坡度为向外 3% ~ 5%；台阶也为防滑地砖面层，向外坡 1%；散水为细石混凝土面层，设计坡度为向外 4%。

(5) 室内装修做法表

将不同使用空间分列入表格，每个使用空间的不同部位分别采用什么内装修做法，以编号的形式填入。例如一层卫生间，采用地面 2、踢脚 1、内墙 2、顶棚 1 的做法，编号具体内容要与"工程做法表"内的编号对应一致。

3.3.3 建筑平面图

假想用一个水平面在窗台上方（1.0～1.2m）将建筑物剖开，移去上部以后，将剖切面以下部分向水平投影面进行正投影得到的图样。

建筑平面图主要表达建筑物的平面形状、房间大小、布局、用途，墙柱的位置、门窗的类型、位置、大小，各个构配件的尺寸等。

一个建筑需要表达的平面图的数量，取决于建筑物在不同楼层所表达的内容是否相同。通常根据建筑内容的变化选择不同的剖视位置，从而生成地下层平面图、底层平面图、楼层（包含标准层、顶层）平面图等。楼层功能、空间相同的可以合并为一张图纸，例如标准层平面图，但是需要在该张图纸上注明所有楼层的标高。底层平面图和顶层平面图，包含另外楼层所不能表达的内容，所以必须单独绘制。"屋顶平面图"比较特殊，它是建筑屋面的水平正投影图，不需要经过剖切形成，所以也称为建筑的"第五立面"。所以屋顶平面图也需要单独绘制。

1. 建筑平面图的主要内容

（1）图样内容

1）用组实线表示剖切到的建筑实体的断面，例如柱子、墙体等。

2）用细实线表示投影方向可见的建筑构件，例如地面、明沟或散水、台阶和坡道、卫生洁具、厨具、阳台、雨篷、窗台等；即便剖切到的门窗，也用细实线来表示。

3）用细虚线表示不可见构建，例如高窗、天窗、上部孔洞、地沟、设备等。

4）非固定设施不在平面图的表达范围内，例如活动家具、屏风、室内植物等。需要表达家具布置时，可以单独绘制一张户型大样图来表达。

（2）轴网、尺寸与标高

1）以横竖两个方向的定位轴线形成平面定位网格。

2）标注三道尺寸，即细部尺寸、定位尺寸和总尺寸。

3）标注楼面、地面、窗户、预留孔洞等竖向标高，用来控制其垂直定位。

（3）索引与标示

1）标注放大平面图索引、标准图集索引及各个详图索引等。

2）标注图名、比例、房间名称、指北针、构配件名称等，常用比例为 1∶100。

2. 建筑平面图的设计要点（图纸深度要求）

（1）当建筑方案进入施工图设计阶段时，建筑平面图图样的表达需满足施工图设计深度要求，主要包含以下内容：

1）外包总尺寸（轴线总尺寸）、轴线间定位尺寸（柱子跨度，墙体中心定位）、门窗洞口尺寸和分段尺寸。

2）承重墙、柱及其定位轴线和轴线编号，内外门窗位置、编号，门的开启方向和编号，房间名称。

3）墙身厚度（承重墙和非承重墙）、柱子长宽尺寸以及与轴线的定位关系尺寸。

4）变形缝位置、尺寸和构造做法的索引。

5）电梯、自动扶梯规格，楼梯位置和上下箭头方向及编号索引。

6）主要建筑设备和固定家具的位置、相关做法索引，例如卫生间器具、雨水管、水池、隔断、台面等。

7）主要建筑构件的位置、尺寸和做法索引，例如地沟、集水坑、天窗、中庭、重要设备及设备基础的位置尺寸，各种平台、夹层、上人孔、阳台、雨篷、台阶、坡道的尺寸及做法索引。

8）各种楼板预留孔洞的尺寸与定位，例如烟囱、竖井、通气管等，以及墙体（填充墙、砌体墙）上的预留洞尺寸、标高。

9）一层平面图需表达的指北针、室外地面标高、室内一层地面标高、剖切符号，各楼层楼面标高。

10）屋顶平面图需要表达内容：屋顶的总体轮廓、女儿墙、屋脊线、屋面坡向和坡度、檐沟或天沟、变形缝、楼梯间、水箱、电梯机房、屋面上人孔、检修楼梯等。

11）各张平面图必要的节点详图索引、图集引用索引符号。

12）各张平面图的图名、比例。

（2）平面图尺寸标注的要点

1）"三道尺寸"——外包总尺寸、轴线间定位尺寸、门窗洞口尺寸在底层平面图中必不可少，平面形状复杂时，还应该有分段尺寸。

2）二层及以上平面图，外包总尺寸可以省略为轴线总尺寸。注意不同平面图轴线的增减与尺寸的定位。

3）尺寸标注坚持以明确清晰为原则。例如门窗洞口的小尺寸，可以将数字上下间隔标注，也不能互相重叠；墙体厚度通常标在第二道尺寸上，或者标在图形内部；

（3）平面周线编号要点

3.建筑平面图设计常见通病

（1）地下层平面图

楼梯间门的开启方向没有朝向疏散方向、人员距离不满足防火规范要求；未表达停车空间的数量和尺寸；没有地下工程防水设计说明，未明确防水等级、防水材料选型、细部防水构造做法等。

（2）底层平面图

缺少指北针、剖切符号、散水的表示及尺寸和做法、地面伸缩缝、楼梯上下行箭头的表示；漏标室外标高、本层面积标注；在主入口处设置旋转门、弹簧门作为主要疏散门；没有考虑无障碍设计要求等。

（3）楼层平面图

未能正确表示下一层屋面的投影；缺少楼面变形缝位置、尺寸及做法、各种预留孔洞的位置尺寸及标高；对于复杂的部位，没有索引放大平面图；没有按防火设计要求考虑楼梯间的布置位置、疏散距离等。

（4）屋顶平面图

未表达屋脊线和分水线的位置、屋面和排水沟坡向及坡度；排水设计不合理，出现排水死角；漏标屋面较下一楼层出挑部位的尺寸；缺少屋面标高（通常表示为结构标高）；缺少屋面通气管、烟道等出屋面尺寸、定位和做法索引。

4．案例分析——建筑平面图（建施04～建施06）

首先分析一层平面图（建施04），设计要点提示如下：

（1）图纸右上角绘制了指北针，结合建筑总平面图，明确建筑定位朝向；1–1剖切符号位于③号轴线的西面。

（2）标注了三道尺寸。靠近图形内侧为门窗细部尺寸；中间为定位轴线尺寸，柱网尺寸横向为9m和7.5m，竖向为6.9m；外侧为建筑总尺寸，横向为33.24m，竖向为20.94m。轴线均有编号，横向编号①至⑤，竖向编号Ⓐ至Ⓓ。

（3）明确平面布局，项目的西面为主出入口，设置了残疾人坡道；南面为次出入口，北面设置了一个厨房出入口。主次出入口附近均设置了疏散楼梯。

（4）标注了各个房间名称，平面功能有大厅、办公室、厨房和餐厅等。门窗均有编号，门明确了开启方向。房间内固定设施也给予明确，比如卫生间的洁具、厨房设施布置等。

（5）室外台阶、散水、坡道等标明了位置、尺寸和相应的索引符号、文字说明等。

（6）标注室内外标高，明确室外地坪 −0.300，室内外高差为300mm；主入口和次入口处大门内外有30mm的高差；残疾人坡道的坡度1∶8，厨房出入口坡道的坡度为1∶5。

（7）标注图名为一层平面图，比例1∶100。

接着查看二层平面图（建施05），明确每层平面图的表达内容后再相互对照，了解一至二层平面功能的变化及相互关系；最后识读屋顶平面图（建施06），屋顶平面图的设计要点提示如下：

（1）明确屋顶轮廓，标注了轴线定位尺寸和总尺寸。

（2）屋面设计为平屋面，结构标高为7.800m。结构面以上为建筑构造层次做法，具体设计表达在建筑详图及建筑设计总说明和工程做法表中给予明确。

（3）屋面设计为南北向双坡排水，坡度为2%。采用内檐沟的形式，沟内排水坡度设计为1%。

（4）女儿墙顶标高为8.600m，具体做法给予了索引标注，与建筑详图设计相对应。

（5）屋面设置了一个上人孔，给出了定位尺寸和构造做法索引。

3.3.4　建筑立面图

在与建筑物立面平行的投影面上所作的正投影图称为建筑立面图。用来表示建筑物的体形和外貌、立面各部分配件的形状及相互关系、立面装饰要求及构造做法等。在施工过程中，作为明确门窗、阳台、雨篷、檐沟等的形状及位置，外立面装饰要求等的依据。

通常一个建筑物应画出每一个面的立面图，但是当造型简单的建筑物拥有相同的侧立面时，可以省略一个立面图。当建筑物有折线或曲线时，应将这个面画成展开立面图，以便反映各部位的实形。

1. 建筑立面图的主要内容

(1) 图名和比例

建筑立面图的命名，通常以该图两端轴线号命名。按照观察者面向建筑物从左到右的轴线编号顺序命名（图 3-17）。轴线号应与平面图轴线号编号相对应。展开立面图应在图名最后写明"展开"两字。立面图的常用比例为 1：100。

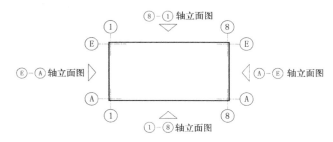

图 3-17 立面图的命名

(2) 建筑物在室外地坪线以上的全貌。包括立面外轮廓及主要建筑构造部件；主要建筑装饰构件、饰面分格线；外墙面的材料、颜色、做法。

(3) 必要的尺寸、标高标注；详图索引号及文字说明等。

2. 建筑立面图的设计要点（图纸深度要求）

(1) 必须标注两端的轴线编号，立面有转折或者较复杂时，绘制成展开立面图，应准确表示出转角处的轴线编号。

(2) 准确、完整地表达出外轮廓及主要结构和建筑构造部件的位置、形状，如勒脚、门头、台阶、雨篷、花坛、坡道、门窗、阳台、空调机位、檐口、女儿墙、屋顶、烟囱等，以及装饰构件、饰面分格线等。

(3) 绘制楼层辅助线，标注楼层高度、楼层数、建筑总高度尺寸；标注楼层标高和主要部位的控制性标高，例如檐口标高、女儿墙顶标高、外墙预留洞标高（或长、宽、深的尺寸）和定位尺寸。

(4) 平面图、剖面图中未能表达清楚的门窗、洞口、窗台、线脚等标高和尺寸需要在立面图中明确。

(5) 剖面图中无法表达的构造节点索引，可以在立面中索引。连续性的墙身大样图索引一般也在立面给出剖切索引位置，比较直观。

(6) 立面图的外轮廓线用粗实线表示，地坪线用特粗实线（线宽为粗实线的 1.4 倍）表示。门窗洞口、阳台、雨篷、檐口、台阶等用中实线表示；其余如墙面分割线、门窗投影线、雨水管、材料图案、尺寸标高等均用细实线表示。

(7) 标注图名、比例。

3. 建筑平面图设计常见通病

(1) 表达的内容与平面图不一致，两端无轴线号或者编号与平面图不对应。

（2）只表示层高的标高，各个部位关键性的控制性标高缺失。

（3）平面图中未能表达清楚的门窗洞口等，立面图中也仅有轮廓线，未加以标注尺寸、标高等。

（4）外墙面装饰材料、颜色标注不全面。较为复杂的部分未表示清楚。

（5）缺少必要的详图索引符号，不利于图纸之间的互相对应查看。

4. 案例分析——建筑立面图（建施 07～建施 08）

首先分析一层平面图（建施 07），设计要点提示如下：

（1）标注了图名为①－⑤轴立面图（南立面图），⑤－①轴立面图（北立面图），两端轴线编号与平面图对应。立面图比例均为 1：100。

（2）表达了建筑的外轮廓、地坪线，屋顶形状。本工程为平屋顶，立面造型匀称。

（3）表达了入口、台阶、门窗、线脚样式。

（4）标注楼层高度、楼层数、建筑总高度尺寸及主要部位的控制性标高等。本项目层高为 3.900m，室外标高为 -0.300m；女儿墙顶标高为 8.600m，建筑规划高度为 8.900m。卫生间处窗台高度为 1.8m，窗高 0.6m；其余窗台高度为 0.900m，窗高 1.800m。

（5）标注了立面材质，颜色、线条等。主要有浅褐色仿石漆、深褐色毛面仿石漆、深灰色窗框、白色玻璃几种装饰做法。屋顶女儿墙处还有造型线条，也给予了明确线脚宽 120mm，突出墙面 60mm；线脚间留缝 10mm，深 5mm，间距 180mm 等。

（6）标注了墙身大样图的剖切索引号，在 14 号图的 1 号详图。

接着依次分析其他立面图（建施 08）。立面图的设计必须与平面图相互结合，才能真正表达出建筑外墙部分的各构件布置，明确建筑物的体形和外貌。

3.3.5 建筑剖面图

用一个垂直于外墙轴线的铅垂剖切面将建筑物剖开，移去观察者与剖切面之间的部分，对剩余部分所作的正投影图称为剖面图。表示房屋的内部分层情况、各层高度、楼地面和屋面以及各构配件在垂直方向上的相互关系。在施工过程中，建筑剖面图是作为分层、砌筑内墙、铺设楼板、屋面板等工作的依据。

在设计建筑剖面图之前，我们需要确定一个剖切位置。建筑剖面图的剖切位置，应选择在层数不同、层高不同、内外空间比较复杂、最具有结构代表性的位置。使建筑剖面图能充分反应建筑内部的空间变化和构造特征。通常剖切位置，选在能剖切到门厅、楼梯间、中庭、错层、阳台等构造比较复杂的部位。

剖切面的方向，一般选择与建筑短边方向平行。剖面图的数量，在一般规模的建筑物中最多 1～2 个。对于较为复杂的建筑物，要根据实际情况确定画剖面图的数量，很可能是多个，甚至还需要在构造复杂处增加局部剖面图。

1. 建筑剖面图的主要内容

（1）剖切到的墙体轴线和编号、轴线间尺寸。

(2) 剖切到的建筑构造部件，表达建筑内部的分层情况、层高、水平向的分隔。

(3) 未剖切到但在投影方向可见的建筑构造部件。

(4) 高度方向的三道尺寸。

(5) 主要部位标高。

(6) 详图索引号。

(7) 图名和比例，常用比例为 1 ： 100。

2. 建筑剖面图的设计要点（图纸深度要求）

(1) 建筑剖面图的名称必须与底层平面图中的剖切编号一致，表达内容也必须与剖切位置及投射方向一致。

(2) 画出被剖切到的主要承重墙或者柱的定位轴线、编号，并与平面图相对应。

(3) 画出剖切到及可见的主要结构和建筑构造部件，例如室外地面、底层地面、各层楼面、屋面、夹层、平台、吊顶、出屋顶烟囱、天窗、檐口、女儿墙、楼梯、门窗、阳台、雨篷、台阶、坡道、散水、洞口等。

(4) 应注明高度方向的三道尺寸，最内一道是门窗高度尺寸、中间是层高尺寸、室内外地坪高差尺寸、最外是建筑总高度尺寸。三道尺寸应与立面图吻合，并应顺序标注。其他细节尺寸应另行标注，不可混于其间，以保证清晰明确。

(5) 标高应标注楼层、室外地面、屋面、女儿墙顶及檐口、屋脊等控制标高。建筑标高系建筑完成面标高，否则应加注说明。例如楼面为完成面标高，屋面为结构标高，则需要在屋顶标高注明"结构标高"等字样。

(6) 高层建筑的剖面图，在竖向标高后最好加上层数，以便查看图纸。

(7) 墙身详图，若为一个个的节点详图形式，则可以索引在剖面图中相应位置；若为连续性的强身大样图，则需要以剖切索引的形式，索引在立面图的相应位置。各设计院的规定不相同，但是都是以施工方便、易于查找详图为原则。

3. 建筑剖面图设计常见通病

(1) 剖切位置没有选择在空间复杂处，未能正确表达出建筑的内部构造。

(2) 局部复杂处平面、立面未能表达的，也未画出局部建筑剖面图，导致图纸表达不清，剖面图明显偏少。

(3) 漏注墙柱定位轴线及编号，以及轴线间尺寸。

(4) 剖切到的或者可见部位的投影内容不完整，不便于阅读和查找图纸。

(5) 尺寸、标高不完善。往往只标注了外部尺寸和标高，忽略了地沟深度、夹层及吊顶高度、内窗及内墙洞口高度尺寸等。

4. 案例分析——建筑剖面图（建施 08）

(1) 选择剖面图的剖切位置在②～③轴之间，并向右侧（东）投影。

(2) 画出了被剖切到的主要承重墙的定位轴线、编号⑩—Ⓐ，与平面图相对应，并标注了轴线间尺寸为 6.9m。

(3) 画出了剖切到的主要结构和建筑构造部件。图中表示了室外地面、底层地面、二层楼面、屋面、女儿墙、地沟、门窗等。还画出了能看见的建筑构造部件的投影，图中表示了顺着投影方向能见的窗户、柱子、线条等。

（4）标注了高度方向的三道尺寸，最内一道是门窗高度尺寸，可以看出窗台高度为 0.9m，窗户高度为 1.8m，女儿墙高度距离屋面为 0.8m；中间是层高尺寸，本项目层高为 3.9m，室内外地坪高差 0.3m；最外是建筑总高度尺寸，本项目规划建筑高度为 8.900m。尺寸清晰明确。

（5）标注了楼层、室外地面、屋面、女儿墙顶控制标高。注明了屋面为结构标高。

（6）给出了厨房地沟详图索引号，易于查找详图。

3.3.6 建筑详图

从建筑的平、立、剖面图上，可以看到建筑的外形、平面布局、内部空间结构及主要的尺寸。但是由于比例的限制，局部细节构造在这些图中未能表示。为了更详尽地表示这些细节构造，用较大的比例（1：5 ~ 1：20 等）将建筑物的细部尺寸、材料、做法等详尽地绘制出来的图样，称为建筑详图。

建筑详图应表达建筑构配件的详细构造、所用材料的规格、颜色、各部分的连接方法和相对位置关系、各细部尺寸、施工要求等。

1. 建筑详图的分类

（1）局部放大平面详图（常用比例 1：50）

将某一房间用更大的比例绘制出来的图样，例如楼梯间大样图、卫生间大样图、厨房大样图、户型大样图等。一般来说这些房间的布局设施较为复杂，用放大的比例表示更细节的内容。

（2）构配件详图（常用比例 1：50 ~ 1：20）

表达某一构配件形式、构造、尺寸、材料、做法的图样。例如门窗大样图、雨篷大样图、阳台大样图、幕墙大样图等。可以采用标准图集的做法引用，也可以由厂家根据设计要求定制。比如幕墙和钢结构构件等，通常需要定制厂家出二次深化图纸方能施工。

（3）节点详图（常用比例 1：5 ~ 1：20）

表达某一节点部位构造、尺寸、材料、做法、施工要求的图样。常见的做法是将内外墙上各个节点按顺序画在一起，形成局部放大剖面，这种图样称为墙身大样图。不能在墙身大样图中表示的节点部分，可以单独画成一个个小的节点图来表示。

2. 建筑详图的设计要点

（1）建筑详图是针对建筑各部分的构造、尺寸、材料、做法、施工要求的详尽表达，是用来指导施工的重要依据，所以详图设计应构造合理、做法清楚、施工方便。相关尺寸与定位轴线关系应明确，表示内容应与其他图纸对应，所注索引号、详图号应符合要求。

（2）建筑详图的设计深度要求，应符合现行规范。

（3）为了简化设计图纸，设计时尽量选用标准图集做法。选用的图集必须能适合本项目所处的地区使用，满足本工程设计要求。

3. 局部放大平面详图设计内容与要求

（1）卫生间大样图：表达卫生间内各种设备的形状、位置和安装做法等。

①表示大便器、小便斗、洗手盆、淋浴房等设施的选型和布置。

②标注卫生间墙体、门窗尺寸；标注主要设备的中心定位尺寸，为给水排水设计提供条件。

③标注地面标高，通常比本层楼地面低 30 ～ 50mm，便于防水；地面应设计坡度坡向地漏。

④若是无障碍卫生间，则应把无障碍设施的尺寸、定位距离都标注清楚。

（2）厨房大样图：表达厨房内各种设备的形状、位置和安装做法等。应准确表示厨房平面布局，确定台面的位置、尺寸；明确油烟机与灶台的尺寸与定位；排烟道的大小与位置；画出地漏位置，地面应设置坡度坡向地漏；如果有排水沟，则应有沟的尺寸、定位距离及节点详图索引等。

（3）楼梯大样图：包含楼梯平面详图、剖面详图与节点详图。

①平面详图：应标注楼梯间的定位轴线及尺寸（开间和进深）、墙体厚度、门窗位置和尺寸；确定梯段和梯井尺寸、休息平台尺寸、梯段尺寸；标注梯段上下行箭头；标注楼梯各平台标高；各梯段的尺寸应以踏步高度与踏步级数的乘积来表示；在一层楼梯平面图中，标注出楼梯剖面的剖切符号。

②剖面详图：用假想的剖切平面，沿楼梯的一个梯段垂直剖切，向另一侧未剖切到的梯段做投影后所得到的图样。楼梯剖面图应表达出：楼梯间的层数、层高尺寸、各梯段的尺寸、踏步高度和数量、楼梯结构类型、平台构造、护栏的形式和尺寸等。各梯段的尺寸应以踏步高度与踏步级数的乘积来表示。各平台位置均应标注标高。

③节点详图：在楼梯的平面图和剖面图中，一些细部的构造仍不能表达清楚的，应另外绘制节点详图来表示。主要包含踏步、防滑条、扶手栏杆的构造及连接方式等。节点详图可以自行设计，也可以用索引符号引用标准图集做法。

4. 构配件详图设计

（1）门窗大样图：门窗在建筑上大量使用，因此各地都有标准图集供引用。但是由于造型、功能等需要，仍有很多门窗无法采用标准设计图，就需要绘制门窗大样图来表示。门窗大样图通常以立面图形式绘制，表达门窗的长、高尺寸、分割的形式、开启方向。并绘制一张门窗统计表，表达各种类型门窗的编号、洞口尺寸、各层数量、总数，及材质要求等。在门窗表的下面可以写出门窗大样图的有关说明，以便更好地指导施工。

（2）幕墙大样图：常用外墙装饰幕墙有石材幕墙、金属幕墙和玻璃幕墙等。在施工图设计中，一般只绘制出幕墙部位平面、立面、剖面形式，给出控制性尺寸，提出防火、防水、保温、隔热、节能设计的基本要求，由定制厂家根据基本要求出具二次深化图纸，双方认可后方可施工。

（3）雨篷、阳台、隔板等大样图：此类节点大样图尽量选用标准图集做法，简化图纸设计。由于造型需要单独设计的，也以图集的设计构造为基础进行修改，便于施工。

5．节点详图设计

（1）墙身大样图：表达墙体与楼地面、屋面的构造连接、檐口、窗台、窗顶、勒脚、防潮层、散水、明沟的尺寸、材料、做法等构造情况。墙身大样图是砌墙、室内外装修、门窗安装、编制施工预算的重要依据。

在一个建筑物中，墙身大样图通常在立面或者剖面图中引出。墙身大样图应选择在结构构造、空间造型变化处，表达出墙角至屋顶的所有节点处详细构造，绘制于一个详图中。通常以 1：20 的大比例绘制，各部分的构造如结构层、基层、粉刷层等均应详细地表达出来，并填充相应的材料图例。

（2）节点大样图：通常从平面图或者剖面图中，以剖切索引号引出。表达局部的构造形式、材料、尺寸及施工要求。

6．建筑详图设计常见通病

（1）楼梯详图设计：踏步级数过多，违反规范规定的一跑步大于 18 级，并不少于 3 级的规定；踏步的高宽尺寸设计未满足建筑使用功能要求；楼梯梯段净高未满足大于等于 2.2m 要求；平台处净高未满足大于等于 2.0m 要求；楼梯平台尺寸不符合大于等于 1.2m 的设计要求；楼梯护栏高度、梯井宽度设计未考虑使用要求，例如有儿童使用的楼梯，当梯井宽度大于 0.2m 时，应采取安全防护设施等。

（2）建筑购配件详图设计：门窗大样图未表示开启方向；门窗数量统计错误；阳台、外廊、屋面等临空出护栏设计不满足规范要求；管道井处检修门未按要求设置为防火门，采用了普通木门；雨篷、阳台面未涉及排水坡度，不利排水等。

（3）墙身大样图设计：墙身构造设计与立面造型不符合；材料做法标注与工程做法设计不对应；尺寸标高标注缺失，索引符号表达不准确，不利于查找和阅读图纸等。

7．案例分析——建筑详图（建施 09～建施 12）

本工程中建筑详图有 1 号楼梯大样图、卫生间大样图、门窗大样图、节点大样图（建施 12）。

（1）楼梯大样图（建施 09～建施 10）

1）根据平面图，确定 1 号楼梯位于建筑的西北角；平面图详图索引号表达正确。

2）楼梯一层平面图，标注楼梯间的定位轴线及尺寸，开间为 3.3m，进深为 6.9m；墙体厚度 0.24m；表示了门窗位置和尺寸；梯段宽度为 1.5m，梯井宽度为 0.06m；确定了起跑梯段在右侧，第一个踏步距Ⓓ轴距离为 2.21m；起步处标高为 ±0.000，并标注了上行箭头。

3）楼梯二层平面图，开间和进深尺寸同一层。楼层中间休息平台的标高 1.950m，楼层平台标高为 3.90m，可以得知楼梯一层至二层的高度为 3.90m，设计为双向等跑楼梯。每个梯段级数为 12 级、踏步宽度为 0.27m。踏步距离 D 轴为 2.21m，距离 E 轴为 1.72m。

4）楼梯 a—a 剖面图：楼梯为钢筋混凝土现浇楼梯，高度方向标注了层高尺寸为 3.9m；分为两个梯段，每个梯段高度为 162.5（踏步高）×12（踏步级数）=1950mm；各平台位置均标注了标高；水平方向标注了楼梯间轴线定位尺寸为 6.9m；并标注了各平台尺寸、梯段尺寸，与平面图尺寸相对应。

楼梯细部构造节点，采用了标准图集的做法，在剖面图中给出了索引编号。

（2）卫生间大样图（建施 10）

1）表达了大便器、小便斗、洗手盆、拖布池等设施的选型和布置。

2）标注了卫生间墙体定位尺寸，开间方向为 5.7m，进深方向为 6.9m，分为男厕和女厕两间；标注了墙体厚度为 0.24m。标注了门窗尺寸、主要设备的中心定位尺寸、隔板间距及构造做法的索引符号，例如小便斗的中心距为 0.75m，大便器的中心距离为 0.9m 等，为给水排水设计提供条件。

3）设计地面标高为 −0.030m，比本层楼地面低 30mm，便于防水；地面设计 1% 坡度坡向地漏。

（3）门窗大样图（建施 11）

门窗大样图中绘制了各个门窗的立面图，表达门窗的长、高尺寸、分割的形式、开启方向，在图的下方标注了门窗编号（需与平面图中门窗编号相对应）。并绘制了一张门窗统计表，表达各种类型门窗的编号、洞口尺寸、各层数量、总数及材质要求等。例如，编号为 FM 乙 1021 的门，材质要求为乙级防火门；编号为 MLC6430 的门，为铝合金门连窗。在门窗表的下面注明了门窗立面图均表示洞口尺寸，门窗加工尺寸要按照现场实测及装修面厚度予以调整。

（4）节点大样图（建施 12）

建施 12 号图中，1 号节点（索引自建施 07）与 2 号节点（索引自建施 08）为墙身大样图。根据索引的为位置，以 1：20 的大比例绘制，表达了墙体与楼地面、屋面的构造连接；勒脚、防潮层、散水的构造做法；女儿墙、窗台、窗顶等构造做法。

由墙身大样图可知，本项目散水宽度设计为 600mm，与墙体连接处以沥青胶泥嵌缝；防潮层设计给出了位置，具体做法为：在室内地坪下约 60mm 处做 20 厚 M15 水泥砂浆内加水泥重量 5% 防水剂的墙身防潮层（具体见建筑设计总说明第 4.4 条）。窗户的窗台和窗顶均设计有突出的线条，出挑宽度为 60mm，线条厚度为 100mm；在楼层标高 3.900m 附近设计有腰线造型；屋面处设计有女儿墙，高出屋面板 0.8m；外墙均设计有保温构造（通过节能设计来确定）；屋面防水做法均分层绘制，具体材料做法表述见工程做法表；各部位的细节构造除了图形绘制外，均标注了细节尺寸与标高；需要按标准图集做法的部位，均标注了索引符号，便于查阅图集。

建施 12 号图中的 3 号节点索引自建施 08 的剖面图中，为厨房地沟大样图。表达了地沟及盖板的尺寸、材料、施工做法等。

附：施工图案例

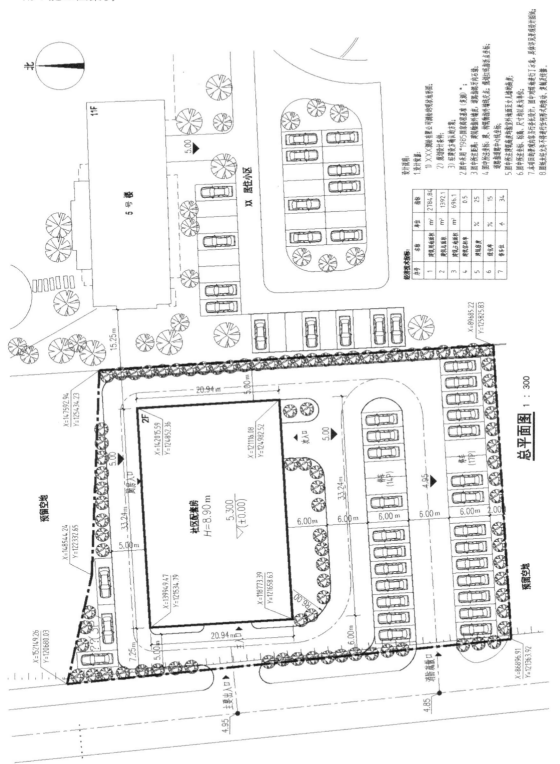

建施 01　总平面图

建筑设计总说明

一、主要依据规范和标准

1.1 《民用建筑设计通则》　　　GB 50352—2005
1.2 《建筑设计防火规范》　　　GB 50016—2014
1.3 《公共建筑节能设计标准》　GB 50189—2015
1.4 上级主管部门有关批文。

二、项目概况

2.1 建设单位：xx区xx街道xx路
2.2 耐火等级：一级
2.3 建筑设计使用年限：50年
2.4 建筑结构：框架结构
2.5 建筑总面积：696.1m²

2.6 抗震设防烈度：6度
2.7 建筑总高度：8.90m
2.8 建筑层数：1392.1m²
2.9 建筑结构：框架结构
2.10 屋面防水等级：二级

三、标高和尺寸

3.1 室外地坪较本工程（内墙）为±0.00标高处相对设计标高。
3.2 本工程的标高以m为单位，其余以mm为单位。
3.3 本图纸所注尺寸以完整标注为准，如有问题应由设计单位及施工单位共同处理。
3.4 凡本图纸未注明或交代不清者，应以有关图纸或设计单位补充图纸为准。
3.5 凡图纸标注的标高均以建筑完成面为准。

四、墙体及饰面工程

4.1 框架柱（内墙）为240厚加气混凝土砌块，填充墙（内墙）为200加气混凝土块及240墙厚采用标准mm加气块。
4.2 墙体及外墙：钢筋混凝土墙、加气混凝土砌块及其他材料砌筑。
4.3 内墙抹灰加强筋设置及详细构造见相关图纸。
4.4 墙体防水层、保温层及其他详见相关设计。

五、屋面工程

5.1 本工程屋面防水等级为二级。
5.2 屋面保温材料采用不小于250mm。
5.3 屋面防水及相关构造详见相关图纸。
5.4 本图纸屋面各层做法见相关详图。

六、楼地面及顶棚工程

6.1 凡有防水要求的房间应做防水层。
6.2 有防水要求的房间地面应比相邻地面低20mm。
6.3 楼地面防水及相关构造详见相关图纸。
6.4 顶棚：轻钢龙骨吊顶及其他做法详见相关图纸。
6.5 大面积楼地面设置变形缝及相关构造详见相关图纸。

七、门窗工程

7.1 各种门窗的立面尺寸及开启方式详见门窗表。
7.2 外门窗的气密性、水密性及其他性能应满足相关规范要求。
7.3 门窗玻璃选用及相关构造详见相关图纸。
7.4 防火门窗的设置及相关要求详见相关图纸。
7.5 门窗及相关构造详见相关图纸。
7.6 防火门窗、防盗门窗等相关要求详见相关图纸。
7.7 外门窗的安装及相关构造详见相关图纸。
7.8 门窗五金配件及相关要求详见门窗表。
7.9 门窗安装及相关构造详见相关图纸。

八、室外工程

8.1 室外台阶、散水等相关构造详见相关图纸。
8.2 室外工程及相关构造详见相关图纸。

九、内外装修工程

9.1 本工程内外装修设计详见相关图纸。
9.2 室内外装修做法详见相关图纸。
9.3 内外装修材料及相关要求详见相关图纸。
9.4 内外装修及相关构造详见相关图纸。

十、设备设施工程

10.1 给排水及暖通工程详见相关专业图纸。
10.2 电气及智能化工程详见相关专业图纸。
10.3 通风、空调工程详见相关专业图纸。

十一、消防设计

11.1 本工程耐火等级为二级。
11.2 防火分区及相关要求详见相关图纸。
11.3 安全疏散及相关要求详见相关图纸。
11.4 消防设施及相关要求详见相关图纸。
11.5 防火门窗及相关要求详见相关图纸。

十二、节能设计

12.1 本工程体形系数：0.27；
12.2 各朝向及屋面相关节能要求详见相关图纸 JGJ 134—2010 的相关要求，其相关见相关设计图纸；
12.3 本工程按BECS（建筑节能设计分析软件 20130705(sp4)）系列计算。

十三、其他工程

13.1 凡预留预埋、留洞等相关工程详见相关专业图纸。
13.2 所有预留预埋均应与相关专业配合施工。
13.3 基层与饰面层的连接及相关要求详见相关图纸。
13.4 本工程各专业相互配合施工。
13.5 本工程未尽事宜应按相关规范及标准执行。

工 程 做 法 表

屋面：
屋面1：防滑彩砖
- <1>40厚C20细石混凝土,上铺防滑彩砖,干水泥擦缝,表面撒水泥粉
- <2>干铺隔离层
- <3>3厚SBS防水改性沥青耐根穿刺防水卷材(聚酯胎)
- <4>80厚混凝土垫层(B1级)
- <5>20厚1：6水泥炉渣找坡,最薄处30厚
- <6>现浇钢筋混凝土屋面板

檐沟：
- <1>3厚SBS高聚物改性沥青防水卷材(聚酯胎),自带保护层
- <2>20厚1：3水泥砂浆找平层
- <3>80厚细石混凝土(B1级)
- <4>钢筋混凝土找坡1：2%找坡
- <5>现浇钢筋混凝土屋面板

踢脚：
踢脚1：水泥踢脚
- <1>10厚1：2水泥砂浆压实
- <2>15厚1：3水泥砂浆打底扫毛
- <3>素水泥浆一道

墙裙：
墙裙1：防滑面砖
- <1>10厚防滑面砖面层,干水泥擦缝
- <2>20厚1：2水泥砂浆粘结层
- <3>水泥砂浆一道(掺建筑胶)
- <4>100厚C15混凝土垫层
- <5>80厚碎石垫层
- <6>素土夯实

地面：
地面2：防滑地砖(有防水层)
- <1>10厚防滑地砖面层,干水泥擦缝
- <2>20厚1：2干硬性水泥砂浆结合层,表面撒水泥粉
- <3>水泥砂浆一道(掺建筑胶)
- <4>现浇钢筋混凝土楼板

内墙1：普通内墙涂料
- <1>普通内墙涂料一道刮腻子
- <2>5厚1：0.5：2.5水泥石灰膏砂浆找平
- <3>8厚1：1：6水泥石灰膏砂浆打底扫毛或划出道道
- <4>SN界面处理剂

内墙2：瓷砖内墙
- <1>1：1稀白水泥细砂浆擦缝(白水泥浆擦缝)
- <2>5厚釉面砖
- <3>5厚1：2建筑胶水泥砂浆粘结层
- <4>素水泥浆一道
- <5>9厚1：3水泥砂浆打底扫平
- <6>SN界面处理剂

外墙：
外墙1：面砖外墙
- <1>面砖饰面(勾缝)
- <2>6厚1：0.2：2.5水泥石灰膏砂浆(内掺5%防水剂)
- <3>素水泥浆一道
- <4>刷界面处理剂
- <5>5厚聚合物复合耐碱玻纤网格布一道
- <6>35厚聚苯颗粒保温浆料
- <7>10厚1：2水泥砂浆打毛或甩毛划出纹道(内掺5%防水剂)
- <8>SN界面处理剂
- <9>240厚页岩砖

顶棚1：普通内墙涂料
- <1>普通内墙涂料二度刮平
- <2>7厚底层抹灰找平
- <3>3～5厚底基防潮腻子分遍找平
- <4>5厚1：0.5：3水泥石灰膏砂浆打底
- <5>3厚1：0.5：1水泥石灰膏砂浆打底
- <6>刷素水泥浆一道(掺5%水重的建筑胶)
- <7>现浇钢筋混凝土板底

散水：防滑地砖
- <1>10厚防滑地砖面层,干水泥擦缝
- <2>20厚1：2干硬性水泥砂浆,面向外坡1%
- <3>20厚1：3干硬性水泥砂浆结合层
- <4>素水泥浆一道(掺建筑胶)
- <5>60厚C15混凝土垫层,面向外坡1%
- <6>300厚灰土5～32砂石滚压,宽出面层100
- <7>素土夯实

台阶：防滑地砖
- <1>12厚防滑地砖面层,1：1水泥砂浆勾缝
- <2>素水泥浆一道(掺建筑胶)
- <3>20厚1：3干硬性水泥砂浆粘结层
- <4>素水泥浆一道(掺建筑胶)
- <5>60厚C15混凝土台阶
- <6>300厚灰土5～32砂石滚压,宽出面层100
- <7>素土夯实

散水：防滑地砖
- <1>50厚C20细石混凝土面层,第1：1水泥砂子抹光
- <2>150厚炉渣5～32砂石滚压,向外坡4%
- <3>素土夯实,向外坡4%

室 内 装 修 做 法 表

层数	房间名称	楼地面 编号	楼地面 名称	踢脚 编号	踢脚 名称	内墙面 编号	内墙面 名称	顶棚 编号	顶棚 名称
一层	储藏间	防滑地砖	地面1	水泥砂浆	踢脚1	普通涂料	内墙1	普通涂料	顶棚1
	楼梯间	防滑地砖	地面1	水泥砂浆	踢脚1	普通涂料	内墙1	普通涂料	顶棚1
	厨房、餐厅	防滑地砖(防潮层)	地面1	水泥砂浆	踢脚1	瓷砖	内墙2	普通涂料	顶棚1
	卫生间	防滑地砖(防潮层)	地面2			瓷砖	内墙2	普通涂料	顶棚1
二层	楼梯间	防滑地砖	楼面1	水泥砂浆	踢脚1	普通涂料	内墙1	普通涂料	顶棚1
	卧室	防滑地砖(防潮层)	楼面1	水泥砂浆	踢脚1	普通涂料	内墙1	普通涂料	顶棚1
	卫生间	防滑地砖(防潮层)	楼面2			瓷砖	内墙2	普通涂料	顶棚1
	起居室	防滑地砖(防潮层)	楼面2	水泥砂浆	踢脚1	普通涂料	内墙1	普通涂料	顶棚1

建施03　工程做法、室内装修做法表

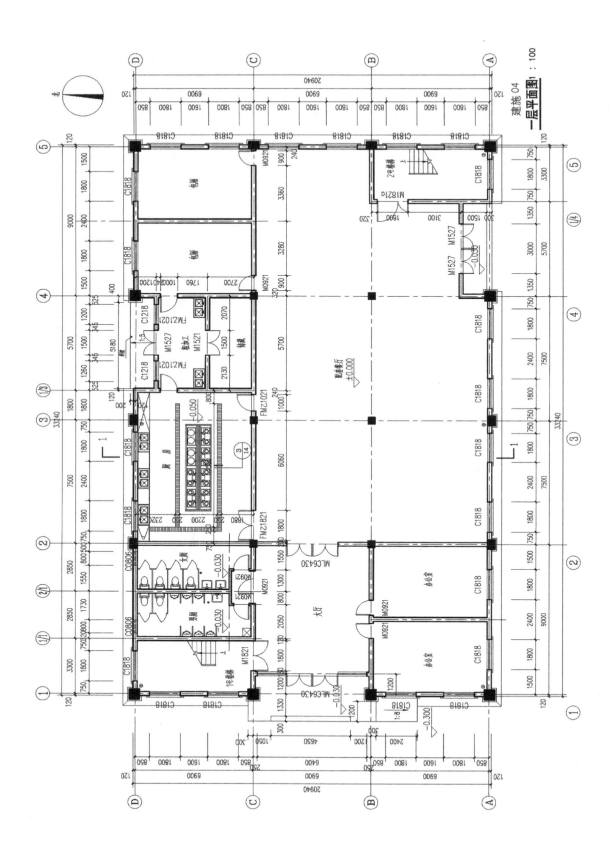

一层平面图 1:100
建施 04

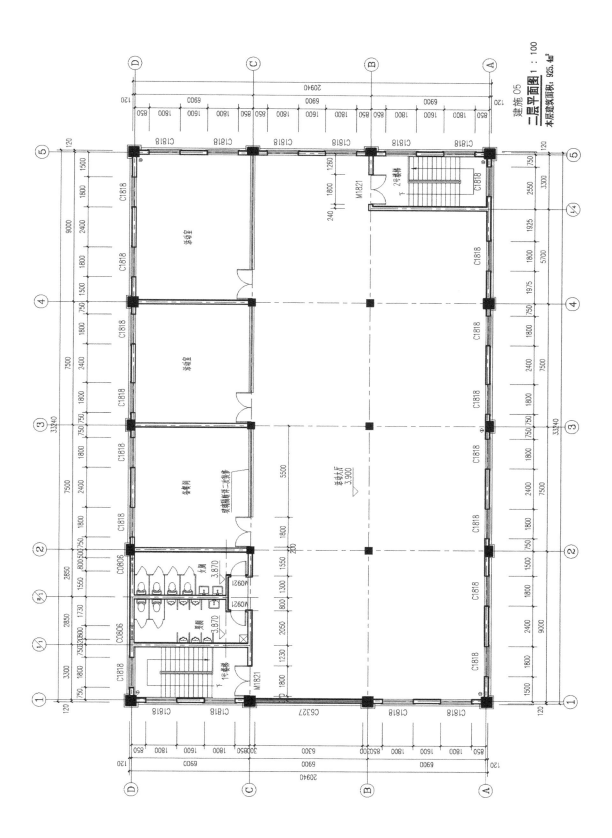

建施 05
一层平面图 1 : 100
本层建筑面积: 925.4m²

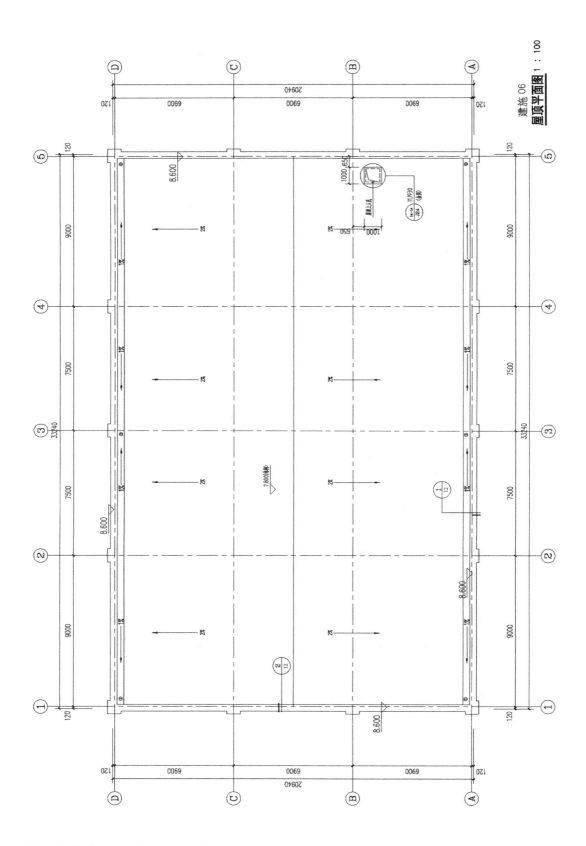

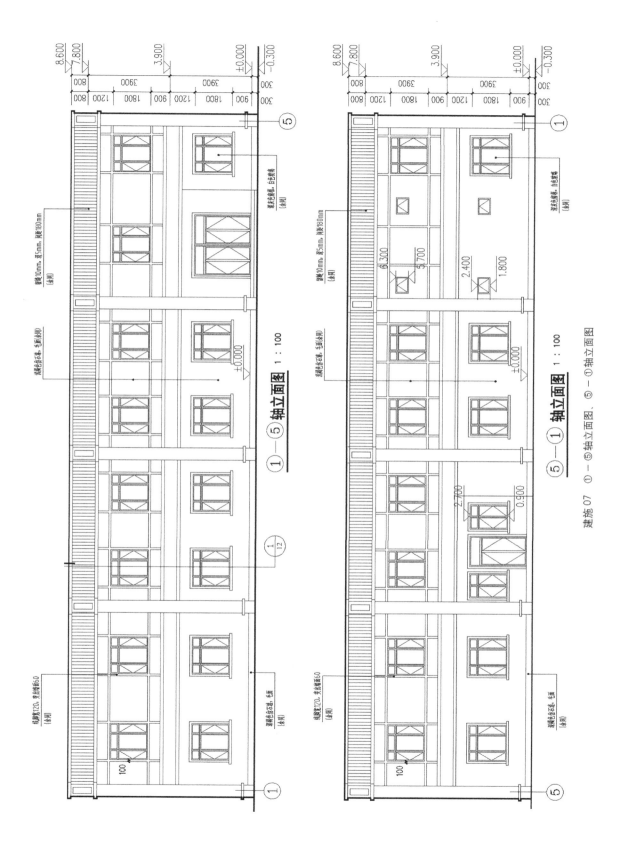

①—⑤轴立面图 1 : 100

⑤—①轴立面图 1 : 100

建施 07 ①—⑤轴立面图、⑤—①轴立面图

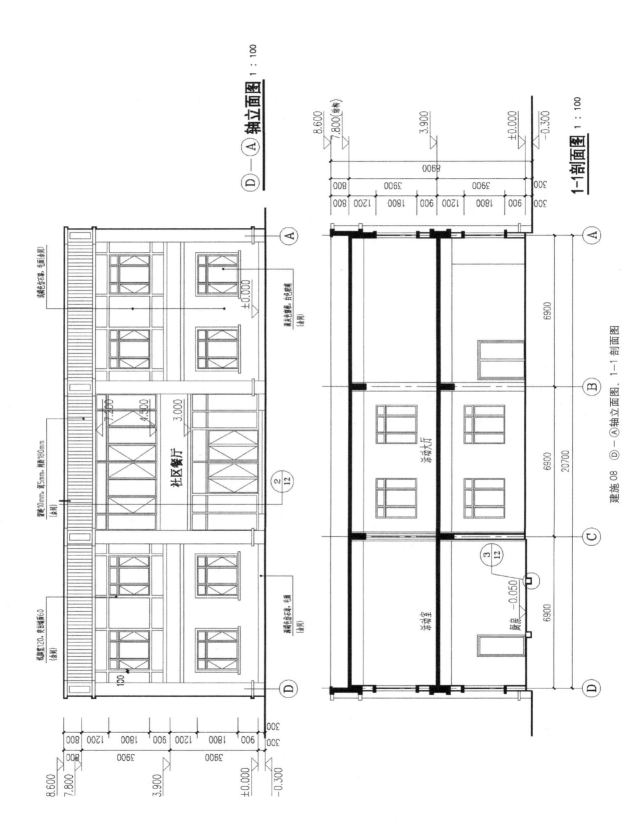

Ⓓ—Ⓐ轴立面图 1：100

1-1剖面图 1：100

建施08 Ⓓ—Ⓐ轴立面图、1-1剖面图

社区餐厅

活动大厅

活动室

厨房

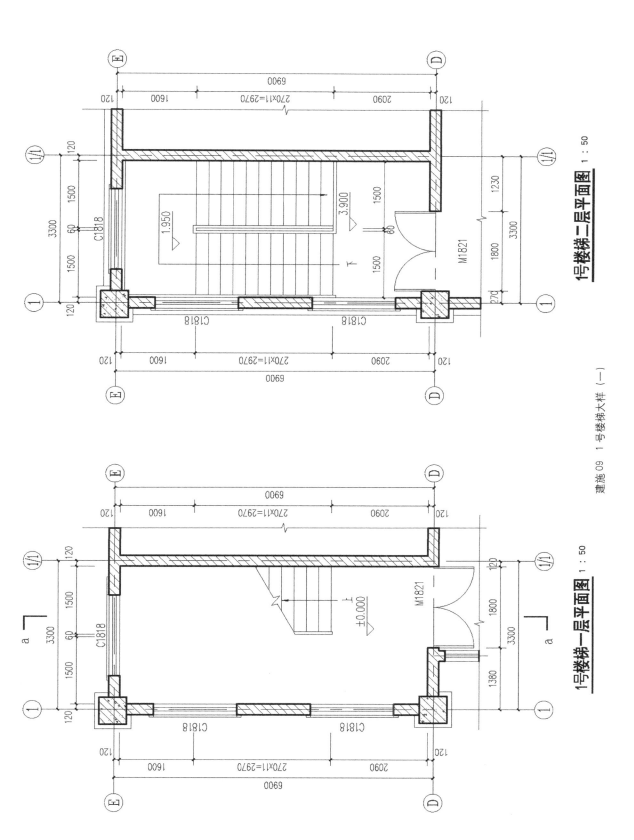

1号楼梯二层平面图 1：50

1号楼梯一层平面图 1：50

建施09 1号楼梯大样（一）

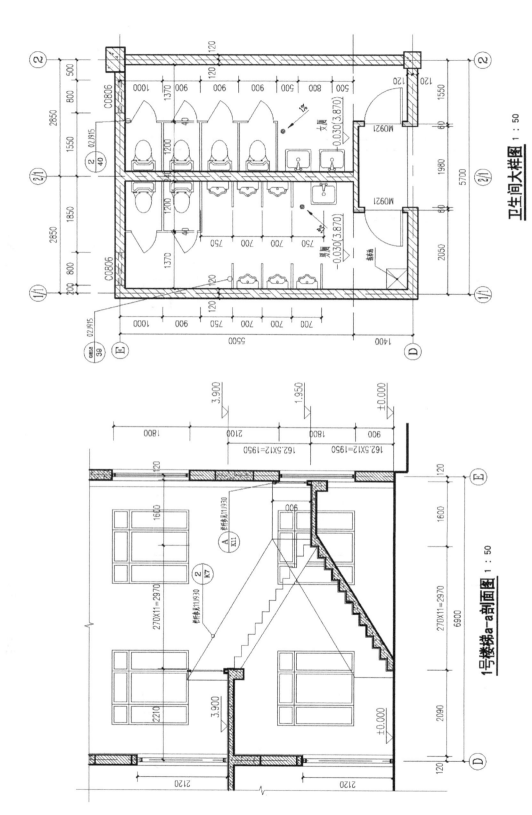

卫生间大样图 1 : 50

1号楼梯a-a剖面图 1 : 50

建施 10　1 号楼梯大样 (二)、卫生间大样图

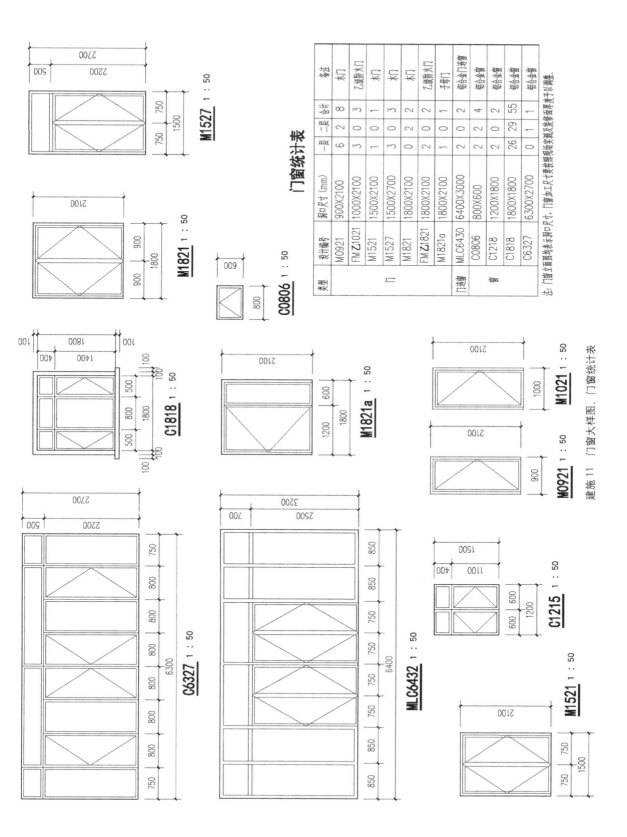

门窗统计表

类型		设计编号	洞口尺寸(mm)	一层	二层	合计	备注
门		M0921	900X2100	6	2	8	木门
		FMZ1021	1000X2100	3	0	3	乙级防火门
		M1521	1500X2100	1	0	1	木门
		M1527	1500X2700	3	0	3	木门
		M1821	1800X2100	0	2	2	木门
		FMZ1821	1800X2100	2	0	2	乙级防火门
		M1821a	1800X2100	1	0	1	手动门
门联窗		MLC6430	6400X3000	2	0	2	铝合金门（带窗）
窗		C0806	800X600	2	2	4	铝合金窗
		C1218	1200X1800	2	0	2	铝合金窗
		C1818	1800X1800	26	29	55	铝合金窗
		C6327	6300X2700	0	1	1	铝合金窗

注：门窗立面图所示尺寸为洞口尺寸，门加工尺寸要根据现场实测及装修面厚度等予以调整。

M1527 1:50

M1821 1:50

C0806 1:50

C1818 1:50

M1821a 1:50

M1021 1:50

M0921 1:50

C6327 1:50

MLC6432 1:50

C1215 1:50

M1521 1:50

建施 11 门窗大样图、门窗统计表

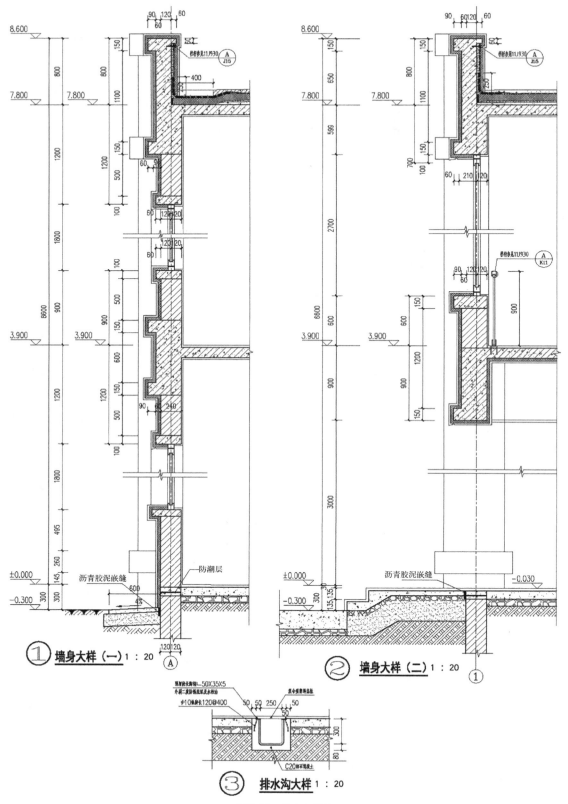

① 墙身大样（一）1：20

② 墙身大样（二）1：20

③ 排水沟大样 1：20

建施 12 节点大样图

4

第4章　园林的布局设计

4.1 园林建筑设计的构图规律

建筑构图必须服务于建筑的基本目的，即为人们建造美好的生活和居住的使用空间，这种空间是建筑功能与工程技术和艺术技巧结合的产物，都需要符合适用、经济、美观的基本原则，在艺术构图方法上也都要考虑诸如统一、变化、尺度、比例、均衡、对比等原则。然而，由于园林建筑与其他建筑类型在物质和精神功能方面有许多不同之处，因此，在构图方法上就与其他类型的建筑有所差异，有时在某些方面表现得更为突出。这正是园林建筑本身的特征。园林建筑构图原则概括起来有以下几个方面。

4.1.1 统一

园林建筑中各组成部分，其体形、体量、色彩、线条、风格具有一定程度的相似性或一致性，给人以统一感。可产生整齐、庄严、肃穆的感觉；与此同时，为了克服呆板、单调之感，应力求在统一之中有变化。

在园林建筑设计中，大可不必为搞不成多样化变化而担心，即用不着惦记组合成所必需的各种不同要素的数量，园林建筑的各种功能会自发形成多样化的局面，当要把园林建筑设计得能够满足各种功能要求时，建筑本身的复杂性势必会演变成形式的多样化，甚至一些功能要求很简单的设计，也可能需要许多各不相同的结构要素，因此，一个园林建筑设计师的首要任务就应该是把那些势在难免的多样化组成引人入胜的统一。园林建筑设计中获得统一的方式有：

1. 形式统一

颐和园的建筑物，都是按当时的《清代营造则例》中规定的法式建造的。木结构、琉璃瓦、油漆彩画等，均表现出传统的民族形式，但各种亭、台、楼、阁的体形、体量、功能等，都有十分丰富的变化，给人的感觉是既多样又有形式的统一感。除园林建筑形式统一之外，在总体布局上也要求形式上的统一（图4-1）。

2. 材料统一

园林中非生物性的布景材料，以及由这些材料形成的各类建筑及小品，也要求统一。例如同一座园林中的指路牌、灯柱、宣传画廊、座椅、栏杆、花架等，常常是具有功能和美学的双重功能，点缀在园内制作的材料都需要是统一的（图4-2）。

图4-1 故宫建筑群鸟瞰图（左）

图4-2 森林公园里的坐凳、水池材料统一（右）

3. 明确轴线

建筑构图中常运用轴线来安排各组成部分间的主次关系。轴线可强调位置，主要部分安排在主轴上，从属部分则在轴线的两侧或周围。轴线可使各组成部分形成整体，这时等量的二元体若没有轴线则难以构成统一的整体（图4-3）。

4. 突出主体

同等的体量难以突出主体，利用差异作为衬托，才能强调主体，可利用体量大小的差异、高低的差异来衬托主体，由三段体的组合可看出利用衬托以突出主体的效果。在空间的组织上，也同样可以用大小空间的差异与衬托来突出主体。通常，以高大的体量突出主体，是一种极有成效的手法，尤其在有复杂的局部组成中，只有高大的主体才能统一全局，如颐和园的佛香阁（图4-4）。

图4-3 故宫——世界上最大的古建筑群（左）

图4-4 颐和园万寿山上的主体建筑佛香阁（右）

4.1.2 对比

在建筑构图中利用一些因素（如色彩、体量、质感）程度上的差异来取得艺术上的表现效果。差异程度显著的表现称为对比。对比使人们对造型艺术品产生深刻的、强烈的印象。

对比使人们对物体的认识得到夸张，它可以对形象的大小、长短、明暗等起到夸张作用。在建筑构图中常用对比取得不同的空间感、尺度感或某种艺术上的表现效果。

1. 大小的对比

一个大的体量在几个较小体量的衬托下，大的会显得更大，小的则更显小。因此，在建筑构图中常用若干较小的体量来与一个较大的体量进行对比，以突出主体，强调重点。在纪念性建筑中常用这种手法取得雄伟的效果。如广州烈士陵园南门两侧小门与中央大门形成的对比（图4-5）。

2. 方向的对比

方向的对比同样可以得到夸张的效果。在建筑的空间组合和立面处理中，常常用垂直与水平方向的对比以丰富建筑形象。常用垂直上的体型与横向展开的体型组合在一座建筑中，以求体量上不同方向的夸张（图4-6）。

横线条与直线条的对比，可使立面划分更丰富。但对比应恰当，不恰当的对比即表现为不协调。

图 4-5 广州烈士陵园
南门（左）
图 4-6 哈尔滨斯大林
公园（右）

3. 虚实的对比

建筑形象中的虚实，常常是指实墙与空洞（门、窗、空廊）的对比。在纪念性建筑中常用虚实对比造成严肃的气氛。有些建筑由于功能要求形成大片实墙，但艺术效果又不需要强调实墙面的特点，则常加以空廊或作质地处理，以虚实对比的方法打破实墙的沉重与闭塞感（图 4-7）。实墙面上的窗，也造成虚实对比的效果。

图 4-7 公园院墙与门
窗洞口（左）
图 4-8 苏州网师园平
面图（右）

4. 明暗的对比

在建筑的布局中可以通过空间疏密、开朗与闭塞的有序变化，形成空间在光影、明暗方面的对比，使空间明中有暗，暗中有明，引人入胜（图 4-8）。

5. 色彩的对比

色相对比是指两个相对的补色为对比色，如红与绿、黄与紫等。或指色度对比，即颜色深浅程度的对比。在建筑中色彩的对比，不一定要找对比色，而只要色彩差异明显的即有对比的效果。中国古典建筑色彩对比极为强烈，如红柱与绿栏杆的对比，黄屋顶与红墙、白台基的对比。

此外，不同的材料质感的应用也构成良好的对比效果。

4.1.3 均衡

在视觉艺术中，均衡是任何现实对象中都存在的特性，均衡中心两边的视觉趣味中心，分量是相当的。

由均衡所造成的审美方面的满足，似乎和眼睛"浏览"整个物体时的动作特点有关。假如眼睛从一边向另一边看去，觉得左右两半的吸引力是一样的，人的注意力就会像摆钟一样来回游荡，最后停在两极中间的一点上。如果把这个均衡中心有力地加以标定，以致使眼睛能满意地在上面停息下来，这就在观者的心目中产生了一种健康而平静的瞬间。

由此可见，具有良好均衡性的艺术品，必须在均衡中心予以某种强调，或者说，只有容易察觉的均衡才能令人满足。建筑构图应当遵循这一自然法则。建筑物的均衡，关键在于有明确的均衡中心（或中轴线），如何确定均衡中心，并加以适当的强调，这是构图的关键。

均衡有两种类型：对称均衡与不对称均衡。

1. 对称均衡

在这类均衡中，建筑物对称轴线的两旁是完全一样的，只要把均衡中心以某种巧妙的手法来加以强调，立刻给人一种安定的均衡感（图4-9）。

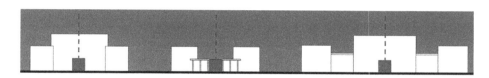

图4-9　对称的均衡

2. 不对称均衡

不对称均衡要比对称均衡的构图更需要强调均衡中心，要在均衡中心加上一个有力的"强音"。另外，也可利用杠杆的平衡原理，一个远离均衡中心、意义上较为次要的小物体，可以用靠近均衡中心、意义上较为重要的大物体来加以平衡（图4-10）。

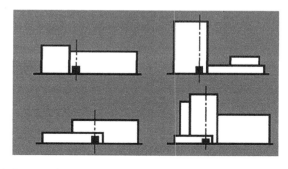

图4-10　不对称的均衡

均衡不仅表现在立面上，而且在平面布局上、形体组合上都需加以注意。

4.1.4 韵律

视觉艺术中，韵律是任何物体的组成系统重复的一种属性。而这些元素之间具有可以认识的关系。在建筑构图中，这种重复是由建筑设计所引起的视觉可见元素的重复。如光线和阴影，不同的色彩、支柱、开洞及室内容积等，一个建筑物的大部分效果，就是依靠这些韵律关系的协调性、简洁性以及威力感来取得的。园林中的走廊以柱子有规律的重复形成强烈的韵律感。

建筑构图中韵律的类型大致有：

1. 连续韵律

连续韵律是指连续使用一种或几种建筑要素（或构件）进行有组织地排列而形成的韵律感。连续韵律能增强建筑的节奏感。

（1）距离相等、形式相同：如柱列；或距离相等，形状不同（图4—11）。

（2）不同形式交替出现的韵律：如立面上窗、柱、花饰等的交替出现（图4—12）。

（3）连续中又富于变化，避免过分统一的单调感，并有互相对比与衬托的效果（图4—13）。

2. 渐变韵律

渐变韵律是通过相似形的建筑要素（或构件）有规律渐变排列所形成的韵律感（图4—14）。

3. 起伏韵律

利用建筑各组成部分有规律地高低起伏，形成波浪起伏的韵律感（图4—15）。

韵律可以是不确定的、开放式的；也可以是确定的、封闭式的。只把类似的单元作等距离的重复，没有一定的开头和一定的结尾，这叫做开放式韵律，

图4—11　柱列的韵律
（左）
图4—12　颐和园景墙
（右）

图4—13　连续中的变化

图 4—14　渐变韵律
（左）
图 4—15　起伏韵律
（右）

在建筑构图中，开放式韵律的效果是动荡不定的，含有某种不限定和骚动的感觉，通常在圆形或椭圆形建筑构图中，处理成连续而有规律的韵律是十分恰当的。

以上是对园林建筑构图中所遵循的一些原则进行的简单介绍和分析，实际上艺术创作不应受各种条条框框限制，确保画家可以在画框内任意挥毫泼墨，雕塑家可以在转台前随意加减，艺术家的形象思维可以驰骋千里。这里所谓"原则"只不过是总结前人在园林和园林建筑设计中所取得的艺术成果，找出一点规律性的东西，以供读者创作或评议时提出点滴的线索而已。切不可被这些"原则"缚住了手脚，那样的话，便事与愿违了。

4.2　园林建筑设计的方法和技巧

4.2.1　立意

立意就是设计者根据功能需要、艺术要求、环境条件等因素，经过综合考虑所产生出来的总的设计意图。立意既关系到设计的目的，又是在设计过程中采用各种构图手法的根据。"意在笔先"对园林建筑创作完全适用。我国传统造园的特色中立意着重艺术意境的创造，寓情于景，触景生情，情景交融。

1．神仪在心，意在笔先

晋代顾恺之在《论画》中说："巧密于精思，神仪在心"。即绘画、造园首先要认真考虑立意，"意在笔先"。明代恽向也在《宝迁斋书画录》中谈到："诗文以意为主，而气附之，惟画亦云。无论大小尺幅，皆有一意，故论诗者以意逆志，而看画者以意寻意"。扬州个园园主无疑在说，"无'个'不成竹"。"个园"暗示他有竹子品格的清逸和气节的崇高。唐柳宗元被贬官为永州司马时，建了一个取名为"愚溪"的私园。该园内的一切景物以"愚"字命名，愚池、愚丘、愚岛、愚泉、愚亭……一愚到底，其意与"拙政园"的"拙者为政"异曲同工。

承德避暑山庄是中国皇家园林之冠。500hm^{2}的庞大园林的立意也十分明确。山庄的东宫，有景点"卷阿胜境"，意在追溯几千年前的君臣唱和，宣传忠君爱民的思想，从而标榜清朝最高统治阶级的"扇被恩风，重农爱民"的思想境界。"崇朴鉴奢，以素药艳，因地宜而兴造园"，这就是根据山庄本身优越的自然条件，"物尽天然之趣，不烦人事之工"，以创造山情野致。在这种设计思想指导下，产生了"依松为斋"、"引水在亭"的创作手法。

园林"立意"与"相地"是相辅相成的两方面。《园冶》云："相地合宜，构园得体。"这是明代园林设计师计成提出的理论，他把园林"相地"看作园林成败的关键。古代"相地"，即造园的选择园址。其主要含义为，园主经多次选择、比较，最后"相中"，即园主人所认为理想的地址。那么，选择的依据是什么呢？园主人在选择园址的过程中，已把他的造园构思与园址的自然条件、社会状况、周围环境等诸因素作综合的比较、筛选。因而，不难看出相地与立意是不可分割的，是在园林创作过程中的前期工作。

随着社会的进步和城市建设的发展，出现另一种情况，就是有关部门确定园林项目，不能做到理想地选择园址，而是在城市建设中，将不宜建房、地形条件较差的区域确定为园林绿地，如杭州的花港观鱼公园，原址仅0.2hm²，亭墙颓唐，野草丛生，除浅水方塘外，一片荒芜，原址为水塘地；浙江的温岭市，东南部有一片低于市区80cm的水稻田地，属河田地，城市规划过程中，不宜作为居住区或其他开发的地段，最后确定作为城市公园用地。

所以，园林设计工作中，如何"因地制宜"而达到"构园得体"是园林规划设计师的重要任务之一。

2. 情因景生，景为情造

造园的关键在于造景，而造景的目的在于抒发作者对造园目的与任务的认识和激发的思想感情。所谓"诗情画意"写入园林，即造园不仅要做到景美如画，同时还要求达到情从景生，要富有诗意，触景能生情。"情景名为二，而实不可离。神于诗者，妙合无垠，巧者则有情中景，景中情。"（王夫之《姜斋诗话》）。苏州古典园林中，历史最早的一处名园沧浪亭，园内土阜最高处有一座四方亭叫沧浪亭，其上对联为"清风明月本无价，近水远山皆有情。"正是这"清风明月"和"近水远山"美景激发起诗人的情感。

可见，园林创作过程中，选择园址，依据现状情况确定园林主题思想，创造园景是不可分割的有机整体。而造园的"立意"，或称之为"构思"、创作"激情"，最终要通过具体的园林艺术创造出一定的园林形式，通过精心布局得以实现。

4.2.2 选址

《园冶》卷一《兴造论》中，开卷即曰："凡造作"，要"随曲合方"，"能妙于得体合宜。""园林巧于'因'、'借'，精在'体'、'宜'。""因者：随基势高下，体形之端正，碍木删桠，泉流石注，互相借资；宜亭斯亭，宜榭斯树，不妨偏径，顿置婉转，斯谓精而合宜者也"这说明要根据地形、地势的实际情况，因地制宜地建亭、筑榭，山道随形势，清泉石上流。

"因地制宜"的原则，是造园最重要的原则之一。同样是帝王宫苑，由于不同地形状况，而采用不同的造园手法、创造出迥然不同，各具风格的园林。

1. 颐和园——主景突出式自然山水园

颐和园前身叫清漪园，清漪园原址有一山叫瓮山，山前的湖泊叫瓮山泊，又称西湖，是北京近郊一带难得的一片水域。这一带，夏天十余里荷蒲菱英，远近村落在长堤翠柳中若隐若现，十座寺庙散落湖面，统称"西湖十寺"。1750年，清乾隆皇帝改瓮山为万寿山，西湖改为昆明湖，绕万寿山西麓，连接北麓而开挖后溪河（后溪）。昆明湖的水域划分，以杭州西湖为蓝本，西堤的走向仿杭州西湖的苏堤，乾隆的《万寿山即事》诗云："面水背山地，明湖仿浙西;琳琅三竺宇，花柳六桥堤"可以佐证。万寿山南坡为庞大的建筑群体，建筑群中央的主体建筑佛香阁，通高38m，器宇轩昂、凌驾前山，成为颐和园的构图中心。万寿山、佛香阁、昆明湖、西堤、三岛（昆明湖中的南湖岛、堤西的治镜阁、藻鉴堂等三大岛）、后湖（后溪河）形成"主景突出式"的自然山水园。

2. 圆明园——集锦式自然山水园

圆明园原址在海淀镇北的一片平原上，地势低洼，间有潜水溢出地表，亦有自流泉水，称之为"丹棱沜"。圆明园的创作是自流泉水四引，用溪涧方式构成水系，称池、湖、海的大水面构成景区，在挖溪池的同时就高地叠土垒石堆成岗阜（一般高7m左右，或高至20m以上的小山），全园"因高就深，傍山依水，相度地宜，构结亭榭"（《圆明园记》）。全园九高大的山体，平面上以500m见方的大水面福海，周围15个景点聚合，向心于"莲岛瑶台"平面构图中心。圆明园继承中国历代优秀造园传统，乾隆几下江南，命造园家尽收江南风景与园林之精华，结合北方气候条件，地理条件，导水堆山，移天缩地，在约340hm^{2}的园地内，创造了千姿百态的风景点，而成为"万园之园"。集锦式的圆明园和主景式的颐和园成为我国北方皇家园林两颗串联的明珠。

3. 避暑山庄——风景式自然山水园

山庄总面积约为560hm^2，其中山地占3/4，湖区和平原地占不到1/4，尤其平原约占9%的总面积。山庄北面的外八庙呈众星拱月之势，加上周围多处风景点，使山庄规模更显宏伟、广大。避暑山庄号称七十二景，其实风景点远远超过这个数字。避暑山庄与颐和园、圆明园比较，是以山为宫、以庄为苑，得天独厚，自然环境无比优越，于风景名胜中妆点而成的风景式园林。是以人工美渗透自然美之中的"野朴"情趣的山庄风景园。

避暑山庄的"相地"是十分成功的佳例。《园冶·山林地》中云："园林惟山地林最胜，有高有凹，有曲有深，有峻而悬，有平而坦，自成天然之趣，不烦人事之工。"清康熙皇帝花约3年时间的选址,"疏源之去由,察水之来历。"经比较，才确定将这块汇集多种地形、地势优点的地域作为行宫。避暑山庄兼得北方雄野和江南秀丽之美，外围环拱之山坡地又有发展之余地。加上山泉、热湖，茂林劲松，鸟语花香，鸢飞鱼游，构成一幅天然图画。

4.2.3 布局

园林的布局，就是在选定园址或称之在"相地"的基础上,根据园林的性质、规模、地形特点等因素，进行全园的总布局，通常称之为总体设计。不同性质、不同功能要求的园林，都有着各自不同的布局特点。不同的布局形式必然反过来反映不同的造园思想，所以，园林的布局，即总体设计是一个园林艺术的构思过程，也是园林的内容与形式统一的创作过程。

中国园林有各种类型，它们性质不同，大小不同，地理环境不同，因此在布局上也相差很大。但尽管如此，由于中国园林都是以自然风景作为创作依据的风景式园林，所以，在园林布局上，也就有着一些共同的特点，主要可概括为：师法自然，创造意境；巧于因借，精在体宜；划分景区，园中有园。

1．师法自然，创造意境

中国的园林是文人、画家、造园匠师们饱含着对自然山水美的渴望和追求，在一定的空间范围内创造出来的。他们经过长期的观察和实践，在大自然中发现了山水美的形象特征和内在精神，掌握了构成山水美的组合规律。他们把这种对自然山水美的认识，带到了园林艺术的创作之中，把对自然山水美的感受引导到现实生活的境域里来。这种融汇了客观的景与主观的情、自然的山水与现实的生活的艺术境界，一直是中国园林所着意追求的目标。

为了追求这样的艺术境界，当然首先在于选择到一块具有比较理想的自然山水地貌的地段，以此作为造园的基础，把地段内自然的山、水、古树以及周围环境上的成果、借景条件作为首要的因素加以考虑。其次，在自然山水地貌的基础上加以整治改造，在总体布局、空间组织、园林素材的造型等方面进一步贯彻和体现这个意图。

风景名胜园林与风景区的寺观园林都选择在自然山水优美的环境之中，在布局上主要是依据环境的特点选择好风景点的位置，使各风景点与周围环境一起构成有特色、有性格的艺术境界，各风景点的串连和结合构成了园林整体上的艺术格调。

皇家园林也是范围很大的自然山水园林，一般都具有真山真水的原始地貌。由于宫廷生活及游赏上的需要，建筑物的数量比较多，因此，它的布局从我国的风景名胜园林与私家园林两方面都得到启发，许多著名景点就是私家园林和风景名胜的摹拟。

私家园林与上述的园林情况差别较大，它一般是在城市的平原地带造园，并与大片的居住建筑相结合，成为居住空间的进一步延伸和扩大，园林的范围也比较小。因此，在这样的条件下造园，如何使园林百看不厌，虽小而不觉其小，实现师法自然、创造意境的要求，实在是园林布局上的一大难题。要解决这个难题，必须在以下三个方面实现"突破"才行。

（1）以小见大　为了突破园林空间范围较小的局限，实现小中见大的空间效果，主要采取了下列手法：

1）利用空间大小的对比

江南的私家园林，一般把居住建筑贴边界布置，而把中间的主要部位让出来布置园林山水，形成主要空间；在这个主要空间的外围布置若干次要空间及局部性小空间；各个空间留有与大空间连系的出入口，运用先抑后扬的反衬

图 4-16　网师园（左）
图 4-17　网师园山池
区（右）

手法及视线变换的游览路线把各个空间联系起来。这样既各具特色，又主次分明。在空间的对比中，小空间烘托、映衬了主要空间，大空间更显其大。如苏州网师园的中部园林：从题有"网师小筑"的园门进入网师园内的第一个空间，就是由"小山丛佳轩"等三个建筑物以及院墙所围绕的狭窄而封闭的庭院，庭院中点缀着山石树木，构成幽深宁静的气氛。当从这个庭院的西面，顺着曲廊北绕过濯缨水阁之后，突然闪现水光荡漾、水涯岩边、亭榭廊阁、参差间出的景象。也正由于前一个狭窄空间的衬托，这个仅约 30m×30m 的山池区就显得较实际面积辽阔开朗了（图 4-16、图 4-17）。

　　2）注意选择合宜的建筑尺度

　　在江南园林中，建筑在庭园中占的比重较大，因此，很注意建筑的尺度处理。在小的空间范围内，一般取亲切近人的小尺度，体量较小，有时还利用人们观赏物体"近大远小"的视觉习惯，有意识地压缩一些位于山顶上的小建筑的尺度，而造成空间距离较实际状况略大的错觉。如苏州怡园假山顶上的螺髻亭，体量很小，柱高仅 2.3m，柱距仅 1m。网师园水池东南角上的小石拱桥，微露水面之上，从池北南望，流水悠悠远去，似有水面深远不尽之意。

　　3）增加景物的景深和层次

　　在江南园林中，创造景深多利用水面的长方向，往往在水流的两面布置山石林木或建筑，形成两侧夹持的形势，借助于水面的闪烁无定、虚无缥缈、远近难测的特性，从水流两端对望，无形中增加了空间的深远感。

　　同时，在园林中景物的层次越少，越一览无余，即使是大的空间也会感觉变小。相反，层次多、景越藏，越容易使空间感觉深远。因此，在较小的范围内造园，为了扩大空间的感受，在景物的组织上，一方面运用对比的手法创造最大的景深，另一方面用掩映的手法来增加景物的层次。这可以拙政园中部园林为例，由梧竹幽居亭沿着水的长方向西望，不仅可以获得最大的景深，而且大约可以看到三个景物的空间层次：第一个空间层次结束于隔水相望的荷风四面亭，其南部为临水的远香堂和南轩，北部为水中两个小岛，分列着雪香云蔚亭与待霜亭；通过荷风四面亭两侧的堤、桥可看到结束于"别有洞天"半亭的第二个空间层次；而拙政园西园的宜两亭及园林外部的北寺塔，高出于矮游廊的上部，形成最远的第三个空间层次。一层远似一层，空间感比实际上的距离深远得多（图 4-18、图 4-19）。

4）空间的变化与运用

运用空间回环相通，道路曲折变幻的手法，使空间与景色渐次展开，连续不断，周而复始，造成景色多而空间丰富的效果，类似观赏中国画的山水长卷，有一气呵成之妙，而无一览无余之弊。路径的迂回曲折，更可以增加路程的长度，延长游赏的时间，使人心理上扩大了空间感。

5）借外景

由于园外的景色被借到园内，人的视线就从园林的范围内延展开去，而起到扩大空间的作用。如无锡寄畅园借惠山及锡山之景。

6）通过意境的联想来扩大空间感

环秀山庄的叠石是举世公认的好手笔，它把自然山川之美概括、提炼后浓缩到一亩多地的有限范围之内，创造了峰峦、峭壁、山涧、峡谷、危径、山洞、飞泉、幽溪等一系列精彩的艺术境界，通过"寓意于景"，

图4-18 拙政园平面图

图4-19 拙政园梧竹幽居亭

图4-20 苏州环秀山庄的叠石

使人产生"触景生情"的联想。这种联想的思路，必能飞越那高高围墙的边界，把人的情思带到湿润的大自然中去。这样的意境空间是无限的。这种传神的"写意"手法的运用，正是中国园林布局上高明的地方（图4-20）。

（2）突破边界　突破园林边界规则、方整的生硬感觉，寻求自然的意趣。

1）以"之"字形游廊贴外墙布置，以打破高大围墙的闭塞感，曲廊随山势蜿蜒上下，或跨水曲折延伸。廊与墙交界处有时留出一些不规则的小空间点缀山石树木，顺廊行进，角度不断变幻，即使实墙近在身边也不感到它的平板、生硬。廊墙上有时还镶嵌名家的"诗条石"，用以吸引人们的注意力。从远处看过来，平直的"实"墙为曲折的"虚"廊及山石、花木所掩映，以廊代墙，以虚代实，产生了空灵感。

2) 以山石与绿化作为高墙的掩映，也是常用的手法。在白粉墙下布置山石、花木，在光影的作用下，人的注意力几乎完全被吸引到这些物体的形象上去，而"实"的粉墙就变为它们"虚"的背景，犹如画面上的白纸，墙的视觉界限的感受几乎消失了。这种感觉在较近的距离内尤其突出。

3) 以空廊、花墙与园外的景色相联系，把外部的景色引入园内，当外部环境优美时经常采用。如苏州沧浪亭的复廊就是优秀的实例，人们在复廊内外穿行，内外部有景可观，并不意识到园林的边界。

(3) 咫尺山林　突破自然条件上缺乏真山真水的先天不足，以人造的自然体现出真山真水的意境。

江南的私家园林在城市平地的条件下造园，没有真山真水的自然条件，但仍顽强地通过人为的努力，去塑造只有真山真水情趣的园林艺术境界，在"咫尺山林"中再现大自然的美景。这种塑造是一种高度的艺术创作，因为它虽然是以自然风景为蓝本，但又不停留在单纯地抄袭和摹仿上，它要求比自然风景更集中、更典型、更概括，因此才能作到"以少胜多"。同时，这样的创作是在掌握了自然山水美的组合规律的基础上进行的，才能"循自然之理"，"得自然之趣"，如：山合气脉，水有源流，路有出入……，"主峰最宜高耸，客山须是奔趋"（唐·王维《山水诀》）；"山要环抱，水要萦回"（五代·荆浩《山水赋》）、"水随山转、山因水活"，"溪水因山成曲折，山溪随地作低平"（陈从周《园林谈丛》）。这些都是从真山真水的启示中，对自然山水美的规律的很好概括。

为了获得真山真水的意境，在园林的整体布局上还特别注意抓住总的结构与气势。中国的山水画就讲究"得势为主"，认为"山得势，虽萦纡高下，气脉仍是贯串，林木得势，虽参差相背不同，而各自通畅。水得势，虽奇怪而不失理，即平常亦不为庸。山坡得势，虽交错而不繁乱。"这是因为"以其理然也"，"神理凑合"的结果。

2. 巧于因借，精在体宜

"巧于因借，精在体宜"是在明确了"师法自然，创造意境"的布局指导思想之后必须遵循的基本原则和基本方法。

但是，"相地得宜"，只是为园林的布局提供了必要的前提（清·秦祖永《画学心印》）。园林布局中要有气势，不平淡，就要有轻重、高低、虚实、静动的对比。山石是重的、实的、静的，水、云雾是轻的、虚的、动的，把山与水结合起来，使山有一种奔走的气势，使水有漫延流动的神态，则水之轻、虚更能衬托出山石的坚实、凝重，水之动必更见山之静，而达到生动的景观效果。提条件，做得好不好，还要看能不能充分运用好自然条件的特点，"巧于因借，精在体宜"，获得"构园得体"的结果。寄畅园在这方面也相当出色。它在布局上：以山为重点，以水为中心，以山引水，以水衬山，山水紧密结合。园内的山丘是园外主山的余脉，是大整体中的小局部，经过人为的恰当加工与改造，劈山凿谷，以石包山，在真山中藏假山，创造了层叠的岗岳、幽深的岩壑、清澈的涧流等变幻莫测的新境界。这样的假山，以真山为依据，又融合在真山之中，纵观寄畅园在缀石方面的特点，它不去追求造型上的秀奇、高耸，而着力追求在其天然山势中粗中有秀，犷中有幽，保持自然生态的基本情调；不去追求个别用石的奇峰、怪石，而是精心安排好整体上的雄浑气势，高度上的起伏层次，平面上的开合变化，求得以简练、苍劲、自然的笔触去描绘出"真、幽、雅"的意境。园内的土丘虽然不高、不奇，但它与园外的主山是连成一体的，陪衬了主山，呼应了主山，引渡了主山，因此就能给人以强烈的气势。这个气势是"强"的，因为它能使你有置身于主山脚下的感受。这个气势是"活"的，山丘的蜿蜒走势和神韵是与主山连贯一致的、形神兼备的。

水面与山大体平行，以聚为主，聚中有分。在池中部收缩成夹崃之势，形成水峡，一棵大枫树斜探波面，老根蛇盘，姿态苍劲，把池面空间划分为"放—收—放"的两个大的层次，似隔非隔，水态连绵，益映出水面的弥漫、深远。池的东北角有廊桥隔断水尾，使水面藏而不露，似断似续；七星桥斜卧波面，贴水而过，虽又将池水分出一个较小的水面，但整体连贯，增加了层次。临池以黄石叠砌成绝壁、石径、石矶、滩地，平面上有出有进，高低上有起有伏，生动自然。两个凹入的水湾深入山丘，以突出的石矶连以平桥，也增加了水面的层次与情趣。再引名泉之水造成悬淙曲涧，以保留下来的千年古树造成清幽古朴之感，以突出山林野趣之长。

园内的主要观景点放在与山对应的水池东部的狭长地带，以知鱼槛为主要观景点，以低矮的折廊向池的南北两岸稍加延伸，面对着水面和山林。建筑分散，但不散漫；空间豁达，富有层次，并与自然环境相融合。观赏路线的组织与全园山水风景主体和特色的基本构思紧密结合，或登山临水，或穿峡渡涧，或深幽曲折，或开阔明朗，形成多样变化的观赏角度和观赏效果。

寄畅园的布局，可以说正确地利用了原有山丘"缀石而高"造成雄浑的山势；利用了低洼的地方"搜土而下"造成水池；还利用原有的参天古树"合乔木参差山腰，蟠根嵌石，宛若画意"，然后依附水面，构亭筑台，参差错落，"篆壑飞廊，想出意外"，构成了出于自然而高于自然的艺术境界（图4-21）。

同时，一个好的园林布局，还必须突破自身在空间上的局限，充分利用周围环境上的美好景色，因地借景，选择好合宜的观赏位置与观赏角度，延伸与扩大视野的深度和广度，使园内园外的景色融汇一体。《园冶》上说的"巧于因借"的"借"字就是这个意思，即不但要巧于用"因"，而且要巧于用"借"。寄畅园的主要观赏点"知鱼槛""涵碧亭""环翠楼""凌虚阁"等都散点式地布置于池东及池北的位置，向西望去，透过

图4-21 寄畅园

水池对岸整片的山林，惠山的秀姿就隐现在它的后面，近、中、远景一层远似一层，绵延起伏，联成整体，园外有园，景外有景。在环翠楼、鹤步滩、秉礼堂等处举目东望，锡山上的龙光塔被借景入园，增加了园林的深度，突破了有限空间的局限。

江南园林布局中这种"巧于因借，精在体宜"的创作原则和方法，也被逐渐借鉴和运用到北方园林中来。北京颐和园谐趣园的前身惠山园，就是摹仿寄畅园修建的。乾隆"辛未（1751 年）春南巡，喜其幽致，携图以归，肖其意于万寿山之东麓，名曰惠山园"（《日下旧闻考》）。

惠山园位于清漪园万寿山的东麓，北部有土丘与高出地面五米左右的大块岩石，形似万寿山的余脉，这与寄畅园和惠山的关系相似；这里原是地势低洼的池潭，水位与后湖有将近两米的自然落差，经穿山引水疏导可成夹谷与水瀑，类似寄畅园的"八音涧"，借景上除西部的万寿山外，登高可览北部园外田野与远处群峰，东面不远就是与清漪园毗连的圆明园，也与寄畅园的借景条件相仿。环境幽静深邃，富于山林野趣。

根据上述的造园条件，利用地段北高南低，有巨块裸露岩石的条件，就势壁山削土，引水成石涧、水瀑，在南部低洼处挖土造池，形成一山一水，北实南虚的山水景园的基本态势；水池与山石的"接合部"是园林处理的一个重点，也是最精心设计、经营的地方，在这里对地形进行了较大的改造，通过斩山、授土、叠石、引泉、培植山林，创造了幽深自然、多样变化的景观气氛。建筑的布局上，在岩石顶部建霁清轩，就势组成一组面向北坡的山石景园，整座庭院建于如斧劈削凿成的整块岩石上，坡度陡而神态粗犷峭拔，由于庭院有意地压缩，气势显得更大。霁清轩入口的垂花门与水池南岸的水乐亭以虚轴线的对位关系把它们在空间中的相对位置进一步明确起来。惠山园南部以水景为中心，水面成曲尺形，水池的四个角都以跨水的廊、桥等分出水湾与水口，使水面有不尽之意，知鱼桥斜卧波面的意图与寄畅园相同。由于嘉庆年间的改造，在池北岸建起了庞大的涵远堂，破坏了惠山园初期山水紧密结合的构图局面，削弱了自然山水林泉的气氛，是个倒退（图 4-22、图 4-23）。

图 4-22　惠山园

3. 划分景区，园中有园

中国园林布局上的一个显著特点，就是用划分景区的办法来获得丰富变化的效果，扩大园林的空间效果，适应人们多种多样的需要。

庭院是中国园林的最小单位。庭院的空间构成比较简单，一般由房、廊、墙等建筑所环绕，在庭院内适当布置山石、花木作为点缀。庭院较小时，庭院的外部空间从属于建筑的内部空间，只是作为建筑内部空间的自然延伸和必要补充。庭院范围较大时，建筑成了庭院自然景观的一个构成因素，建筑是附属于庭院整体空间的，它的布局和造型更多地受到自然环境的约束和影响。这样的庭院空间就可称之为小园了。当园林的范围再进一步扩大时，一个独立的小园已不能满足园林造景上的需要，因此，在园林的布局与空间的构成上就产生了许多变化，创造了很多平面与空间构图的方式，这种构图方式最基本的一点，就是把园林空间划分为若干个大小不同、形状不同、性格各异、各有风景主题与特色的小园，并运用对比、衬托、层次、借景、对景等设计手法，把这些小园在园林总的空间范围内很好地搭配起来、组合起来，形成主次分明又曲折有致的体形环境，使园林景观小中见大、以少胜多，在有限空间内获得丰富的景色。这种把一个较大的园林划分成几个性格、特点各不相同的小园的办法，就是景区的划分。

我国江南的一些私家园林，由于面积有限，一般以处于中部的山池区域作为园林的主要景区，再伺机在其周围布置若干次要的景区，形成主次分明、曲折与开朗相结合的空间布局。园内的主要景区多以写意手法创作山水景观，建筑点缀其间，如无锡的寄畅园、南京的瞻园、苏州的拙政园等。有时，主要景区着重突出某一方面的特点，以形成其特色：有的以山石取胜，如苏州环秀山庄的湖石假山、扬州个园的四季假山、上海豫园的黄石大假山、常熟燕园的黄石与湖石两座假山等；也有的以水见长，如苏州的网师园、广东顺德区的清辉园等。无锡的梅园及中华人民共和国成立后新建的广州兰圃花园则以植物作为造园的主题，也很有特色。在较小的景区中一般有多样的题材：以花木为主的，如牡丹、荷花、玉兰、梅花、竹丛等；有以水景为主的，加水庭、水阁、水廊等；有以石峰为主的，如揖峰轩、拜石轩等；也有混合式的，总之，园林景观一方面要主题突出，形成特色，另一方面又要多种多样，使两者统一起来。

北方离宫型皇家园林的规模比私家园林要大得多，一般都是利用优美的自然山水改造、兴建的，因此，具有多种多样的地形条件，有利于创造多种多样的园林景现。这样就发展成为一种新的规划方法："建筑群、风景点、小园与景区相结合的规划方法。建筑群采取北方的院落形式，一般都具有特定的使用功能。风景点就是散置的或成组的建筑物与叠山理水或自然地貌相结合而构成的一个具有开阔景界或一定视野范围的体形环境。它既是观景的地方，也具有'点景'的作用，是园林成员的要素之一。所谓小园就是一组建筑群与叠山理水或自然地貌所形成的幽闭的或者较幽闭的局部空间相结合，构成一个相对独立的体形环境。无论设置垣墙与否，它都可以成为一座独立的小型园林即所谓'园中之园'。景区是按景观特点之不同而划分的较大的单一空间或区域，它往往包括若干风景点，小园或建筑群在内。由许多建筑群、风景点、小园再结合若干景区而组成的大型园林，既有按景分区的开阔的大空间，也包含着一系列不同形式、不同意趣、有开有合的局部小空间"（周维权《北京西郊的园林》）。北方清代兴建的一些离宫型皇家园林的总体规划一般都采取这种方式进行布局。只是由于园林自然条件上的差别和使用要求上的不同而表现出不同的特点。如避暑山庄根据有群山，有河流、泉水及平原的特点而把全园分为湖泊、平原和山岳三个不同的景区；颐和园则依万寿山和昆明湖的山水条件，把园林分为开阔的前山和幽深的后山两大景区；圆明园由于基本是平地造园，因此以水面为中心进行组景，而依水面大小与水形处理的不同造成不同的特色（如福海景区与后湖景区之不同）。

中国园林的布局注意景区的划分，同时也很注意各景区之间的联系与过渡，使各景区都成为园林整体空间中有机的组成部分，就好像是一部乐曲的几个互相联系的乐章一样。例如，避暑山庄在山区与湖区、平原区相毗连的山峰上，分别建有几座亭子，并在进入山区的峪口地带重点地布置了几组园林建筑，它们既点缀了风景，又起引导作用，把山区与湖区、平原区联系起来。在颐和园，前山景区与后山景区之间陆路交通联系的交界部位，分别建有"赤城霞起"与"宿云檐"两座城关作为联系与过渡的标志物；从前湖通向后湖的交界部位，布置了石舫作为引导，以长岛分划的曲折河汉作为水面收缩的过渡。在小型园林中，不同景区的分划与过渡，一般以小尺度的山石、绿化或垣墙、洞门等细致的手法进行处理。

园林建筑的布局是从属于整个园林的艺术构思的，是园林整体布局中一个重要的组成部分。上面所谈到的中国园林布局的三个特点，也是园林建筑必须遵循的基本原则。

我国园林崇尚自然的美，追求一种渗透着人们情感与性灵的美的意境，建筑总是服从整个风景环境的统一安排。由于人与建筑的关系最为密切，建筑空间就是一种人的空间，它体现人们的愿望，反映人们在心理和生理上的需求，因此，在园林规划中对建筑的布局从不忽视；中国的园林虽同属自然风景式园林，但由于性质不同、大小不同，园林建筑在性质和内容上也相差很大，因此，建筑物布局的方式也表现出很多差异。

4.2.4 借景

根据上面的推论，园内、园外，也可以认作"室内"、"室外"。园外景物可以是山峦、河流、湖泊，大的建筑组群，乃至村落市镇。把园外景物引入园内，不可能像处理小范围的室内外空间那样，把围合建筑空间的院墙、廊子等手段加以延伸和穿插，唯一的方法是借景，即把国内围合空间的建筑物、山石、树丛等因素作为画面的近景处理，而把园外景物作为远景处理，以组成统一的画面。

借景在园林建筑规划设计中占有特殊的地位。借景的目的是把各种在形、声、色、香上能增添艺术情趣、丰富画面构图的园外因素，引入本园内，使园内空间的景色更具特色和变化。

借景的内容有：借形、借声、借色、借香几种。借景的方法则包括"远借、邻借、仰借、俯借、应时而借"。借景是为创造艺术意境服务的，对扩大空间、丰富景观效果、提高园林艺术质量的作用很大。

1. 借形

借形指把具有一定景致价值的远、近建筑物，建筑小品，以至山、石、花木等自然景物通过对景、框景、渗透等构图手法纳入视点所在的建筑空间中来，构成层次丰富的画面。

2. 借声

自然界声音多种多样，园林建筑所需要的是能激发感情、怡情养性的声音。如果在园林建筑设计中恰当地运用它们，对于创造别具匠心的艺术空间作用颇大。在我国古典园林中，远借寺庙的暮鼓晨钟，近借溪谷泉声、林中鸟语，秋夜借雨打芭蕉，春日借柳岸莺啼，凡此均可为园林建筑空间增添几分诗情画意。如四川峨眉山清音阁是借声取景的典型案例，在溪涧之间结合地形建有听泉赏瀑的亭台，所有建筑如清音阁、清音亭、洗心亭、洗心台、神秀亭等，多以声得景命名，密林深谷终年不息的瀑布声，为整个空间环境增添了浓厚的宗教艺术气氛，使佛门"超尘出世，四大皆空"的思想得到了充分的体现。

3. 借色

园林建筑十分重视在夜景中对月色的因借。杭州西湖的"三潭印月"、"平湖秋月"，避暑山庄的"梨花伴月"等，都以借月色成景而闻名。皓月当空是赏景的最佳时刻，除月色之外，天空中的云霞也是极富色彩和变化的自然景色，所不同的是月亮出没有一定的规律，可以在园景构图中预先为之留出位置，而云霞出没的变化却十分复杂，偶然性很大，所以常被人忽视，实际上，云霞在许多名园借景中的作用是很大的，特别于高阜、山颜，不论亭台与否，设计者应该估计到在各种季节气候条件下云霞出没的可能性，把它组织到画面中来。例如避暑山庄中的"四面云山"、"一片云"、"云山胜地"、"水流云在"四景，虽不能说在设计之初就以云组景，但云霞变幻为这四个景点增色不少；此外，对决定建筑景点命名的作用也很大。在园林建筑中随着不同的季节改变，各种树木花卉的色彩也会随之变化，嫩柳桃花是春天的象征，迎雪的红梅给寒冬带来春意，秋来枫林红叶满山是北方园林入冬前赏景的良好时机；北京香山红叶、杭州西湖断桥残雪都是借色的佳例。

4. 借香

在造园中如何利用植物散发出来的幽香以增添游园的兴致是园林设计中一项不可忽视的因素。广州兰圃以兰著称，每当微风轻拂，兰香馥郁，为园景增添几分雅韵。古典园林池中常喜欢种植荷花，除取其形、色的欣赏价值外，尤其可贵的是在夏日散发出来的阵阵清香，拙政园中"荷风四面亭"是借香组景的佳例。

园林中借景有远借、邻借之分，把园外景物引入园内的空间渗透手法是远借；对景、框景、利用空廊互相渗透和利用曲折、错落变化增添空间层次是邻借。不论远借或邻借，它和空间组合的技巧是密不可分的，能否做到巧于因借，更有赖于设计者的艺术素养。

一般来说，在借景中，只要处理好借景对象的选择和设置，以及借景建筑物与借景对象之间的关系，就能够收到良好的借景效果。

"借景有因"，就是说由于存在某种使人触景生情的景物对象，可以用来创造某种艺术意境。上述所举的形、声、色、香，还不足以概括可资因借的对象，大自然中可资因借的对象还有待设计人员进一步的寻觅发掘，并尽量防止一些杂乱无章、索然乏味的实像引入景中来，所谓"嘉则收之，劣则据之"。北京北海公园外西北侧，前些年所盖的许多体量庞大、造型简单的多层和高层建筑，因为紧接公园，客观上构成"借景对象"，结果使园内外的建筑风格和尺度极不协调，北海和园内的建筑在对比之下都显得小了，同时还破坏了五龙亭、小西天等建筑群原来的建筑轮廓线。这种教训十分惨痛，应该引以为戒。在实际工作中，为了艺术意境和画面构图的需要，当选择不到合适的自然借景对象时，也可适当设置一些人工的借景对象，如建筑小品、山石、花木等。北京陶然亭公园接待室，于右侧湖面上设置竹亭曲桥作为俯借的对象；天津水上公园一岛茶室，于南堤端设置圆形花架，在后院凿池建亭、池后堆山，既改善了环境，又构成了借景的对象，这些对象可以通过敞廊的门洞里外框景，也可透过茶厅门窗外望而获得丰富的画面层次。在小范围的园林空间中设置人工借景对象，古代庭园中十分普遍，在近代园林中也广泛应用。至于处理借景对象与借景建筑之间关系的问题，应该从设计前的选址、人流路线的组织以及确定适当的得景时机和眺望视角几个面来考虑。设计前的选址，需要顾及借景的可能性和效果，除认真研究建筑的朝向、对组景效果的影响外，在空间收放上，还要注意结合人流路线的处理问题，或设门、窗、洞口，以收景；或置山石、花木以补景。建筑空间是人流活动的空间，静中观景，视点位置固定，从借景对象所得的画面来看基本上是固定不变的，可以采用一般对景的手法来处理。若是动中观景，由于视点不断移动，建筑物和借景对象之间的相对位置随之变化，画面也就出现多种构图上的变化，为了能获得众多的优美画面，在借景时应该仔细推敲得景时机、视点位置及视角大小的关系。例如在颐和园乐寿堂庭院，临湖廊墙上设置一组形状各异的漏窗，以流动框景的手法，远借昆明湖上龙王庙、十七孔桥、知春亭等许多秀丽的景色，借景的时机、视点位置和角度都很得体，在时机上，这段临湖廊是以乐寿堂为中心通往长廊的过渡空间，一进入长廊，广阔的昆明湖景色即跃入眼前。此外，通过这漏窗借景的过渡，也可收到园林空间景点的预示作用。在视点位置和角度上，由于漏窗景框大小及廊子和借景对象之间的距离恰当，各种借景的画面构图均极优美。

总之，借景是中国园林建筑艺术中特有的一种手法，如果运用恰当，必将收到事半功倍的艺术效果。

4.2.5 比例

建筑比例是指建筑物各部分之间在大小、高低、长短、宽窄等数学上的关系。

园林建筑推敲比例与其他类型的建筑有所不同，一般建筑类型只需推敲房屋内部空间和外部体形从整体到局部的比例关系，而园林建筑除了房屋本身的比例外，园林环境中的水、树、石等各种景物，因需人工处理也存在推敲其形状、比例问题。不仅如此，为了整体环境的谐调，还特别需要重点推敲房屋和水、树、石等景物之间的比例谐调关系。

比例的分类：

1. 整体比例　建筑整体形象的长、宽、高之间的比例关系。整体比例的确定受建筑基地环境和使用性质的制约（图4-24）。

2. 划分比例　建筑构件在建筑整体构成中所占的尺寸比例关系。

（1）古典柱式是研究划分比例的典范（图4-25）。

（2）用简单的几何图形分析、图解、探索其构图的比例关系，具有确定比例关系的圆、正三角形、正方形以及 1：$\sqrt{2}$ 的长方形通常被用来作为分析建筑比例的一种楷模（图4-26）。

（3）黄金比（亦称黄金分割）是设计中应用较多的一种比例。美国的格列普斯用五个不同比例的矩形在民

图4-24　整体比例

图4-25　帕提农神庙

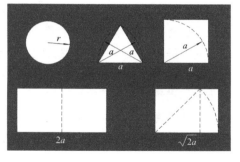

图4-26　几何图形比例分析

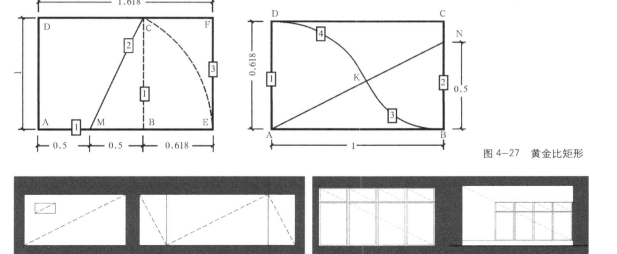

图 4-27 黄金比矩形

图 4-28 墙面构图比例

众中进行民意测验，其结果是，最为人们所接受的是黄金比矩形（长宽之比为 1：1.618）（图 4-27）。

（4）大小不同的相似矩形，它们之间的对角线互相平行或垂直，具有相等"比率"的协调比例关系，在墙面构图中得到广泛应用。如对角线常用来确定一个窗的横档和竖梃（图 4-28）。

4.2.6　尺度

和比例密切相关的另一个建筑特性是尺度。在建筑学中，尺度的特性能使建筑物呈现出恰当的或预期的某种尺寸，这是一个独特的似乎是建筑物本能上所要求的特性。我们都乐于接受大型建筑或重点建筑的巨大尺寸和壮丽场面，也都喜欢小型住宅亲切宜人的特点。寓于物体尺寸中的美感，是一般人都能意识到的性质，在人类发展的早期，对此就已经有所觉察。所以，当人们看到一座建筑物尺寸和实际应有尺寸完全是两码事的时候，人们本能地会感到扫兴或迷惑不解。

因此，一个好的建筑要有好的尺度，但好的尺度不是唾手可得的，而是一件需要苦心经营的事情，并且，在设计者的头脑里对尺度的考虑必须支配设计的全过程。要使建筑物有尺度，必须把某个单位引到设计中去，使之产生尺度，这个引入单位的作用，就好像一个可见的标杆，它的尺寸，人们可简易、自然和本能地判断出来，与建筑整体相比，如果这个单位看起来比较小，建筑就会显得大；若是看起来比较大，整体就会显得小。

人体自身是度量建筑物的真正尺度，也就是说，建筑的尺寸感，能在人体尺寸或人体动作尺寸的体会中最终分析清楚。因此，常用的建筑构件必须符合人们的使用要求而具有特定的标准，如栏杆、窗台为 1m 高左右，踏步为 1cm 左右，门窗为 2m 左右，这些构件的尺寸一般是固定的，因此，可作为衡量建筑物大小的尺度。

尺度与比例之间的关系是十分亲切的。良好的比例常根据人的使用尺寸的大小所形成。而正确的尺度感则是由各部分的比例关系显示出来的。

园林建筑构图中尺度把握的正确与否，其标准并非绝对，但要想取得比较理想的亲切尺度，可采用以下方法：

1. 缩小建筑构件的尺寸，取得与自然景物的谐调

中国古典园林中的游廊多采用小尺度的做法，廊子宽度一般在 1.5m 左右，高度伸手可及横楣，坐凳栏杆低矮，游人步入其中倍感亲切。在建筑庭园中还常借助小尺度的游廊烘托突出较大尺度的厅、堂之类的主体建筑，并通过这样的尺度来取得更为生动活泼的谐调效果（图 4-29）。

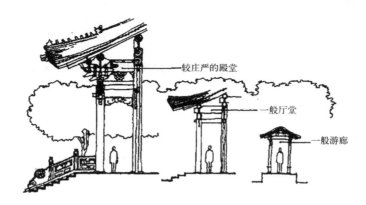

图 4-29 古典建筑廊子尺度比较

2. 控制园林建筑室外空间尺度，避免因空间过于空旷或闭塞而削弱景观效果

这方面，主要与人的视觉规律有关：一般情况，在各主要视点赏景的控制视角为 60° ~ 90°，或视角比值 $H : D$（H 为景观对象的高度，在园林建筑中不只限于建筑物的高度，还包括构成画面中的树木、山丘的配景的高度，D 为视点与景观之间的距离）约在 1：1 ~ 1：3 之间。若在庭院空间中各个主要视点观景，所得的视角比值都大于 1：1，则将在心理上产生紧迫和闭塞的感觉；如果小于 1：3，这样的空间又将产生散漫和空旷的感觉。一些优秀的古典庭园，如苏州的网师园、北京颐和园中的谐趣园、北海画舫斋等的庭院空间尺度基本上都是符合这些视觉规律的（图 4-30）。故宫乾隆花园以堆山为主的两个庭院，四周为大体量的建筑所围绕，在小面积的庭院中堆砌的假山过满过高，致使处于庭院下方的观景视角偏大，给人以闭塞的感觉，而当人们登上假山赏景的时候，却因这时景观视角的改变，不仅觉得亭子尺度适宜，而且整个上部庭院的空间尺度也显得亲切，不再有紧迫压抑的感觉（图 4-31）。

以上讨论的问题是如何把建筑物或空间做得比它的实际尺寸明显小些；与此相反，在某些情况下，则需要将建筑物或空间做得比它的实际尺寸明显大些。也就是试图使一个建筑物显得尽可能地大。欲达此目的，办法就是加大建筑物的尺度，一般可采用适当放大建筑物部分构件的尺寸来达到，即采用夸张

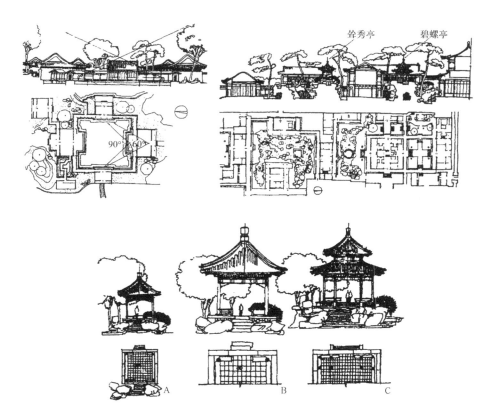

耸秀亭　　碧螺亭

图 4-30　北京北海公园画舫斋水庭尺度分析（左）

图 4-31　故宫乾隆花园（右）

90°　60°

图 4-32　亭子尺度分析
古典建筑亭子尺度一般要求亲切，A、C 亭子尺度适宜，B 亭照 A 亭原来形状比例放大成 C 亭的尺寸，由于尺度过大，失去亲切感。

A　　B　　C

的尺度来处理建筑物的一些引人注目的部位。以突出其特点，给人们留下深刻的印象。例如古代匠师为了适应不同尺度和建筑性格的要求，房屋整体构造有大式和小式的不同做法，屋顶有庑殿、歇山、悬山、硬山、单檐、重檐的区别。为了加大亭子的面积和高度，增大其体量，可采用重檐的形式，以免单纯按比例放大亭子的尺寸造成粗笨的感觉（图 4-32）。

4.2.7　色彩

色彩的处理与园林空间的艺术感染力有密切的关系。形、声、色、香是园林建筑艺术意境中的重要因素，其中形与色范围更广，影响也较大，在园林建筑空间中，无论建筑物、山、石、水体、植物等主要都以其形、色动人。园林建筑风格的主要特征大多也表现在形和色两个方面。我国传统园林建筑以木结构为主，但南方风格体态轻盈，色泽淡雅；北方则造型浑厚，色泽华丽。现代园林建筑采用玻璃、钢材和各种新型建筑装饰材料，造型简洁、色泽明快，引起了建筑形、色的重大变化，建筑风格正以新的面貌出现。园林建筑的色彩与材料的质感有着密切的联系。色彩有冷暖、浓淡的差别，色的感情和联想及其象征的作用可给人以各种不同的感受。质感则主要表现在景物外形的纹理和质地两个方面。纹理有直曲、宽窄、深浅之分；质地有粗细、刚柔、隐显之别，质感虽不如色彩能给人多种情感上的联想、象征，但它可以加强某些情调上的气氛。色彩和质感是建筑材料表现上的双重属性，两者相辅共存，只要善于去发现各种材料在色彩、质感上的特点，并利用韵律、对比、均衡等各种构图变化，就有可能获得良好的艺术效果。

运用色彩与质地来提高园林建筑的艺术效果，是园林建筑设计中常用的手法，在应用时应注意下面一些问题：

1. 作为空间环境设计，园林建筑对色彩和质感的处理除考虑建筑物外，各种自然景物相互之间的谐调关系也必须同时进行推敲，应该使组成空间的各要素形成有机的整体，以利提高空间整体的艺术质量和效果。

2. 处理色彩质感的方法，主要是通过对比或微差取得谐调，突出重点，以提高艺术的表现力。

(1) 对比：色彩、质感的对比与前面所讲的大小、方向、虚实、明暗等各个方面的处理手法所遵循的原则基本上是一致的。在具体组景中，各种对比方法经常是综合运用的，只在少数的情况下根据不同条件才有所侧重。在风景区布置点景建筑，如果突出建筑物，除了选择合适的地形方位和塑造优美的建筑空间体型外，建筑物的色彩最好采用与树丛山石等具有明显对比的颜色。如要表达富丽堂皇、端庄华贵的气氛，建筑物可选用暖色调、高彩度的琉璃瓦、门、窗、柱子，使得与冷色调的山石、植物取得良好的对比效果（图4-33）。

图4-33 建筑与山石、植物形成对比

(2) 微差：所谓微差是指空间的组成要素之间表现出更多的相同性，并使其不同性对比之下可以忽略不计时所具有的差异。园林建筑中的艺术情趣是多种多样的，为了强调亲切、宁静、雅致和朴素的艺术气氛，多采用微差的手法取得谐调和突出艺术意境。如成都杜甫草堂、望江亭公园、青城山风景区和广州兰圃公园的一些亭子、茶室，采用竹柱、草顶或墙、柱以树枝、树皮建造，使建筑物的色彩与质感和自然中的山石、树丛尽量一致，经过这样的处理，艺术气氛显得异常古朴、清雅、自然、耐人寻味，这些都是利用微差手法达到谐调效果的典型事例。园林建筑设计，不仅单体可用上述处理手法，其他建筑小品如踏步、座凳、园灯、栏杆等。也同样可以仿造自然的山与植物以与环境相谐调。

3. 考虑色彩与质感的时候，视线距离的影响因素应予注意。对于色彩效果，视线距离越远，空间中彼此接近的颜色因空气尘埃的影响就越容易变成灰色调；而对比强烈的色彩，其中暖色相对会显得愈加鲜明。在质感方面则不同，距离越近，质感对比越显强烈，但随着距离的增大，质感对比的效果也随之逐渐减弱。例如，太湖石是具有透、漏、瘦、皱特点的一种质地光洁呈灰白色的山石，因其玲珑多姿，造型奇特，适宜散置近观，或用在小型庭园空间中筑砌山岩洞穴，如果纹理脉络通顺、堆砌得体、尺度适宜，景致必然十分动人；但若用在大型庭园空间中堆砌大体量的崖岭峰峦，将在视线较远时，由于看不清山形脉络，不仅达不到气势雄伟的景观效果，反而会给人以虚假和矫揉造作的感觉。若以尺度较大、顽夯方正的黄石或青石堆山，则显得更为自然逼真。

此外，建筑物墙面质感的处理也要考虑视线距离的远近，选用材料的品种和决定分格线条的宽窄和深度。如果视点很远，墙面无论是用大理石、水磨石、水刷石、普通水泥砂浆，只要色彩一样，其效果不会有多大区别；但是，随着视线距离的缩短，材料的不同，以及分格嵌缝宽度、深度大小不同的质感效果就会显现出来。

4.3 园林布局设计案例分析

4.3.1 承德避暑山庄总体分区平面布局图

承德避暑山庄是清朝鼎盛时期的大型皇家园林，根据其地形特点及功能分布可划分为四个区（图4—34、图4—35）。

山岳区（A区）：深入到山区腹地的建筑组群，其功能主要是供帝王寻幽访胜，因此在这些建筑组群中利用山岩地形的高低错落进行组景就成了空间组合的共同特色。沿湖山区设置各种寺庙道观，目的除了祭神礼佛，消灾祈福的功能之外也有暮鼓晨钟，梵音在耳的取意。在空间布局上，也按照庙宇的制式进行安排。

平原区（B区）：为了提供赛马、骑射、摔跤等少数民族的比武盛会场地，在空间处理上特意模仿自然草原的旷阔空间。

湖泊区（C区）：湖区内的建筑组群以供皇室闲游休憩，多采用不规则的自由布局。

宫廷区（D区）：位于宫廷区的建筑群是皇帝明堂所在，为了满足朝觐时的礼仪需要，采用轴线对称严整的空间布局。

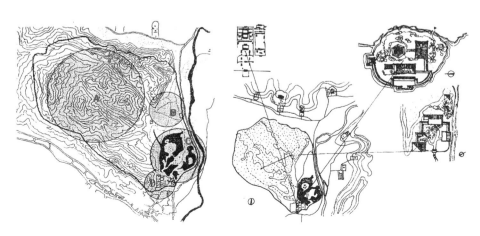

图4-34 承德避暑山庄总体分区图（左）

图4-35 承德避暑山庄主要建筑群分布（右）

图 4-36 颐和园佛香
阁建筑群的平面布
局图

4.3.2 颐和园佛香阁建筑群的平面布局图

　　佛香阁建筑群位于颐和园万寿山南坡中轴线上，背山面水，兼有东西两侧长廊和其他建筑组群的烘托，气势壮丽，建筑群在构图上高低、大小、收放对比适宜，空间富于节奏感（图 4-36）。

4.3.3 苏州拙政园中部与西部补园的平面布局图

　　苏州拙政园是中国江南古典园林的代表作，全园共分东、中、西三区，其中中区为全园精华所在。拙政园的整体布局以水为中心，空间开阔，层次深远。

　　主体建筑为远香堂，三开间单檐歇山，四面玻璃门窗，是主人宴待宾客的地方，在其中可尽揽四周景致。

　　远香堂东南有枇杷园，内遍植枇杷、翠竹、芭蕉等植物，其院落布局疏密有致，装修精巧，怡淡朴素，富有田园气息，它还联系着听雨轩、海棠春坞等庭院，形成了庭院深深的优美景观。

　　枇杷园北有小山相联，上建有绣绮亭，在此可纵览中区全园景色。远香堂北，荷池对岸有杂石土山，上遍植绿树奇花，建有雪香云蔚亭。

　　中区西北建有四面环水的见山楼，登临其上可观虎丘胜景，亦可朝东南观全园景色。远香堂西南，有小沧浪水院，小飞虹桥飞架其上，分割了水面，并与小沧浪水间形成了一个虚拟空间，此处轩榭精美小巧，原为园主人读书之处。

旱船在见山楼之南，三面临水二层，中悬文徵明所书"香洲"二字。香洲以西为清新幽静的玉兰院。香洲以北，隔水相望为荷风四面亭，这里是东西南北交通汇点，又是赏荷闻风之佳处（图4-37、图4-38）。

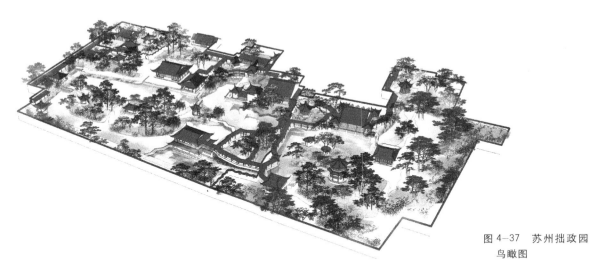

图4-37 苏州拙政园
鸟瞰图

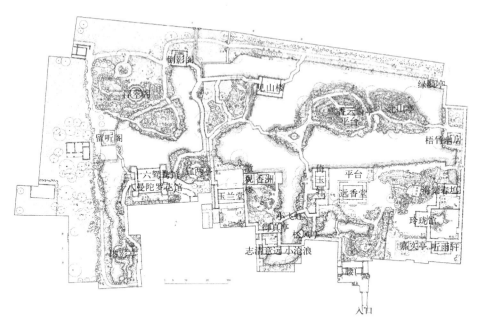

图4-38 苏州拙政园
中部与西部补园的
平面布局图

4.3.4 苏州网师园的平面布局图（图4-39、图4-40）

网师园，网师乃渔夫、渔翁之意，又与"渔隐"同意，含有隐居江湖的意思。

全园布局严谨紧凑，主次分明又富于变化，建筑精巧，数量虽多，却不见拥塞，山池虽小却不觉局促，空间尺度比例十分协调，是中小型古典园林的代表。

图 4-39 网师园鸟瞰图

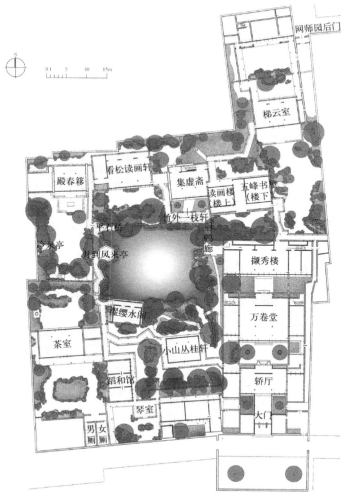

图 4-40 苏州网师园
的平面布局图

4.3.5　苏州留园的总平面布局图（图4-41、图4-42）

　　留园是中国著名古典园林，位于江南古城苏州，以园内建筑布置精巧、奇石众多而知名。1961年，留园被中华人民共和国国务院公布为第一批全国重点文物保护单位之一。1997年，包括留园在内的苏州古典园林被列为世界文化遗产。

　　留园以建筑变化多样，奇石众多，且与亭台、古木等配置得宜而著称。园林规模较大，总面积3万多平方米（50亩），分中、东、西、北四部分，它的中部即为原寒碧山庄，另外三部分则由盛康扩建。四个区块各自呈现不同的

图4-41　苏州留园总鸟瞰图

图4-42　苏州留园的总平面布局图

第4章　园林的布局设计　**155**

特色，利用建筑群对各景点进行隔断，同时又通过窗棂将景物相连，并建造曲廊连接全园各部分。曲廊随势而变，时攀山腰，时畔水际，逶迤曲折，全长700余米。廊壁更镶嵌刘恕收集的历代碑刻300余方，称"留园法帖"，其中尤以明董汉策刻王羲之、王献之父子的"二王法帖"最为有名。

留园最著名的是假山奇石之多姿多彩，它的三任主要主人徐泰时、刘恕和盛康都是好石之士。留园历史上的著名奇石"瑞云峰"，有"妍巧甲于江南"之誉，为江南三大名石之一，系宋徽宗时的花石纲遗物，属湖州董氏所有，后董氏与徐泰时家联姻，知徐好石，便将此石作为嫁妆相赠，置于东园，传为一时佳话。清乾隆四十四年（1779年），瑞云峰被搬到同城的织造署西行宫内（石至今犹存），原址则补立一石，仍名瑞云，但姿态相去甚远。清末盛康接掌此园，用"留园三峰"来给自己的三个孙女取名，但其中瑞云早逝，盛康认为乃瑞云峰非原物所致，盛怒之余，敲碎此峰，故今仅余断石。而在寒碧山庄修复后，刘恕布置了造型优美的十二太湖石，名奎宿、玉女、箬帽、青芝、累黍、一云、印月、猕猴、鸡冠、指袖、仙掌、干霄等（大都仍存），并在嘉庆七年（1802年），邀请画家王学浩绘制了《寒碧庄十二峰图》，现由上海博物馆收藏。

留园中部即原寒碧山庄，是全园的精华，以山水为胜。水池居中央，有小蓬莱岛，架曲桥连接两岸。周围环以土质假山和明瑟楼、涵碧山房、闻木樨香轩、可亭、远翠阁、清风池馆等，临水而筑，错落有致。涵碧山房（朱熹"一水方涵碧，千林已变红"）是主厅，面阔三间，坐南朝北。厅前有宽广月台，依荷花池，故又名"荷花厅"。明瑟楼（郦道元《水经注》"目对鱼鸟，水木明瑟"）西接主厅，远观两者形如一艘画舫。清风池馆（苏轼《赤壁赋》"清风徐来，水波不兴"）居池东北角，向西敞开，最适观鱼。

水池的东岸即为留园东部，多建筑庭院，分别以五峰仙馆和林泉耆宿之馆为核心，东西并列，布局紧密。这里的建筑外观富丽堂皇，内部宽敞明亮，装饰与陈设亦相当精美。主厅五峰仙馆（李白《观庐山五老峰》"庐山东南五老峰，青天削出金芙蓉。"）是江南园林中最大的厅堂，面阔五间，以楠木为柱，俗称"楠木厅"。厅内用隔扇划分出多重空间，四周环绕着数座厅堂院落。林泉耆宿之馆也叫作"鸳鸯厅"，室内被屏风分隔为南北二室，南室素净淡雅，北室雕梁画栋，风格大相径庭，因而得名。其北院有著名的"留园三峰"——冠云峰、瑞云峰、岫云峰，居中的冠云峰也是北宋花石纲的遗物，高约6.5m，亭亭玉立，是江南最大的湖石，具有"透、漏、瘦"等特点。三峰周边还建有水池浣云沼和亭台楼阁等，均为赏石之所，自成一组院落。其中冠云楼地势较高，登临其上可一览全园景致，并可远眺虎丘。楼下有上古鱼化石一方。

留园的北部广种桃李竹杏等树木，又一村（陆游《游山西村》"山重水复疑无路，柳暗花明又一村"）建有葡萄、紫藤架，其余为盆景园，颇具田园意味。又一村之西则为园林的西部，南北狭长，以土山为主，体现自然风光。山上枫树成林，其北小溪溪流宛转，溪边水榭名"活泼泼地"，遍植柳树，隔出一片桃园，唤作"小桃坞"。

4.3.6 苏州狮子林的平面布局图（图4-43、图4-44）

狮子林，因园内奇峰怪石林立，均似狮子起舞之状，因而得名。狮子林始建于元代，是元代园林的代表。全园布局紧凑，以中部的水池为中心，湖石玲珑，假山遍布园中，长廊环绕，曲径通幽，亭、台、楼、阁、厅、堂、轩、廊若隐若现，园内建筑以燕誉堂为主。

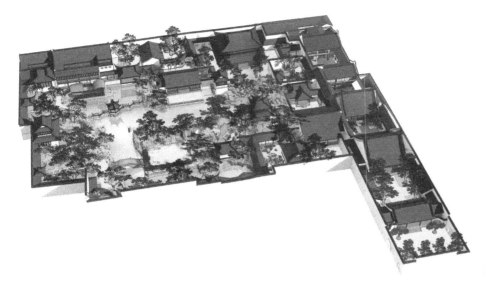

图4-43 狮子林鸟瞰图

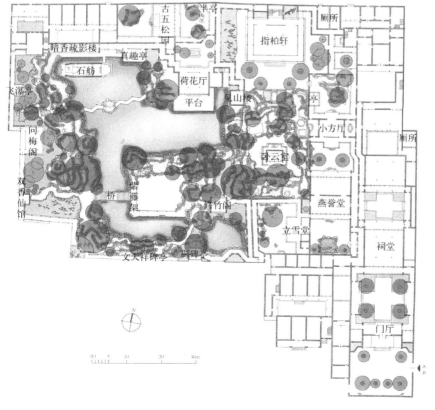

图4-44 苏州狮子林
的平面布局图

4.3.7 苏州沧浪亭的平面布局图（图4-45、图4-46）

沧浪亭，始建于宋代，是现存历史最为悠久的江南园林。沧浪亭建于水边，取《楚辞》中"沧浪之水清兮，可以濯我缨，沧浪之水浊兮，可以濯我足"之意。

图 4-45　苏州沧浪亭
　　　　　鸟瞰图

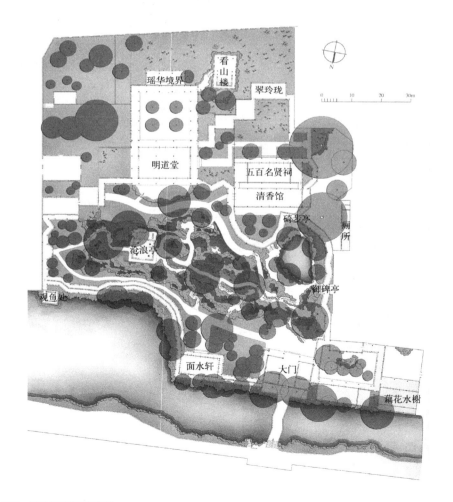

图 4-46　苏州沧浪亭
　　　　　的平面布局图

全园以假山为中心，建筑物环绕四周。通过复廊上的漏窗渗透作用，沟通园内、外的山、水，使水面、池岸、假山、亭榭融成一体。

沧浪亭内曲廊壁上的漏窗十分有特色，除常见的方形、多边形、圆形、扇形、海棠形、花瓶形等外，还有桃形、荷花形、缠绕的树根形、芭蕉叶形、梅花形、秋叶形、葵花形、如意形、宫殿形、铜钱形、中国结形等108种式样。

4.3.8 苏州环秀山庄的平面布局图（图4-47）

环秀山庄位于江苏苏州景德路上，全园面积仅1亩余，以假山为主，是清初著名造园家戈裕良的杰作，有假山"独步江南"之誉。

环秀山庄原为五代吴越钱氏"金谷园"故址；宋时为景德寺；明为宰相申时行住宅；清乾隆时建为私家园林，道光末年成为汪氏耕耘山庄的一部分，题名为"环秀山庄"。

图4-47 苏州环秀山庄的平面布局图

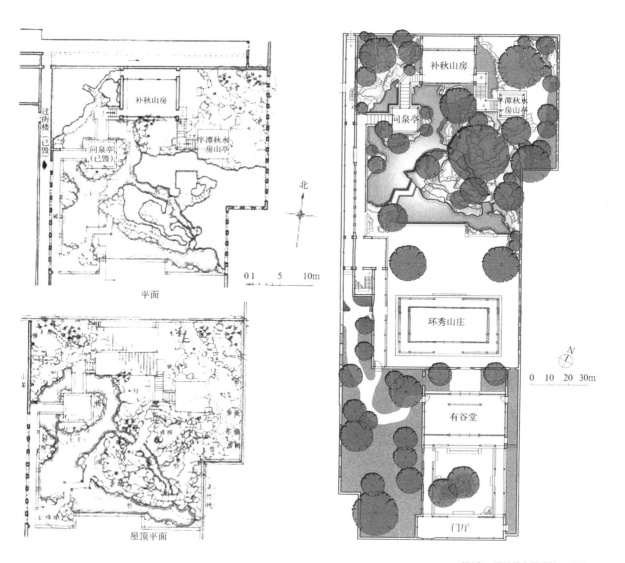

山庄后多毁损，1949年时仅存一山、一池、一座"补秋舫"；1984年6月至1985年10月，由苏州市园林局和刺绣研究所共同出资，进行较大规模整修。

1988年被列为全国重点文物保护单位，1997年被列为世界文化遗产。

环秀山庄是以假山为特色的一处古典园林，假山和房屋面积约占全园四分之三，园西北部为精巧的石壁，北部是临水的"补秋山房"，东北部为"半潭秋水一房山亭"。假山峻峭挺拔，主峰突兀于东南，次峰拱揖于西北，辟有山径长60余米，曲折蜿蜒，山下池水缭绕于两山之间，为苏州湖石假山之冠。

4.3.9 杭州西泠印社的平面布局图

西泠印社是中国经典园林建筑设计中的一个实例（图4-48、图4-49）。

西泠印社，于清光绪三十年（1904年）由浙派金石篆刻家叶铭、丁仁等发起建立，以"保存金石、研究印学"为宗旨，是中国研究金石篆刻艺术历史最悠久、影响最大的著名学术团体。

西泠印社的整体布局：白墙青瓦将印社围成院落，从而使这个封闭的园林显得结构精巧、淡雅恬静。在占地面积仅两万平方米的方寸之间，西泠印社的布局就像治印一样，疏密有致，排列有序。

西泠印社居山而建，由上、中、下三部分组成，各具特色。从山下往上依次是：

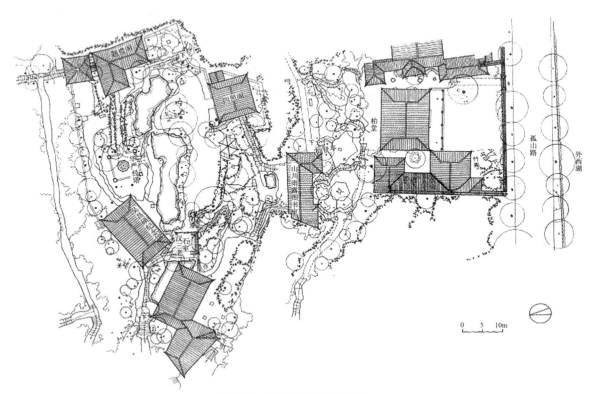

图4-48 杭州西泠印社总平面图

柏堂：早在南北朝，有人在这里种植了两棵柏树，北宋时，一棵枯萎，质如金石，扣之有声，有一个名为志铨的和尚在旁边建堂，取名为"柏堂"。

竹阁：初建于唐代中期，是唯一保存至今的白居易古迹。唐代竹阁以毛竹搭建，现已改为了木结构。

经过石坊，就到了石交亭，石交亭前面是一组横排敞开的建筑群，西面是"山川雨露图书室"，东面是仰贤亭。

经过鸿雪径，就到了凉堂，始建于宋代绍兴年间，最后到了山顶，山顶是西泠印社庭院艺术中最为精湛的地方，其平面布局呈不规则形，有占湖山之胜、撷金石之笔的境界。

山顶建筑有华严经塔、四照阁、题襟阁、吴昌硕纪念馆（观乐楼）、汉三老石室。从山下拾级而上，首先看到的是华严经塔，塔为实心建筑，共有十一级高，是山顶庭院的中心标志。四照阁与塔隔水相望，是欣赏西湖美景的绝佳之地。观乐楼和题襟阁分别位于华严经塔的两侧。

无论是从园林建筑的整体布局上，还是从整个园林的布局设计上，西泠印社都充分体现了江南园林艺术"本于自然、高于自然"的杰出风格。

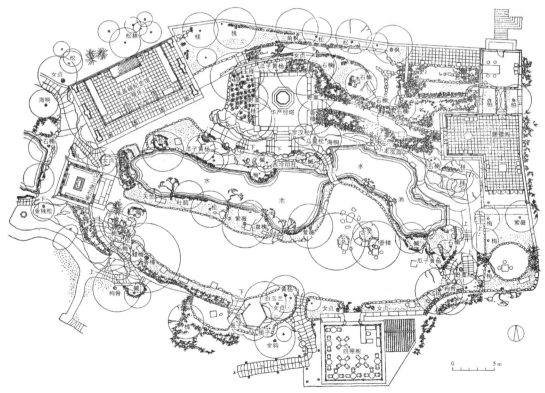

图4-49　杭州西泠印社山顶庭院平面图

5

第 5 章　园林单体建筑及
　　　　建筑施工图设计

5.1 园林单体建筑设计：亭

5.1.1 亭的设计理论

1. 概述

(1) 亭的含义

亭，特指一种有顶无墙的小型建筑物，是供行人停留休息之所。汉代许慎《说文》释名："亭，停也，人所停集也"。亭，在园林中是最为常见的建筑，无论是在古典园林或是在现代园林中，各式各样的亭子随处可见。

亭为园林建筑中最基本的建筑单元，园林中亭的功能主要是为了满足人们在游赏活动过程中驻足休憩、纳凉避雨、眺望景色的需要。亭的功能比较简单，因此设计中，就可以主要从满足园林空间构图的需要出发，灵活安排，最大限度地发挥其艺术特点。其体量小巧者也可以称之为园林建筑小品。

在亭的造型上，要结合具体地形、自然景观和传统设计并以其特有的娇美轻巧、玲珑剔透形象与周围的建筑、环境结合而构成园林一景。图5-1为杭州"西湖天下景"亭。

(2) 亭的历史发展

中国很早就出现了亭，但随着时间的推移、社会的发展，亭的功能和形式后来都发生了很大的变化，亭的性质的演变，大致以魏晋南北朝为界，秦汉以前的亭，与隋唐以后的亭，在功能和形式上都不尽相同，汉以前，实用价值高于观赏价值，而隋唐以后，观赏价值又逐渐超过了实用价值。随着时代的变迁，亭的建筑形象也发生了变化，早先的亭，与现在的亭已是完全不同的两个概念了。

汉以前的亭，大致是一种目标显著、四面凌空、又便于登高眺望的较高的建筑物。《说文》给亭下的定义就是："亭有楼。从高省，丁声"。从各种文献记载以及汉画像石中所描绘的亭的形象，大致是一种建于高台之上，平面多呈正方形的木结构的"楼"，只因其所处的地方不同，而有众多不同的名称。立于城门之上的曰"旗亭"，处于市肆之中的曰"市亭"，建于行政治所的曰"都亭"，筑于边关要地的称为"亭障"、"亭隧"。显然，这种楼不是供居住使用的，

图 5-1 "西湖天下景"亭

而是一种用于观察、眺望，从军事需要演化而来的"望楼"。所以《风俗通义》中便讲："春秋国语，疆有寓望，谓今之亭也。"因此，从某种意义上讲，汉时的亭是一种建于高台之上，便于眺望，而且具有一定标志性的"楼"，也许更为贴切。

魏晋以来，随着园林建筑的发展，亭的性质也发生了变化，逐渐出现了供人游览和观赏的亭。建于园林中的亭，现在见到的最早的史料是北魏杨衒之所著《洛阳伽蓝记》和郦道元的《水经注·穀水》中有关华林园中"临涧亭"的记载。

隋唐以后，亭更成了园林中不可缺少的建筑物。在唐代的某些宫苑中，亭的数量已经远远超过了其他类型的建筑物。与此同时，唐代官吏、士大夫的宅邸、衙署和别业中，也建亭颇多。如王维辋川别业中的"临湖亭"，李德裕平泉别业中的"瀑泉亭""流杯亭"，白居易家中的"琴亭"和"中岛亭"等。亭几乎成了园林中的主要景观建筑，并开始逐渐发展成为一种具有代表性的园林建筑形式。

随着亭的功能和性质的转变，亭的建筑造型也发生了很大的变化。唐代的亭，已为亭以后的发展奠定了基础，并与沿袭至明清时期的亭大致相像。

宋代，亭的建造更为普遍，此间造亭，已不再是晋唐那样纯粹的因借自然山川形胜，而是把人的主观意念，把人对自然美的认识和追求纳入了建亭的构思之中，开始寻求寓情于物的人工景观的组织了。

宋元之后，亭的建筑造型更趋精细考究。宫苑中的亭常用十字脊，且以琉璃瓦覆顶，显得金碧辉煌，形象华丽。这类屋顶做法，从流传下来的宋元绘画中亦可见到。

亭发展到明清时期，造型、性质和使用内容等各方面都比以前大为发展，不仅在形式上极尽变化之能事，集中了中国古典建筑最富民族特色的屋顶，即便是同一平面形式，由于建筑意匠和手法的不同，也会从艺术形象中体现出不同的性格和风貌。在建筑的艺术与技术两方面，都已达到了十分纯熟而又臻于完善的境地，进入了中国古典亭建筑发展的鼎盛时期。今天我们所见到的亭，绝大部分都是这一时期的遗物。

2．亭的类型和特点

亭的建筑造型丰富生动、灵活多样，尽管它只是中国建筑体系中较小的一种建筑类型，但它却是"殚土木之功，穷造型之巧"，不但在平面形式上追求变化，而且在屋顶做法和整体造型上，在亭与亭的组合关系上进行创造，产生了许多绚丽多姿、自由俊秀的形体。以有无围护结构来分，亭的造型分为两大类，开敞的称"凉亭"，装有隔扇的称"暖亭"。从建筑形态的完整性来看，又可以分为"亭"和"半亭"。当然，总的说来，影响其造型的决定性因素，主要是取决于亭的平面形态和屋顶形式，以及它们之间的组合变化。

（1）按亭的平面形态分

亭的平面形态是中国古典建筑平面形式的集锦，以一般建筑中常见的多种简单的几何形态为最多，如正方形、矩形、圆形、正六边形、正八边形等，另外，也有许多特殊的平面形式，如三角形、五角形、扇形，甚至梅花形、海棠形等。在一些较大的空间环境中，还经常运用两种以上的几何形态组合来增加体量，甚至在某些特殊情况下，还采用一些不规则的平面形式，以适应地形的需要。亭的平面形态没有固定的程式，可以随地形、环境，以及功能要求的不同而灵活运用（图5-2）。

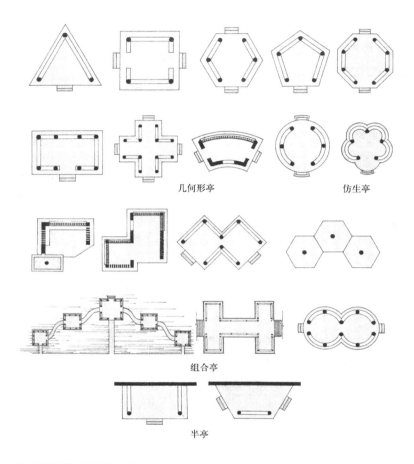

几何形亭　　　　仿生亭

组合亭

半亭

图5-2　亭的平面形式

（2）按亭的屋顶形式分

亭的屋顶，以各种攒尖顶最为常见，如圆攒尖、方攒尖、三角攒尖、八角攒尖等，有带正脊的屋顶，如庑殿顶、歇山顶、悬山顶、硬山顶、十字脊和盝顶；以及组合形式的勾连搭、抱厦、重檐和三重檐屋顶等。另外还有些非常特殊的屋顶形式，总之，亭的屋顶形式不仅能够把作为中国古典建筑特征之一的屋顶形式全部包括，而且还创造出了一些比较罕见的特殊屋顶形态（图5-3）。

（3）按亭的整体造型分

亭的造型千姿百态，灵活多变，甚至从某种意义上讲已经达到了中国古典建筑单体建筑造型艺术创造的顶峰。而它的造型特点，则主要在于其平面形状和各种屋顶形式的组合。

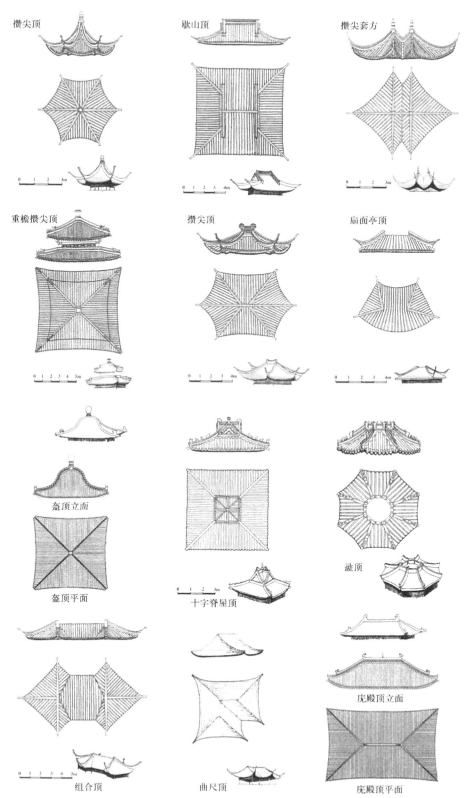

攒尖顶　　　　　　　　　歇山顶　　　　　　　　攒尖套方

重檐攒尖顶　　　　　　　攒尖顶　　　　　　　　扇面亭顶

盔顶立面

盔顶平面　　　　　　　十字脊屋顶　　　　　　　盝顶

组合顶　　　　　　　　　曲尺顶　　　　　　　　庑殿顶立面

　　　　　　　　　　　　　　　　　　　　　　　庑殿顶平面

图 5-3　亭顶类型

1）单向组合

一般地说，圆形和正多边形平面的亭，屋顶多为攒尖顶，是最普通的一种组合方式。而正方形平面的亭却变化较多，除了攒尖顶以外，还有歇山顶、悬山顶、硬山顶、十字脊等形式。而梅花形和海棠形平面的亭，实际上只是圆亭的异化。此外，还有六角形平面的圆亭和四方形平面上做八角形屋顶的几种较为少见的组合形式。

2）竖向组合

从层数来看，有单层、两层、三层，以至更多层的亭。从立面上看，又有单檐、重檐、三重檐之分。多层和重檐的亭，轮廓丰富，造型持重，常用在与游廊的结合处和较大的空间环境中。北方多重檐，南方多多层。这类亭，一般上下平面结构一致，但也有一些为追求变化，采用底层是八角形平面，上层做成正方形，下层檐是六角或多角，而上层檐却是圆攒尖的组合形式，从而使亭的造型更加丰富俊美。

3）复合组合

分为两类：一种是两个相同造型的亭的组合，这种组合，在结构上并不很复杂，但形体丰富，而且体量也相对得到加强。另一种是一个主体和若干个附体的组合。十字形平面的亭就是这一类中最有代表性的一例。这种亭，有的中间为长脊，前后出抱厦；有的中部高起，四面做抱厦；而有的则为两个悬山屋顶十字相交。此外，还有一些根据地形而灵活组合的亭，它的结构可以根据需要而随意安排，不拘一格，造型也极为丰富生动。

4）亭组

亭组也是一种组合方式，它是把若干座亭按照一定的构图需要组织在一起，形成一个建筑群体，造成层次丰富、形体多变的空间形象，给人以最强烈的感染力。

（4）按亭的材料分

任何建筑，都是人们凭借一定的材料创造出来的，而材料的特性，也必然会对建筑的造型风格产生影响。所以，亭的造型形象，也在一定程度上取决于所选用的材料。由于各种材料性能的差异，不同材料建造的亭，就各自带有显著的特色，而同时，也必然受到所用材料特性的限制。

1）木亭

中国建筑是木结构体系的建筑，所以亭也大多是木结构的。木构的亭，以木构架琉璃瓦顶和木构黛瓦顶两种形式最为常见。前者为皇家建筑和唐朝宗教建筑中所特有，富丽堂皇，色彩浓艳。而后者则是中国古典亭榭的主导，或质朴庄重，或典雅清逸，遍及大江南北，是中国古典亭的代表形式（图5-4为苏州乳鱼亭，梁架有明式彩绘，为苏州保存较少的明式木亭）。此外，木结构的亭，也有做成片石顶、铁皮顶和灰土顶的，不过一般比较少见，属于较为特殊的形式。

图5-4 苏州乳鱼亭

2）石亭

以石建亭，在我国也相当普遍，现存最早的亭，就是石亭。早期的石亭，大多模仿木结构的作法，斗栱、月梁、明栿、雀替、角梁等，皆以石材雕琢而成。如唐初建造的湖北黄梅破额山上的鲁班亭，就是全部以石材仿造木结构的斗栱、梁架而建造的。庐山秀峰前的两座分别建于宋代和元代的石亭也是如此。明清以后，石亭逐渐摆脱了仿木结构的形式，石材的特性突出了，构造方法也相应的简化，造型质朴、厚重，出檐平短，细部简单。有些石亭，甚至简单到只用四根石柱顶起一个石质的亭盖。这种石块砌筑的亭，简洁古朴，表现了一种坚实、粗犷的风貌。然而，有些石亭，为追求错彩镂金、精细华丽的效果，仍然以石仿木雕刻斗栱、挂落，屋顶用石板做成歇山、方攒尖和六角攒尖等。南方一些石亭还做成重檐，甚至达到四层重檐，镂刻精致，富有江南轻巧而不滞重的特点。

3）砖亭

碑亭往往有厚重的砖墙，如明清陵墓中所用。但它们仍是木结构的亭，砖墙只不过是用以保护梁、柱及碑身，并借以产生一种庄重、肃穆的气氛，而不起结构承重作用。真正以砖作结构材料的亭，都是采用拱券和叠涩技术建造的。北海团城上的玉瓮亭和安徽滁县狼牙山的怡亭，就是全部用砖建造起来的砖亭，与木构亭相比，造型别致，颇具特色。

4）茅亭

茅亭是各类亭的鼻祖，源于现实生活，山间路旁歇息避雨的休息棚、水车棚等，即是茅亭的原形。

此类亭，多用原木稍事加工以为梁柱，或覆茅草，或盖树皮，一派天然情趣。由于它保留着自然本色，颇具山野林泉之意，所以倍受清高风雅之士的赏识。王昌龄曾留有"茅亭宿花影，西山惊鹤群"的诗句，以赞其清雅俊秀之情。于是，不仅山野之地多筑茅亭，就是豪华的宅第和皇宫禁苑内，也都建有茅亭，追求"天然去雕饰"的古朴、清幽之趣。

5）竹亭

用竹作亭，唐代已有。独孤及曾作有《卢郎中寻阳竹亭记》："伐竹为亭，其高，出于林表"。到后来，桥亭亦有以竹为之者。《扬州画舫录》中载："梅岭春深即长春岭，在保障湖中。岭在水中，架木为玉板桥，上筑方亭。柱、栏、檐、瓦皆镶以竹，故又名竹桥"。可见竹亭应用之广。

由于竹不耐久，存留时间短，所以遗留下来的竹亭极少。现在的竹亭，多用绑扎辅以钉、铆的方法建造。而有些竹亭，梁、柱等结构构件用木，外包竹片，以仿竹形，其余坐凳、椽、瓦等则全部用竹制作，既坚固，又便于修护。

竹，不仅是一种非常好的建筑材料，而且挺拔秀丽、高雅柔美，和松一样四季苍翠，和梅一样傲雪耐霜，质朴无华，高风亮节，历来为人们称道讴歌。白居易曾作《养竹记》，他说："竹似贤，竹本固，竹性直，竹心空，竹节贞"，"固以树德，直以立身，空以体道，贞以立志"，君子由此而思"善建不拔"、"中立不倚"、"应用虚受"、"砥砺名行"。以竹之节操品性为修身立命的典范。苏东坡更是对竹一往情深，他说："宁可食无肉，不可居无竹，无肉令人瘦，无竹令人俗"。因此，在园林中，除了在亭旁种竹以外，用竹建亭，追求清丽高洁的雅趣，亦深得世人之欢心。

6）钢筋混凝土结构亭

随着科学的进步，使用新技术、新材料建亭日益广泛。用钢筋混凝土建亭主要有三种方式：第一种是现场用混凝土浇筑，结构比较坚固，但制作细部比较浪费模具；第二种是用预制混凝土构件焊接装配；第三种是使用轻型结构，顶部用钢板网，上覆混凝土进行表面处理。

7）钢结构亭

钢结构亭在造型上可以有较多变化，在北方需要考虑风压、雪压的负荷。另外屋面不一定全部使用钢结构，可使用其他材料相结合的做法，形成丰富的造型。如北京丽都公园六角亭，高 6.55m，柱间距 5.0m。

3. 亭的应用

亭子在我国园林中是运用得最多的一种建筑形式。无论是在传统的古典园林中，或是在中华人民共和国成立后新建的公园及风景游览区，都可以看到有各种各样的亭子，或伫立于山岗之上，或依附在建筑之旁，或漂浮在水池之畔，以玲珑美丽、丰富多彩的形象与园林中的其他建筑、山水、绿化等相结合，构成一幅幅生动的画面。亭子成了为满足人们"观景"与"点景"的要求而通常选用的一种建筑类型。之所以如此，是由于亭子具有如下特点：

（1）在造型上，亭子一般小而集中，有其相对独立而完整的建筑形象。亭的立面一般可划分为屋顶、柱身、台基三个部分。柱身部分一般作得很空灵，屋顶形式变化丰富；台基随环境而异。它的立面造型、比例关系比其他建筑能更自由地按设计者的意图来确定。因此，从四面八方各个角度去看它，都显得独立而完整、玲珑而轻巧，很适合园林布局的要求。

（2）亭子的结构与构造，虽繁简不一，但大多都比较简单，施工上也比较方便。过去筑亭，通常以木构瓦顶为主，亭体不大，用料较小，建造方便。现在多用钢筋混凝土结构，也有用预制构件及竹、石等地方性材料的，也都经济便利。亭子用地不大，小的仅几平方米，因此建造起来比较自由灵活。

（3）亭子在功能上，主要是为了解决人们在游赏活动的过程中，驻足休息、纳凉避雨、纵目眺望的需要，在使用功能上没有严格的要求。单体式亭与其他建筑物之间也没有什么必须的内在的联系。因此，就可以主要从园林建筑的空间构图的需要出发，自由安排，最大限度地发挥其园林艺术特色。

在我国传统的园林中，建筑的份量比较大，其中亭子在建筑中占有相当的比重。在北京颐和园、北海、承德避暑山庄等这类大型的皇家园林中，亭子不占突出的地位，但在一些重要的观景点及风景点上却少不了它。在江浙一带的私家园林及广东的岭南园林等规模较小的园林中，亭子的作用就显得更为重要，有些亭子常常成为组景的主体或构图的中心。在杭州、桂林、黄山、武夷山、青岛这类风景游览胜地，亭子就成了为自然山水"增美"的重要点缀品，应用得更为自由、活泼。

我国园林中亭子的运用，最早的史料开始于南朝和隋唐时代。距今已有约一千五百年的历史。据《大业杂记》载：隋炀帝广辟地周二百里为西苑（即今洛阳），……"其中有逍遥亭，八面合成，结构之丽，冠绝今古。"又《长安志》载唐大内的三苑中皆筑有观赏用的园亭，其中"禁苑在宫城之北，苑中宫亭凡二十四所。"从敦煌莫高窟唐代修建的洞窟壁画中，我们可以看到那个时代亭子的一些形象：亭的形式已相当丰富，有四方亭、六角亭、八角亭、圆亭；有攒尖顶、歇山顶、重檐顶；有独立式的，也有与廊结合的角亭等。但多为佛寺建筑，顶上有刹。此外，西安碑林中现存宋代摹刻的唐兴庆宫图中，有沉香亭是面阔三间的重檐攒尖顶方亭，相当宏丽壮观。这些资料都说明：唐代的亭子，已经基本上和沿袭至明清时代的亭是相同的。唐代园林及游宴场所中，亭是很普遍使用的一种建筑，官僚士大夫的邸宅、衙署、别业中筑亭甚多。据史书记载，唐代的统治阶级到了炎热的季节，建有凉殿或"自雨亭子"，这种自动下雨的亭子，每当暑热的夏天，雨水从屋檐上往四外飞流，形成一道水帘，在亭子里就会感到凉快。

到了宋代，从绘画及文字记载中所看到的亭子的资料就更多了。宋史《地理志》记载徽宗"叠石为山，凿池为海，作石梁以升山亭，筑山岗以植杏林。"著名的汴梁艮岳，是利用景龙江水在平地上挖湖堆山，人工造园。其中亭子很多，形式也很丰富，并开始运用对景、借景等设计手法，把亭子与山水、绿化结合起来共同组景，从北宋王希孟所绘《千里江山图》中，我们还可以看到那时的江南水乡在村宅之旁、江湖之畔建有各种形式的亭、榭，与自然环境非常融洽。

明、清以后还在陵墓、庙宇、祠堂等处设亭。此外，还有路亭、井亭、碑亭等，现存实物很多。园林中的亭式在造型、形制、使用各方面都比以前大为发展。今天在古典园林中看到的亭子，绝大部分是这一时期的遗物。《园冶》一书中，还辟有专门的篇幅论述亭子的形式、构造及选址等。所有这些都为我们提供了可借鉴的宝贵资料。

中华人民共和国成立后，随着新园林的建设与发展，以及古典园林的保护与重建，园林建筑中的亭也取得了很多的成就。在建筑的造型风格上，既继承和发扬了祖国建筑的优良传统，又致力于革新的尝试，根据不同的地形和环境，结合山石、绿化，做到灵活多变、形式丰富。同时，还根据我国各地区的气候特点与传统做法，运用各种地方性材料，用水泥塑制成竹、木等模仿自然的造型，很富地方特色。在使用功能上，还利用亭子作为小卖部、图书、展览、摄影、儿童游戏等用途，更好地为人民群众服务。

4. 亭的设计要点

每个亭都有其不同的特点，不能千篇一律。在设计时要根据周围的环境、整个园林布局，以及设计者的意图来进行设计。

(1) 亭的造型

亭的造型多种多样，但一般小而集中，独立而完整，玲珑而轻巧活泼，其特有的造型增加了园林景致的画意。亭的造型主要取决于其平面形状、平面组合及屋顶形式等。在设计时要各具特色，不能千篇一律；要因地制宜，并从经济和施工角度考虑其结构；要根据民族的风俗、爱好及周围的环境来确定其色彩。

在造型上要结合具体地形、自然景观和传统设计，并以其特有的娇美轻巧、玲珑剔透的形象与周围的建筑、绿化、水景等结合，构成园中一景。

(2) 亭的体量

亭的体量不论平面、立面都不宜过大过高，一般小巧而集中。亭的直径一般为 3～5m，还要根据具体情况来确定。亭的面阔用 L 来表示，各部分尺寸如下：

柱高 $H=0.8L～0.9L$；

柱径 $D=(7/100)L$；

台基高：柱高 $=1/10～2.5/10$。

亭体量大小要因地制宜，根据造景的需要而定。如北京颐和园的廓如亭，为八角重檐攒尖顶，面积约 130m^2，高约 20m，由内外三层 25 根圆柱和 16 根方柱支撑，亭体舒展稳重，气势雄伟，颇为壮观，与颐和园内部环境非常协调。

(3) 亭的比例

古典亭的亭顶、柱高、开间三者在比例上有密切关系，其比例是否恰当，对亭的造型影响很大。

一般情况下，亭子屋顶高度是由屋顶构架中每一步的举折来确定的。每一座亭子的每一步举折不同，即使柱高完全相同，屋顶高度也会发生变化。但根据我国南北方气候等条件的不同，其举折高度也确实有差异。类型的不同以及环境因素对其比例影响较大，如南方屋顶高度大于亭身高度，而北方则反之 (图5-5、图5-6)。

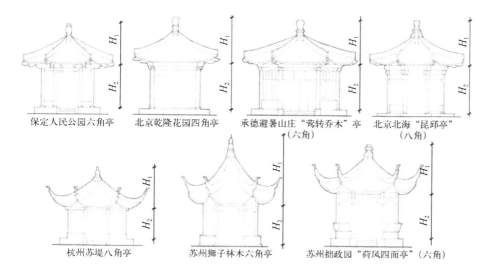

保定人民公园六角亭　　北京乾隆花园四角亭　　承德避暑山庄"莺转乔木"亭　　北京北海"昆邱亭"
　　　　　　　　　　　　　　　　　　　　　　　（六角）　　　　　　　　（八角）

杭州苏堤八角亭　　　苏州狮子林木六角亭　　苏州拙政园"荷风四面亭"（六角）

图5-5　亭屋顶与亭身
高度比

注：屋顶长度 H_1，为
从宝顶尖至檐口；
亭身长度 H_2，为从
檐口至台基上沿，
从许多实例中看出
北方亭中 H_1 基本与
H_2 相等，而南方亭
H_1 略大于 H_2。

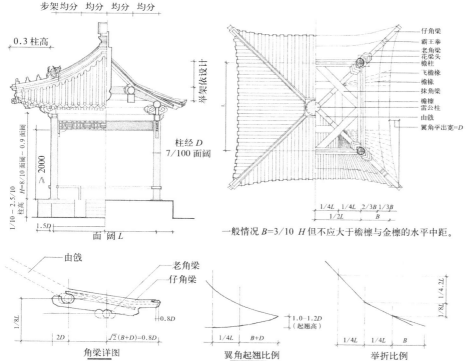

一般情况 $B=3/10 H$ 但不应大于檐檩与金檩的水平中距。

角梁详图　　　翼角起翘比例　　　举折比例

图5-6　亭的主要比例
关系

另外由于亭的平面形状的不同，开间与柱高之间有着不同的比例关系：

1）四角亭，柱高：开间 =0.8：1

2）六角亭，柱高：开间 =1.5：1

3）八角亭，柱高：开间 =1.6：1

（4）亭的装饰

亭在装饰上既可复杂也可简单，既可精雕细刻，也可不加任何装饰，构成简洁质朴的亭，如北京颐和园的亭，为显示皇家的富贵，大多进行了良好的装饰。精致的细部雕琢装饰，能使亭的形象更为生动，亲切宜人；而杜甫草堂的茅草亭，则使人感到自然、纯朴。

花格是亭装饰必不可少的构件，它既能加强亭本身的线条、质感和色彩，又能使其通透、灵巧；挂落与花牙为精巧的装饰，具有玲珑、活泼的效果，更能使亭的造型丰富多彩；鹅颈靠椅（美人靠）、坐凳及栏杆，可供游人休息，若能处理的恰当更能协调立面的比例，使亭的形象更为匀称；亭内设以漏窗能丰富景物，增加空间层次。

亭的色彩，要根据环境、风俗、地方特色、气候、爱好等来确定；由于沿袭历史传统，南方与北方不同，南方多以深褐色等素雅的色彩为主；而北方则受皇家园林的影响，多以红色、绿色、黄色等艳丽色彩为主，以显示富丽堂皇。在建筑物不多的园林中应以淡雅的色调为主。

（5）位置的选择

亭的作用主要供游人游览、休息、赏景。在园林布局中，其位置选择极其灵活，既可与山结合共筑成景，如山巅、山腰台地、悬峭峰、山坡侧旁、山洞洞门、山谷溪涧等处；也可临水建亭，如临水的岸边、水边石矶、水中小岛、桥梁之上都可设立；还可以平地设亭，设置在密林深处、庭院一角、花间林中、草坪之中、园路中间以及园路侧旁的平坦之处，或与建筑相结合。位置选择不受格局所限，可独立设置，也可依附其他建筑物而组成群体，更可结合山石、水体、大树等，得其天然之趣，充分利用各种奇特的地形基址创造出优美的园林意境。

5．亭的构造与做法

（1）亭顶

1）亭顶构架做法

a．伞法。为攒尖顶构造做法。模拟伞的结构模式，不用梁而用斜戗及枋组成亭的攒顶架子，边缘靠柱支撑，即由老戗支撑灯心木，而亭顶自重形成了向四周作用的横向推力，它将由檐口处一圈檐梁和柱组成的排架来承担。但这种结构整体刚度毕竟较差，一般多用于亭顶较小、自重较轻的小亭、草亭或单檐攒尖顶亭，或者在亭顶内上部增加一圈拉结圈梁，以减小推力，增加亭的刚度（图5—7）。

b．大梁法。一般亭顶构架可用对穿的一字梁，上架立灯心木即可。较大的亭顶则用两根平行大梁或相交的十字梁，来共同分担荷载（图5—8）。

c．搭角梁法。在亭的檐梁上首先设置抹角梁与脊（角）梁垂直，与檐成55°，再在其上交点处立童柱，童柱上再架设搭角重复交替，直至最后收到搭角梁与最外圈的檐梁平行即可，以便安装架设角梁戗脊（图5—9）。

d．扒梁法。扒梁有长短之分，长扒梁两头一般搁于柱子上，而短扒梁则搭在长扒梁上。用长短扒梁叠合交替，有时再辅以必要的抹角梁即可。长扒梁过长则选材困难，也不经济，长短扒梁结合，则取长补短，圆、多角攒亭都可采用（图5—10）。

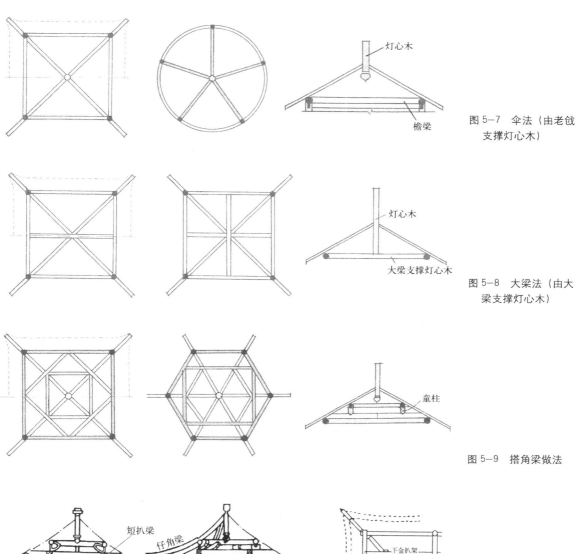

图 5-7 伞法（由老戗支撑灯心木）

图 5-8 大梁法（由大梁支撑灯心木）

图 5-9 搭角梁做法

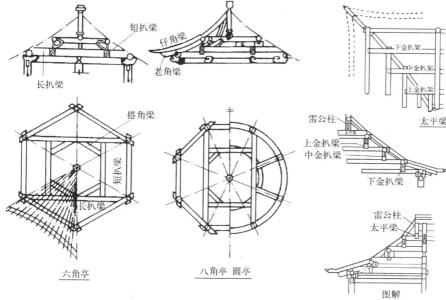

图 5-10 扒梁法

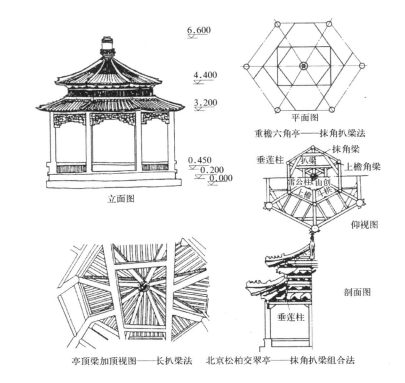

6.600

4.400

3.200

0.450
0.200
0.000

立面图

平面图

重檐六角亭——抹角扒梁法

垂莲柱

抹角梁

扒梁

上檐角梁

雷公柱 由戗

上檐斗栱

仰视图

剖面图

垂莲柱

亭顶梁加顶视图——长扒梁法　北京松柏交翠亭——抹角扒梁组合法

图 5-11　抹角扒梁组
合法

宋式亭榭梁架杠杆法　　江南亭榭梁架杠杆法　　杠杆法仰视图

图 5-12　亭榭梁架杠
杆法及杠杆法仰视图

　　e. 抹角扒梁组合法。在亭柱上除设竹额枋、千板枋及用斗栱挑出第一层屋檐外，在55°方向施加抹角梁，然后在其梁正中安放纵横交圈井口扒梁，层层上收，视标高需要而立童柱，上层重量通过扒梁、抹角梁而传到下层柱上（图5-11）。

　　f. 杠杆法。以亭之檐梁为基线，通过檐桁斗栱等向亭中心悬挑，藉以支撑灯心木。同时以斗栱之下昂后尾承托内拽枋，起类似杠杆作用使内外重量平衡。内部梁架可全部露明，以显示这一巧作（图5-12）。

　　g. 框圈法。多用于上下檐不一致的重檐亭，特别当材料为钢筋混凝土时，此种法式更利于冲破传统章法的制约，大胆构思、创造也不失传统神韵的构造章法，更符合力学法则，显得更简洁些。上四角、下八角重檐亭由于采用了框圈式构造，上下各一道框圈梁互用斜脊梁支撑，形成了刚度极好的框圈架，故其上之重檐可自由设计，四角、八角均可，天圆地方（上檐为圆，下檐为方形）亦可，别开生面，面貌崭新（图5-13～图5-16）。

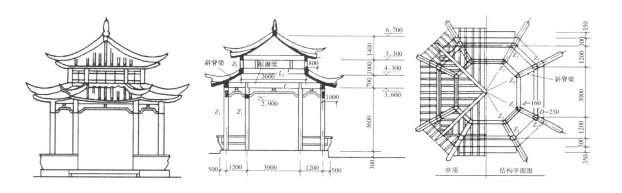

2）亭顶构造

a. 出檐。古制"檐高一丈,出檐三尺"。虽有此说,但实际使用变化幅度仍很大,明清殿阁多沿用此值。而江南清代榭出檐约 1/5 檐高,即在 750～1000mm 间,现在也有按柱高的 50%～60% 设计,出檐则大于 1000mm。

b. 封顶。明代以前多不封顶,而以结构构件直接作装饰,明代以后,由于木材用量日蹙,木工工艺水平下降,装饰趣味转移,出现了屋盖结构做成草盖而以天花（顶棚）全部封顶的做法。当时封顶的办法有：①天花（顶棚）全封顶；②抹角梁露明:抹角梁以上用天花（顶棚）封顶,如苏州艺圃乳鱼亭、宁波天一阁前方亭；③抹角梁以上,斗入藻井,逐层收顶,形成多层弯式藻井；④将瓜柱向下延伸做成垂莲悬柱,瓜柱以上部分,则亦可露明,亦可做成构造轩式封顶。形式上,明初多为船篷轩,清代则有鹤颈、一支香、茶壶档、菱角式等,如苏州狮子林真趣亭、绍兴鲁迅故居后院小方亭。

挂落:常设于亭的梁枋下,因其形犹如挂起垂落下的小帷幕,故名"挂落"。宋代后才普遍设置亭之挂落。

（2）柱

柱的构造依材料而异,有水泥、石块、砖、树干、木条、竹竿等,亭一般无墙壁,故柱在支撑及美观方面的作用都极为重要。柱的形式有方柱（海棠

图 5-13　上四角、下八角重檐亭（立面图）（左）

图 5-14　上四角、下八角重檐亭（剖面图）（中）

图 5-15　上四角、下八角重檐亭（平面图）（右）

图 5-16　框圈法构造示意及实例

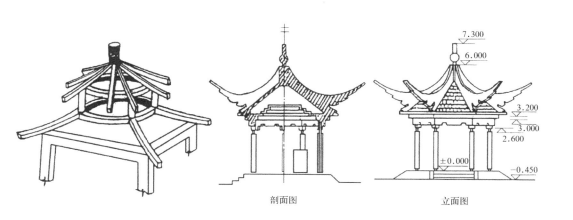

剖面图　　　　立面图

柱、长方柱、正方柱等）、圆柱、多角柱、梅花柱、瓜楞柱、多段合柱、包镶柱、拼贴梭柱、花篮悬柱等。柱的色泽各有不同，可在其表面上绘成或雕成各种花纹以增加美观。

（3）亭基

亭基多以混凝土为材料，若地上部分负荷较重，则需加钢筋、地梁；若地上部分负荷较轻，如用竹柱、木柱盖以稻草的亭，则仅在亭柱部分掘穴以混凝土做成基础即可。

5.1.2　亭的方案设计

案例：竹亭方案设计（图5-17）

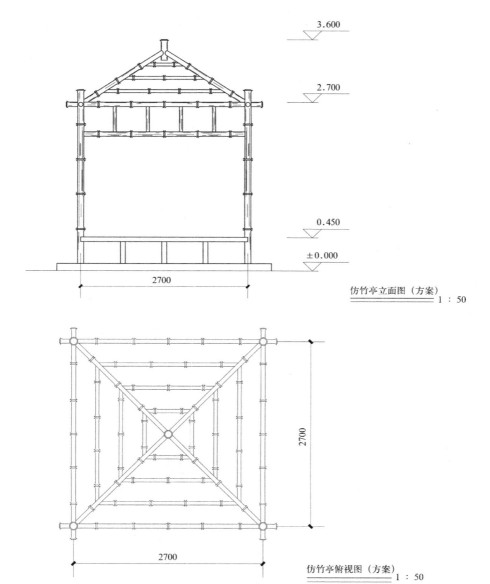

3.600

2.700

0.450

±0.000

2700

仿竹亭立面图（方案）
1：50

2700

2700

仿竹亭俯视图（方案）
1：50

图5-17　竹亭方案设计图

5.1.3 亭的施工图设计

案例一：四角亭施工图设计（图5-18）

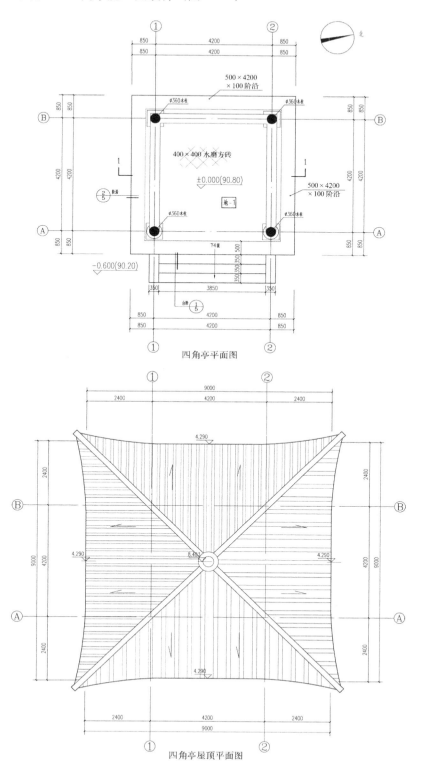

四角亭平面图

四角亭屋顶平面图

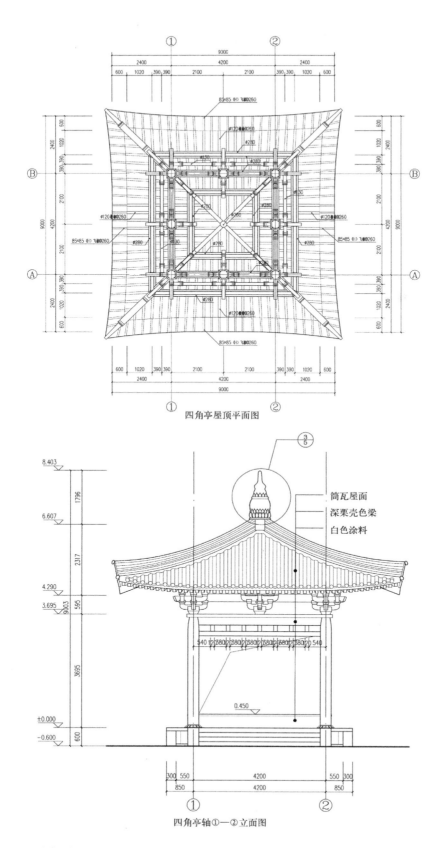

四角亭屋顶平面图

筒瓦屋面
深栗壳色梁
白色涂料

四角亭轴①—②立面图

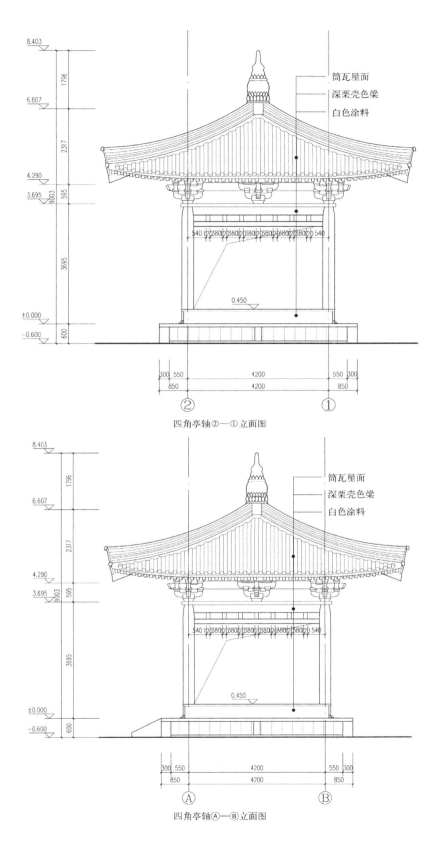

8.403

1796

6.607

2317

4.290

3.695

595

9003

3695

±0.000

-0.600

600

0.450

筒瓦屋面

深栗壳色梁

白色涂料

540 12538025380233802380220538022 540

300 550   4200   550 300
850   4200   850

② ①

四角亭轴②—①立面图

8.403

1796

6.607

2317

4.290

3.695

595

9003

3695

±0.000

-0.600

600

0.450

筒瓦屋面

深栗壳色梁

白色涂料

540 12538025380233802380220538022 540

300 550   4200   550 300
850   4200   850

Ⓐ Ⓑ

四角亭轴Ⓐ—Ⓑ立面图

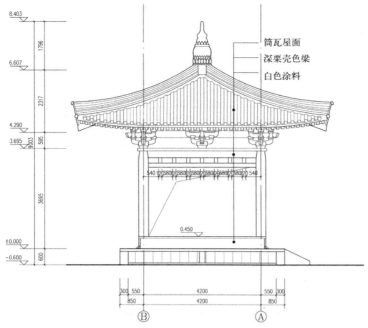

筒瓦屋面
深栗壳色梁
白色涂料

四角亭轴⑧—Ⓐ立面图

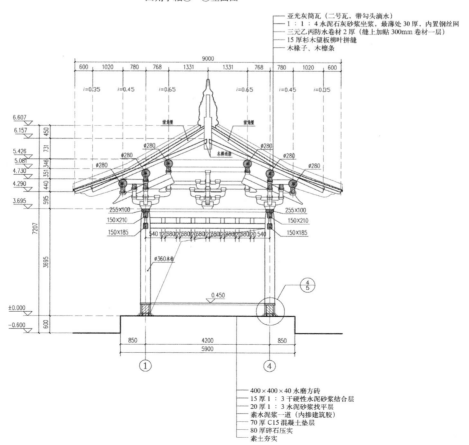

亚光灰筒瓦（二号瓦，带勾头滴水）
1：1：4水泥石灰砂浆坐浆，最薄处30厚，内置钢丝网
三元乙丙防水卷材2厚（缝上加贴300mm卷材一层）
15厚杉木望板柳叶拼缝
木椽子、木檩条

400×400×40水磨方砖
15厚1：3干硬性水泥砂浆结合层
20厚1：3水泥砂浆找平层
素水泥浆一道（内掺建筑胶）
70厚C15混凝土垫层
80厚碎石压实
素土夯实

四角亭1-1剖面图

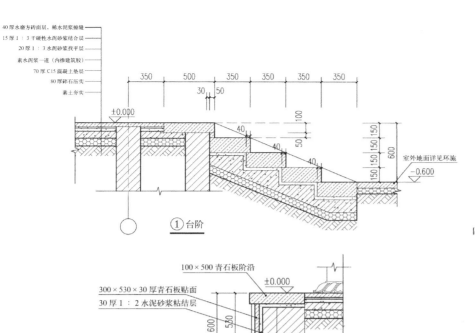

40厚水磨方砖面层，稀水泥浆擦缝
15厚1：3干硬性水泥砂浆结合层
20厚1：3水泥砂浆找平层
素水泥浆一道（内掺建筑胶）
70厚C15混凝土垫层
80厚碎石压实
素土夯实

±0.000

350 | 500 | 350 | 350 | 350 | 350

30 | 50

100

40

50

40

40

150 | 150 | 150

600

室外地面详见环施

−0.600

①台阶

四角亭节点大样①

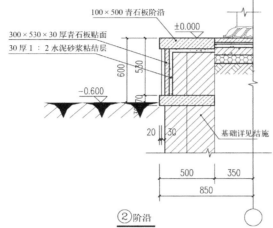

100×500青石板阶沿

300×530×30厚青石板贴面

30厚1：2水泥砂浆粘结层

±0.000

600

530

−0.600

20 | 30

500 | 350

850

基础详见结施

②阶沿

四角亭节点大样②

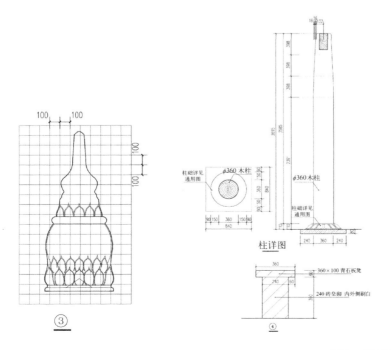

100 | 100

100

100

③

柱础详见通用图

φ360木柱

φ360木柱

柱础详见通用图

90 | 90 | 360 | 150 | 90

360

840

柱详图

240 | 360 | 240

360

360×100青石板凳

240砖垒砌 内外侧刷白

240 | 60

④

四角亭节点大样③（左）
四角亭节点大样④（右）

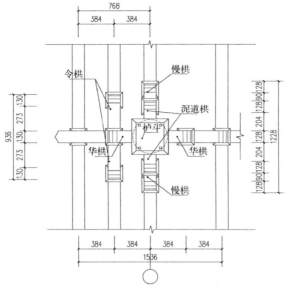

四角亭斗栱仰视图

令栱　慢栱　泥道栱　栌斗　华栱

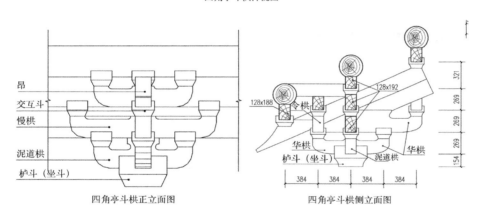

昂
交互斗
慢栱
泥道栱
栌斗（坐斗）

四角亭斗栱正立面图

128×188　令栱　128×192
华栱　栌斗（坐斗）　泥道栱　华栱

四角亭斗栱侧立面图

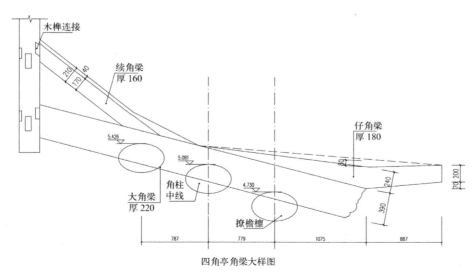

木榫连接
续角梁 厚160
仔角梁 厚180
大角梁 厚220
角柱中线
撩檐槫

四角亭角梁大样图

图 5-18　四角亭施工
图设计

案例二：草亭施工图设计（图5-19）

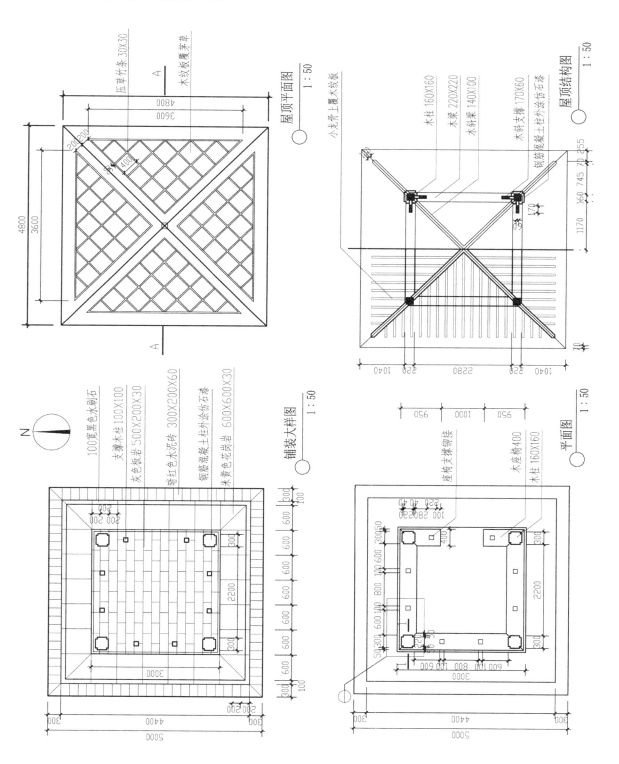

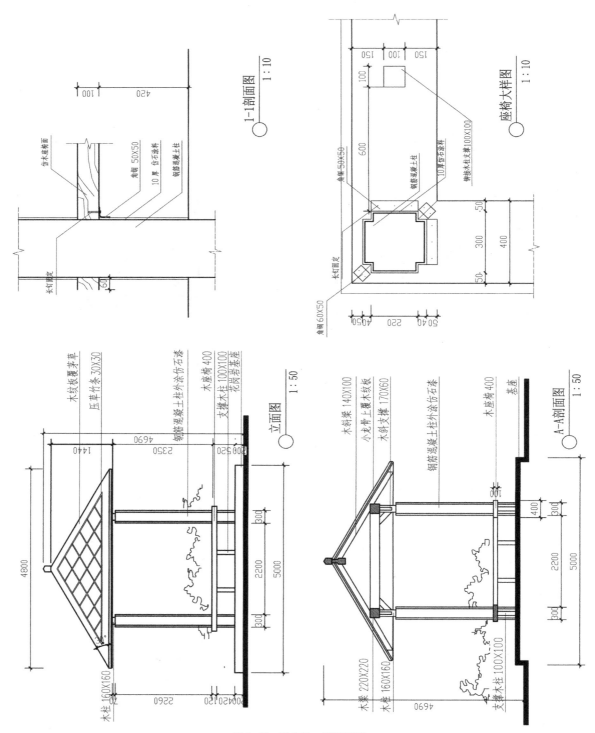

1-1剖面图
1:10

饰木座椅面
角钢 50X50
10 厚 饰石涂料
钢筋混凝土柱
长钉固定

座椅大样图
1:10

角钢 50X50
钢筋混凝土柱
铆接木柱支撑100X100
长钉固定
角钢 60X50

立面图
1:50

木纹板覆盖芽草
压草竹条 30X30
钢筋混凝土柱外涂仿石漆
木座椅 400
支撑木柱 100X100
花园凳基座
木柱160X160

A-A剖面图
1:50

木斜梁 140X100
小龙骨上覆木纹板
木斜支撑 170X60
钢筋混凝土柱外涂仿石漆
木座椅 400
基座
木梁 220X220
木柱 160X160
支撑木柱 100X100

图 5-19 草亭施工图设计图

5.2 园林单体建筑设计：廊

5.2.1 廊的设计理论

1. 概述

（1）廊的含义

廊，又称游廊，是起交通联系、连接景点的一种狭长的棚式建筑，它具有可长可短、可直可曲、随形而弯的特点。园林中的廊是亭的延伸，是联系风景点建筑的纽带，随山就势，曲折迂回，逶迤蜿蜒。廊既能引导视角多变的导游交通路线，又可划分景区空间，丰富空间层次，增加景深，是中国园林建筑群体中的重要组成部分。

廊是上有屋顶，周无围蔽，下不居处，供人漫步行走的立体的路。廊与建筑的关系，是"庑出一步也"（《园冶》）。庑是建筑室内外的空间过渡与缓冲，"庑出一步"的廊，则是建筑空间的引申与延续。在造园艺术中，廊是园林规划组织空间的重要手段，它对游人的游览起着一种规定性的引导作用，是造园者把其创作意图，强加给游人的行动路线，而这种无言的强制，要使游人在探奇寻幽中自觉地接受，方为成功之作。所谓"长廊一带回旋，在竖柱之初"，是说廊的位置经营，必须在总体规划中精心构思。计成在《园冶》中说："廊基未立，地局先留，或余屋之前后，渐通林许，蹑山腰落水面，任高低曲折，自然断续蜿蜒，园林中不可少斯一断境界"。

廊被运用到园林中来以后，它的形式和设计手法更加丰富多彩。如果我们把整个园林作为一个"面"来看待，那么，亭、榭、厅、堂等建筑物在园林中就可视为"点"。园林中的廊、墙是"线"，通过这些"线"的联络，把各分散的点联系成为有机的整体，同时它又是一种把全园的空间划分成相互衬托、各具特色的景区的重要手段。它们与山石、植物、水面等相配合，也就是说，"点""线""面"的巧妙结合创造出多姿多彩的景观效果，使全园的结构和谐统一。

过去江浙一带私家园林中廊子宽度一般较窄，很少超过1.5m，高度也很矮。北京颐和园的长廊是属于宽的，达2.3m，廊的柱高2.5m。由于廊的构造和施工比较简单，在总体造型上就比其他建筑物有更大的自由度，它本身可长可短，可直可曲，既可建造于起伏较大的地上，也可置于平地或水面上，运用起来灵活多变。可以"随形而弯，依势而曲。或蟠山腰，或穷水际。通花渡壑，蜿蜒无尽"（《园冶》）。

（2）廊的历史发展

廊的历史悠久，出现的较早。中国历史上最早出现的廊可以追溯到奴隶社会。我国古代有文献记载的夏朝，对于夏文化的研究，考古上尚处于探索阶段，目前所发现的文化遗址中，究竟是否属于夏文化，尚有分歧。我们这儿只是从历史的角度去追溯廊这一建筑概念的由来。

河南偃师二里头遗址中发现的大型宫殿和中小型宫殿有数十座，其中一、二号宫殿，从残留遗址判断，四周都有回廊相绕。由此可见，早期的廊出现在宫殿建筑的庭院布局中，作为一种连接交通和遮风避雨的建筑形式，其作用和意义相当于现在的棚。刘致平先生在《中国建筑类型及结构》一书中对廊的定义是：有顶的过道为廊。房屋前沿伸出的可避风雨遮太阳的部分也为廊。可见，在前期，廊还不具备游廊的功能，其主要的作用在于交通和遮风避雨。而刘致平先生在《中国建筑类型及结构》一书中对游廊的定义是：普通走廊，①它的间数不定，主要是由此建筑达到彼处建筑之间的过道，宽约五六尺至十几尺，上有瓦顶覆盖，可以不怕落雨及日晒；②可以由走廊内向外眺；③廊柱间有坐凳栏杆可以休息；④在整个园林内也可以利用廊来区分成许多不同的区域而用廊来作掩映，廊柱枋内即可变为近景画框；⑤在廊本身形体上可以随地势高低上下左右曲折，或沿墙筑廊，或间有凸离墙面或曲折等，要看当地情况及需要的判定；⑥也可以安门窗，在苏、杭一带常有在廊的一面做花墙，一面开敞的。花墙用粉墙，墙上有砖瓦斗砌的漏明窗，图案变化无穷，有许多美妙花样可资参考。可见随着园林的兴起，廊作为园林风景建筑在游览观景方面的作用开始显现，并成为一个重要的园林建筑。现代造园中，廊的概念还扩展为花架廊（又名花廊、绿廊、棚架）。

2. 廊的类型和特点

廊的类型丰富多样，其分类方法也较多。如按廊的位置可分为平地廊、爬山廊、水走廊；按平面形式分为直廊、曲廊、抄手廊、回廊；按廊的横剖面可分为双面空廊、单面空廊、双层廊、暖廊、复廊、单支柱廊等形式。其中最基本、运用最多的是双面空廊。廊的基本类型如图5-20所示。

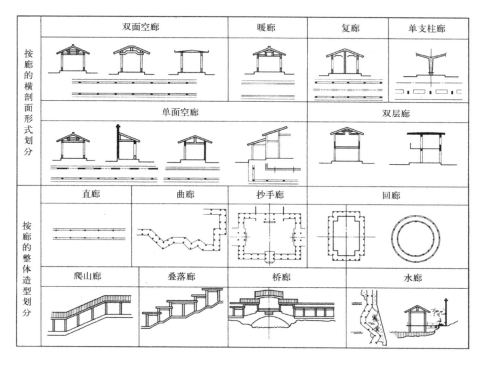

图5-20 廊的基本类型

（1）双面空廊

只有屋顶用柱支撑、四面无墙的廊。园林中既是通道又是游览路线，能两面观赏，又在园中分隔空间，是最基本、运用最多的廊。不论在风景层次深远的大空间中，或是曲折灵巧的小空间中均可运用。廊子两边景色的主题可相应不同，但当人们顺着廊子这条导游线行进时，必须有景可观。如北京颐和园的长廊、苏州拙政园的"小飞虹"、北京北海公园濠濮间爬山游廊等。

（2）单面空廊

在双面空廊一侧列柱间砌有实墙或半空半实墙的，就成为单面空廊。单面空廊一边面向主要景色，另一边沿墙或附属于其他建筑物，其相邻空间有时需要完全隔离，则作实墙处理；有时宜添次要景色，则须隔中有透、似隔非隔、透过空窗、漏窗、什锦灯窗、格扇、空花格及各式门洞等，可见，几竿修篁、数叶芭蕉、二三石笋，得为衬景，也饶有风趣。其屋顶有时做成单坡形状，以利排水，形成半封闭的效果。

（3）复廊

又称之为"内外廊"，是在双面空廊的中间隔一道各种式样的漏窗之墙，或者说，是两个有漏窗之墙的单面空廊连在一起而形成，因为在复廊内分成两条走道，所以廊子的跨度一般要宽一些，从廊子的这一边可以透过空窗看到空廊那一边的景色，两边景色互为因借。这种复廊，要求在廊两边都有景可观，而景观又在各不相同的园林空间中。此外，通过墙的划分和廊子的曲折变化来延长交通线的长度，增加游廊观赏中的兴趣，达到小中见大的目的。在中国古典园林中有不少优秀的实例。

例如，苏州沧浪亭东北面的复廊（图5-21）。它妙在借景，沧浪亭本身无水，但北部园外有河有池，因此，在园林总体布局时一开始就把建筑物尽可能移向南部，而在北部则顺着弯曲的河岸修建空透的复廊，西起园门、东至观鱼池，以假山砌筑河岸，使山、植物、水、建筑结合得非常紧密。经过这样处理，游人还未进园即有"身在园外，仿佛已在园中"之感。进园后在曲廊中漫游，行于临水一侧可观水景，好像河、池仍是园林的不可分割的一个部分，透过漏窗，隐约可见园内苍翠古木丛林。反之，水景也可从漏窗透至南面廊中。通过复廊，将园外的水和园内的山互相因借，联成一气，手法极妙。

怡园复廊（图5-22）取意于沧浪亭。沧浪亭是里外相隔，怡园是东西相隔。怡园原来东、西是两家，以复廊为线，东部是以"坡仙琴馆"、"拜石轩"为主体建筑的庭园空间；西部则以水石山景为园林空间的主要内容；复廊的穿插划分了这两个大小、性质各不相同的空间环境，成为怡园的两个主要景区。

（4）双层廊

又可称楼廊，有上、下两层，便于联系不同高程上的建筑和景物，增加廊的气势和观景层次。园林中常以假山阁道上下联系，作为假山进入楼厅的过渡段。有时，便于联系不同标高的建筑物或风景点以组织人流，同时，由于它富于层次上的变化，也有助于丰富园林建筑的体型轮廓。如扬州的何园（图

图 5-21　苏州沧浪亭
东北面的复廊（左）
图 5-22　苏州怡园的
复廊（右）

5-23)，用双层折廊划分了前宅与后园空间，楼廊高低曲折，回绕于各厅堂。住宅之间，成为交通纽带，经复廊可通全园。双层廊的主要一段取游廊与复廊相结合的形式，中间夹墙上点缀着什锦空窗，颇具生色。园中有水池，池边安置有戏亭、假山、花台等。通过楼廊的立体交通可多层次地欣赏园林景色。

（5）单支柱式廊

近年来由于采用钢筋混凝土结构，加上新材料、新技术的运用，单支柱式廊也运用得越来越多。其屋顶两端略向上反翘或作折板或作独立几何状连成一体，落水管设在柱子中间，其造型各具形态，体型轻巧、通透，是新建的园林绿地中备受欢迎的一种形式（图 5-24）。

（6）暖廊

它是设有可装卸玻璃门窗的廊，这样既可以防风雨又能保暖隔热，最适合气候变化大的地区及有保温要求的建筑。如为植物盆景等展览用的廊，或联系有空调的房间，一般性的园林较少运用。

3. 廊的作用

（1）联系建筑

廊子本来是作为建筑物之间联系而出现的。中国木构架体系的建筑物，一般个体建筑的平面形状都比较简单，通过廊、墙等把一幢幢单体建筑物组织起来，形成了空间层次上丰富多变的建筑群体。无论在宫殿、庙宇、民居中，都可以看到这种手法的运用，这也是中国传统建筑的特色之一。

图 5-23　扬州的何园
的双层廊（左）
图 5-24　单支柱式廊
（右）

（2）划分和组织园林空间

廊子通常布置于两个建筑物或两个观赏点之间，成为空间联系和空间划分的一种重要手段，它不仅仅具有遮风避雨、交通联系上的实用功能，而且对园林中风景的展开和观景程序的层次起着重要的组织作用。

我国园林建筑的设计，依据我国传统的美学观念和空间意识——美在意境，虚实相生，以人为主，时空结合，总把空间的塑造放在最重要的位置上。当建筑物作为被观赏的景物时，重在其本身造型美的塑造及其周围环境的配合；而当建筑物作为围合空间的手段和观赏建筑物的场所时，侧重在建筑物之间的有机结合与相互贯通，侧重在人、空间、环境的相互作用和统一。

为创造丰富变化的园景和给人以某种视觉上的感受，中国园林建筑的空间组合，经常采用对比的手法。在不同的景区之间，两个相邻又不尽相同的空间之间，一个建筑组群中的主次空间之间，都常形成空间上的对比。其中主要包括：空间大小的对比，空间虚实的对比，次要空间和主要空间的对比，幽深空间和开阔空间的对比，建筑空间与自然空间的对比等。

我国一些较大的园林，为满足不同的功能要求和创造出丰富多彩的景观气氛，通常把全园的空间划分成大小、明暗、闭合或开敞、横长或纵深等相互配合、有对比、有节奏的空间体系，彼此相互衬托，形成各具特色的景区。而廊、墙等这类长条形状的园林建筑形式，常常成为用来划分园林空间和景区的手段，成为丰富、变换、过渡园林空间层次的手笔之一，因而也就成为最引人入胜的场所。

（3）过渡空间

廊不仅被大量运用在园林中，还经常运用到一些公共建筑（如旅馆、展览馆、学校、医院等）的庭园内。它一方面是作为交通联系的通道，另一方面又作为一种室内外联系的＂过渡空间＂。因为廊内容易给人一种半明半暗、半室内半室外的效果，所以在心理上能给人一种空间过渡的感觉。从庭园空间的视觉角度说，如果缺少廊、敞厅这类＂过渡空间＂，就会感到庭园空间的生硬、板滞，室内外空间之间缺少必要、内在的联系；有了这类＂过渡空间＂，庭园空间就有了层次，就＂活＂起来了，仿佛在绘画中除了＂白＂与＂黑＂的色调外，又增加了＂灰调子＂。这种＂过渡空间＂把室内外空间紧密地联系在一起，互相渗透、融合，形成生动、诱人的一种空间环境。

北京颐和园的长廊(图 5-25)是这类廊子中一个突出的实例。它始建于 1750 年，1860 年被英法联军烧毁，清光绪年间重建。它东起＂邀月门＂，西至＂石丈亭＂，共 273 间，全长 128m，是我国园

图 5-25　北京颐和园的长廊

林中最长的廊子。整个长廊北依万寿山，南临昆明湖，穿花透树，曲折蜿蜒，把万寿山前山的十几组建筑群在水平方向上联系起来，增加了景色的空间层次和整体感，成为交通的纽带。同时，它又是作为万寿山与昆明湖之间的过渡空间来处理的，在长廊上漫步，一边是整片松柏的山景和掩映在绿树丛中的一组组建筑群，另一边是开阔坦荡的湖面，通过长廊伸向湖边的水榭及伸向山脚的"湖光山色共一楼"等建筑，可在不同角度和高度上变幻地观赏自然景色，为避免单调，在长廊中间还建有四座八角重檐顶亭，丰富了总体形象。

（4）廊也是极具通透感的建筑

廊还是一种"虚"的建筑物，两排细细的列柱顶着一个不太厚实的廊顶。在廊子一边可透过柱子之间的空间观赏到廊子另一边的景色，像一层"帘子"一样，似隔非隔，若隐若现，把廊子两边的空间有分又有合地联系起来，起到一般建筑物达不到的效果。

总而言之，廊在园林中使用极为广泛，一则是交通联系的纽带，可使游人免受日晒雨淋之苦；二则以其空灵活泼的造型为园景增加了层次，丰富了内容。一些依山傍水、沿墙随屋、曲折起伏的游廊，使本来十分刻板的墙面和死角变得生动起来，包括理景中所起的作用是其他建筑形式无法取代的。

廊的结构构造及施工一般也比较简单，过去中国传统建筑中的廊通常为木构架系统，屋顶多为坡顶、卷棚顶形式。中华人民共和国成立后新建园林建筑中，廊多采用钢筋混凝土结构，平顶形式，还有完全用竹子做成的竹廊等，结构与施工都不困难。

4. 廊的设计要点

（1）平面设计

根据廊的位置和造景需要，廊的平面可设计成直廊、弧形廊、曲廊、回廊及圆形廊等。

（2）立面设计（图5-26）

廊的立面基本形式有悬山廊、歇山廊、平顶廊、折板顶廊、十字拱顶廊、伞状顶廊等。在做法上，要注意下面几点：

1）为了开阔视野，四面观景，立面多选用开敞式的造型，以轻巧玲珑为主。在功能上需要私密的部分，常常借加大檐口出挑，形成阴影。为了开敞视线，亦有用露明墙处理。

2）在细部处理上，可设挂落于廊檐，下设置高1m左右之栏，某些可在廊柱之间设0.5～0.8m高的矮墙，上覆水磨砖板，以供休憩，或用水磨石椅面和美人靠背与之相匹配。

3）传统式的复廊、厅堂四周的围廊吊顶常采用各式轩的做法。现今园中之廊，一般已不做吊顶，即使采用吊顶，装饰亦以简洁为宜。

在廊的立面造型设计中，廊柱也非常重要。由于人的错觉，同样大小的柱子，会感到方形要比圆形大出3/5。因而若廊的开间过窄时，方柱柱群组成的空间会有截然分隔之弊。同时为防止伤及行进中的游人，即便采用方柱，亦

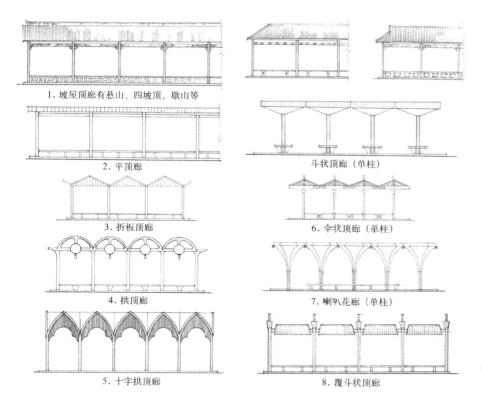

1. 坡屋顶廊有悬山、四坡顶、歇山等

2. 平顶廊

斗状顶廊（单柱）

3. 折板顶廊

6. 伞状顶廊（单柱）

4. 拱顶廊

7. 喇叭花廊（单柱）

5. 十字拱顶廊

8. 覆斗状顶廊

图 5-26　各类廊立面类型

应将方柱边棱角做成圆角海棠形或内凹成小八角形。这样在阳光直射下，可以减小视觉上的反差，圆柱或圆角海棠柱光线明暗变化缓和，使廊显得浑厚流畅，线条柔和，亲切宜人。

（3）廊的体量尺度

廊是以相同单元"间"所组成的，其特点是有规律的重复、有组织的变化，从而形成了一定的韵律，产生了美感。关于廊的尺度如下：

1）廊的开间不宜过大，宜在3m左右，柱距3m左右，一般横向净宽在1.2～1.5m，现在一些廊宽常在2.5～3.0m之间，以适应游人客流量增长后的需要。

2）檐口底皮高度2.5～2.8m。

3）廊顶：平顶、坡顶、卷棚均可。

4）廊柱：一般柱径 d=150mm，柱高为2.5～2.8m，柱距3000mm，方柱截面控制在150mm×150mm～250mm×250mm。长方形截面柱长边不大于300mm（图5-27）。

北方比南方尺度略大一些，可根据周围环境和使用功能的不同略有增减。每个开间的尺寸应大体相等，如果由于施工或其他原因需要发生变化时，则一般在拐角处进行增减变化。

（4）运用廊分隔空间

在园林设计中常运用廊来分隔空间，其手法或障或露。我国园林崇尚自然，因此在设计时要因地制宜，利用自然环境，创造各种景观效果。在平面形式上，

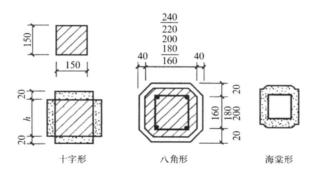

图 5-27 廊柱的截面
形式

十字形　　　　　八角形　　　　海棠形

可采用曲折迂回的办法（即曲廊的形式）来划分大小空间，增加平面空间层次，改变单调感觉，变换角度。利用围墙相连接，使游人不会有园外的感觉。但要曲之有理，曲而有度，不能为曲折而曲折，让人走冤枉路。

（5）出入口的设计

廊的出入口一般布置在廊的两端或中部某处，出入口是人流集散的主要地方，因此我们在设计时应将其平面或空间适当扩大，以尽快疏散人流，方便游人的游乐活动，在立面及空间处理上作重点装饰，强调虚实对比，以突出其美观效果。

（6）内部空间处理

廊的内部空间设计是廊在造型和景致处理上的主要内容，因此要将内部空间处理得当。廊是长形观景建筑物，一般为狭长空间，尤其是直廊，空间显得单调，所以把廊设计成多折的曲廊，可使内部空间产生层次变化：在廊内适当位置作横向隔断，在隔断上设置花格、门洞、漏窗等，可使廊内空间增加层次感、深远感。在廊内布置一些盆树、盆花，不仅可以丰富廊内空间变化效果，还能增加游览兴趣；在廊的一面墙上悬挂书法、字画，或装一面镜子以形成空间的延伸与穿插，要有动与静的对比，因此廊要有良好的对景，道路要曲折迂回，从而有扩大空间的感觉；将廊内地面高度升高，可设置台阶，来丰富廊内空间变化。

（7）装饰

廊的装饰应与其功能、结构密切结合。廊檐下的花格、挂落在古典园林中多采用木制，雕刻精美；而现代园林中则取样简洁坚固，在休息椅凳下常设置花格，与上面的花格相呼应构成框景。另外，在廊的内部梁上、顶上可绘制苏式彩画，从而丰富游廊内容。

在色彩上，因循历史传统，南方与北方大不相同。南方与建筑配合，多以灰蓝色、深褐色等素雅的色彩为主，给人以清爽、轻盈的感觉；而北方多以红色、绿色、黄色等艳丽的色彩为主，以显示富丽堂皇。在现代园林中，较多采用水泥材料，色彩以浅色为主，以取得明快的效果。

5.2.2　廊的方案设计

案例一：现代廊的方案设计（图 5-28）

案例二：现代廊（木材与玻璃）的方案设计（图 5-29）

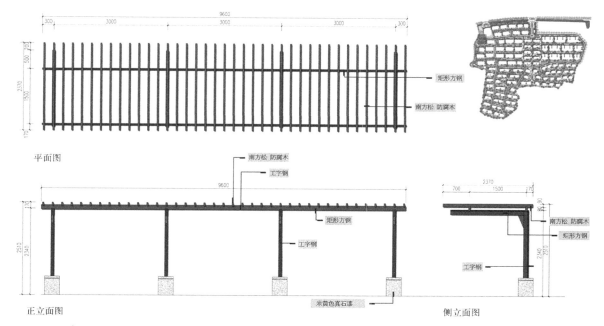

平面图

南方松 防腐木
工字钢

矩形方钢

工字钢

米黄色真石漆

正立面图

南方松 防腐木

矩形方钢

工字钢

侧立面图

图 5-28　现代廊的方案设计

图 5-29　现代廊（木材与玻璃）的方案设计效果图

5.2.3 廊的施工图设计

案例一：文化展示长廊建筑施工图设计（图5-30）

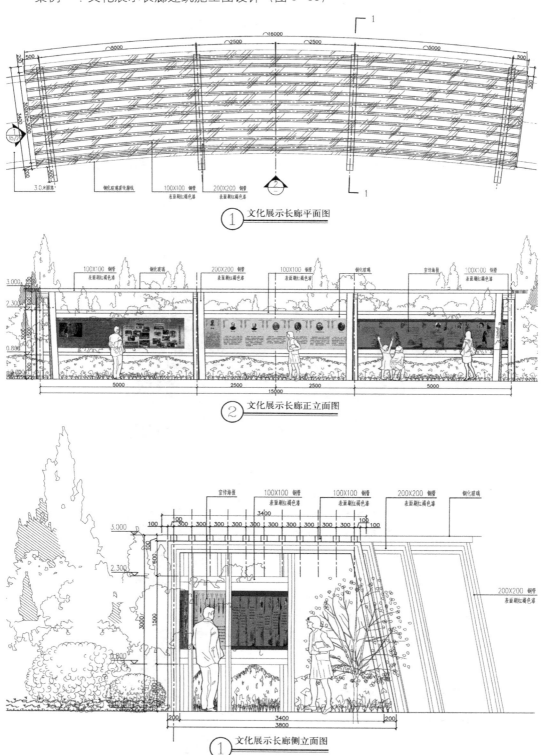

① 文化展示长廊平面图

② 文化展示长廊正立面图

① 文化展示长廊侧立面图

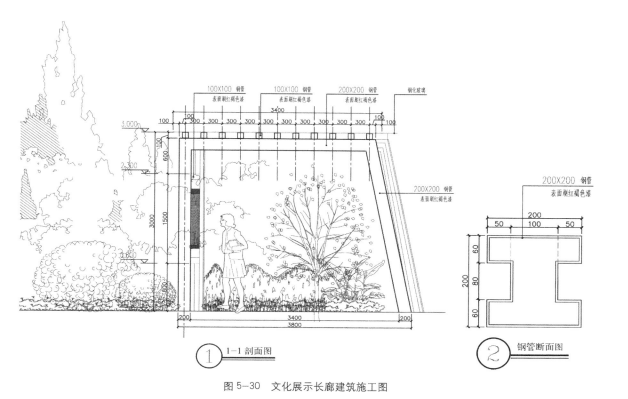

图5-30 文化展示长廊建筑施工图

案例二：读书艺廊建筑施工图设计（图5-31）

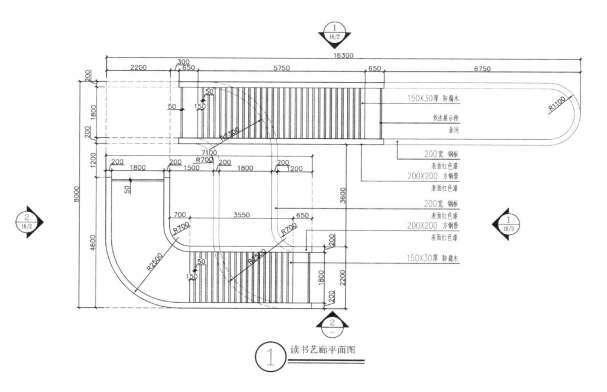

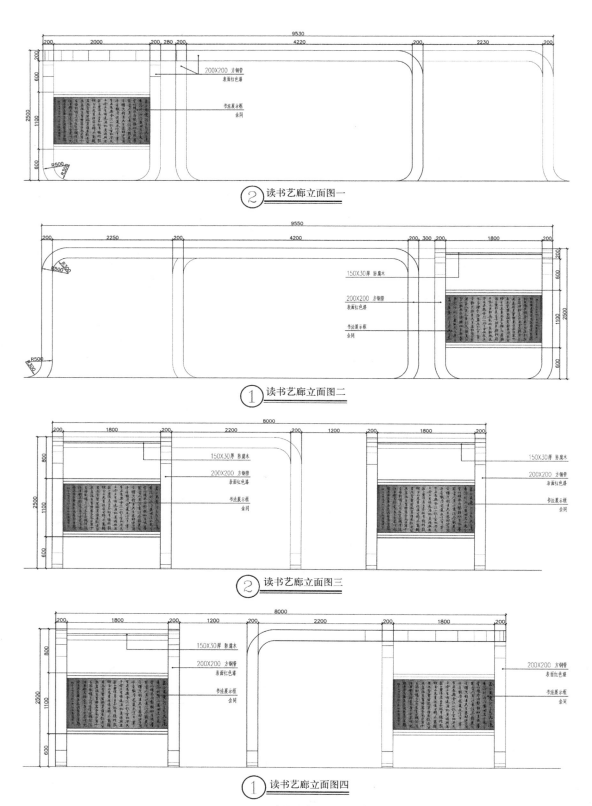

② 读书艺廊立面图一

① 读书艺廊立面图二

② 读书艺廊立面图三

① 读书艺廊立面图四

图 5-31　读书艺廊建筑施工图

5.3 园林单体建筑设计：榭与舫

5.3.1 榭与舫的设计理论

在园林建筑中，榭、舫在性质上属于比较接近的建筑类型，作游憩、赏景、饮宴小聚用。榭与舫多属于临水建筑。在选址、平面和体型的设计上，要特别注重与水面和池岸的协调关系。

榭在古典园林中运用较为普通，体量较小巧，常设置于水中或水边。

（1）榭的含义

《园冶》记载："榭者，藉也。藉景而成者也，或水边，或花畔，制亦随态。"这一段话说明了榭是一种借助于周围景色而见长的园林游憩建筑。古代建筑中，高台上的木结构建筑称榭，其特点是只有楹柱和花窗，没有四周的墙壁。它的结构依照自然环境不同而有各种形式，如有水榭、花榭等之分。隐约于花间的称之为花榭，临水而建的称之为水榭。现今的榭多是水榭，并有平台伸入水面，平台四周设低矮栏杆，建筑开敞通透，体形扁平（长方形）。

（2）榭的基本形式

1）榭与水体结合的基本形式其形式多种多样，从平面形式看，有一面临水、两面临水、三面临水以及四面临水。四面临水者以桥与湖岸相连。从剖面看平台形式，有实心土台，水流只在平台四周环绕；有平台下部以石梁柱结构支撑，水流可流入部分建筑的底部，有的可让水流流入整个建筑底部，形成驾临碧波之上的效果。近年来，由于钢筋混凝土的运用，常采用伸入水面的挑台取代平台，使建筑更加轻巧，低临水面的效果更好。

2）不同地域水榭的形式也有着不同而多样的展示形式。我国园林随时期的不同而有不同的变化，古典园林随地理位置的不同而划分为北方园林（黄河型）、江南园林（扬子江型）和岭南园林（珠江型）。因此，榭的形式也随之有所差异。近代园林中榭的形式更是丰富多彩。我们可以根据不同地域不同时期把榭分为三种类型。

a. 北方园林的水榭。具有北方宫廷建筑特有的色彩，整体建筑风格显得相对浑厚、持重，在建筑尺度上也相应进行了增大，显示着一种王者的风范。有一些水榭已经不再是一个单体建筑物，而是一组建筑群体，从而在造型上也更为多样化。如北京颐和园的"洗秋"、"饮绿"两个水榭最具有代表性。

b. 江南园林中的水榭。江南的私家园林中，由于水池面积一般较小，因此榭的尺度也不大。为了在形体上取得与水面的协调，建筑物常以水平线为主，一半或全部跨入水中，下部以石梁柱结构作为支撑，或者用湖石砌筑，让水深入榭的底部。建筑临水的一侧开敞，可设栏杆，可设鹅颈靠椅，以便游人在休憩时，又可以凭栏观赏醉人的景致。屋顶大多数为歇山顶，四角翘起，显得轻盈纤细。建筑整体装饰精巧、素雅。较为典型的实例有苏州拙政园的"芙蓉榭"、网师园的"灌缨水阁"、耦园的"山水间"，及上海南翔古猗园的

"浮筠阁"。

c. 岭南园林的水榭。在岭南园林中，由于气候炎热、水域面积较为广阔等环境因素的影响，产生了一些以水景为主的"水庭"形式。其中，有临于水畔或完全跨入水中的"水厅"、"船厅"之类的临水建筑。这些建筑形式，在平面布局与立面造型上，都力求轻快、通透，尽量与水面相贴近。有时将建筑做成两层，也是水榭的一种形式。

（3）榭的设计要点

作为一种临水建筑物，一定要使建筑与水面和池岸很好地结合，使它们之间有机配合，更加自然贴切。

1）位置的选择　榭以借助周围景色见长，因此位置的选择尤为重要。水榭的位置宜选在水面有景可借之处，要考虑到有对景、借景，并在湖岸线突出的位置为佳。水榭应尽可能突出池岸，形成三面临水或四面临水的形式。如果建筑不宜突出于池岸，也应将平台伸入水面，作为建筑与水面的过渡，以便游人身临水面时有开阔的视野，使其身心得到舒畅的感觉。

2）建筑地坪　水榭以尽可能贴近水面为佳，即宜低不宜高，最好将水面深入水榭的底部，并且应避免采用整齐划一的石砌驳岸。

当建筑地面离水面较高时，可以将地面或平台作上、下层处理，以取得低临水面效果。同时可利用水面上空气的对流风作用，使室内清风徐来，又可兼顾高低水位变化的要求。

若岸与水面高差较大时，也可以把水榭设计成高低错落的两层建筑的形式，从岸边下半层到达水榭底层，上半层到达水榭上层。这样，从岸上看去，水榭似乎只有一层，但从水面上看来却有两层。在建筑物与水面之间高差较大，而建筑物地平又不宜降低的时候，就应对建筑物的下部支撑部分作适当的处理，以创造出新的意境。当然若水位的涨落变化较大时，就需要仔细了解水位涨落的原因和规律，特别是历史最高水位记录，设计者应以稍高于历史最高水位的标高作为水榭的设计地平标高，以免水淹。

为了形成水榭有凌空于水面之上的轻快感。除了要将水榭尽量贴近水面之外，还应该注意尽量避免将建筑物下部砌成整齐的驳岸形式，而且应将作为支撑的柱墩尽可能地往后退，以造成浅色平台下部有一条深色的阴影，从而在光影的对比之下增强平台外挑的轻快感觉。

3）建筑造型　在造型上，榭应与水面、池岸相互融合，以强调水平线条为宜。建筑物贴近水面，适时配合以水廊、白墙、漏窗，平缓而开阔，再配以几株翠竹、绿柳，可以在线条的横竖对比上取得较为理想的效果。建筑的形体以流畅的水平线条为主，简洁明了，同时还可以增强通透、舒展的气氛。

4）建筑的朝向　榭作为休憩服务性建筑，游人较多驻留时间较长，活动方式也随之多样。因此，榭的朝向颇为重要。建筑切忌朝西，因为榭的特点决定了建筑物应伸向水面且又四面开敞，难以得到绿树遮荫。尤其夏季是园林游览的旺季，若有西晒，纵然是再好的观景点，也难以让游人较长时间驻留，这样势必影响游人对园林景色的印象，因此必须引起设计者的注意。

5）榭与园林整体环境　水榭在体量、风格、装修等方面要与它所在的园林空间的整体环境相协调和统一。在设计上，应该恰如其分、自然，不要"不及"，更不要"太过"。如广州兰圃公园水榭的茶室兼作外宾接待室，小径蜿蜒曲折、两侧植以兰花，把游人引入位于水榭后部的入口，经过一个小巧的门厅后步入三开间的接待厅，厅内以富含地方特色的刻花玻璃隔断将空间划分开来，一个不大的平台伸向水池。水池面积不大，相对而言建筑的体量已算不小，但是由于位置偏于水池的一个角落里，且四周又植满花木，建筑物大部分被掩映在绿树丛中，因而露出的部分不明显，能与整体环境气氛互相融合。

5.3.2　榭的方案设计（图5-32）

图5-32 湖边水榭方案设计效果图

5.3.3 榭的施工图设计（图5-33）

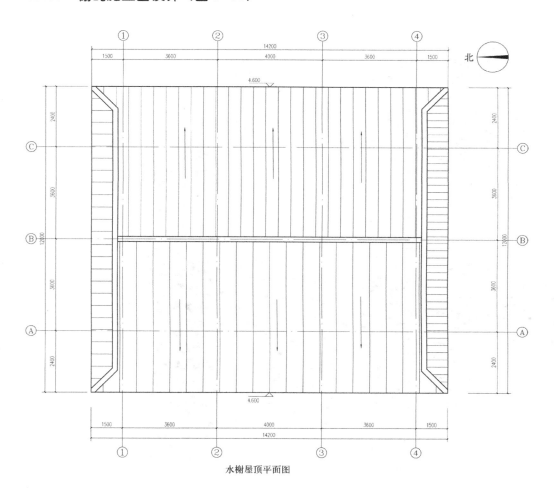

水榭屋顶平面图

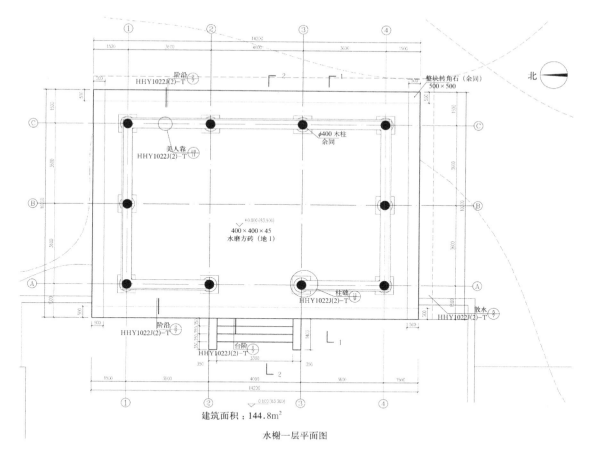

建筑面积：144.8m²

水榭一层平面图

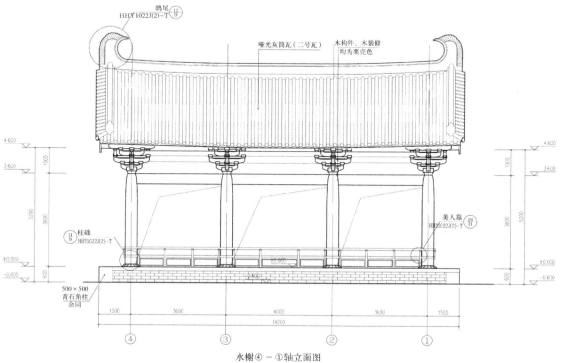

水榭④－①轴立面图

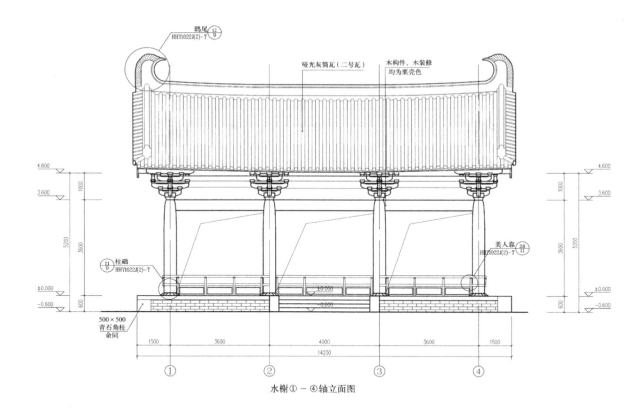

鸱尾 ⑮/⑨
HHY1022J(2)-T

哑光灰筒瓦（二号瓦）

木构件、木装修
均为栗壳色

美人靠 ㉘/⑪
HHY1022J(2)-T

柱础 ⑪/⑨
HHY1022J(2)-T

500×500
青石角柱
余同

4.600

3.600

±0.000

-0.600

1000

3600

5200

600

1500   3600   4000   3600   1500

14200

①   ②   ③   ④

水榭①－④轴立面图

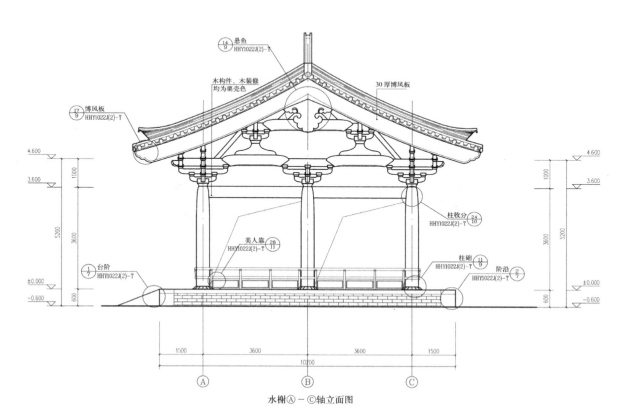

悬鱼 ⑭/⑨
HHY1022J(2)-T

木构件、木装修
均为栗壳色

30厚博风板

博风板 ⑰/⑨
HHY1022J(2)-T

柱收分 ㉔/⑩
HHY1022J(2)-T

美人靠 ㉘/⑪
HHY1022J(2)-T

台阶 ①/⑦
HHY1022J(2)-T

柱础 ⑪/⑨
HHY1022J(2)-T

阶沿 ②/⑦
HHY1022J(2)-T

4.600

3.600

±0.000

-0.600

1000

3600

5200

600

1500   3600   3600   1500

10200

Ⓐ   Ⓑ   Ⓒ

水榭Ⓐ－Ⓒ轴立面图

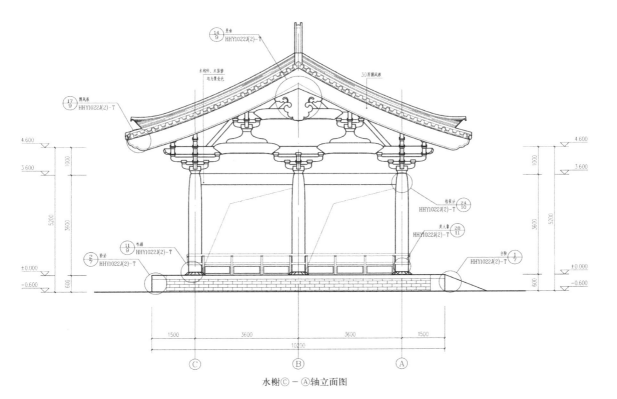

水榭ⓒ－Ⓐ轴立面图

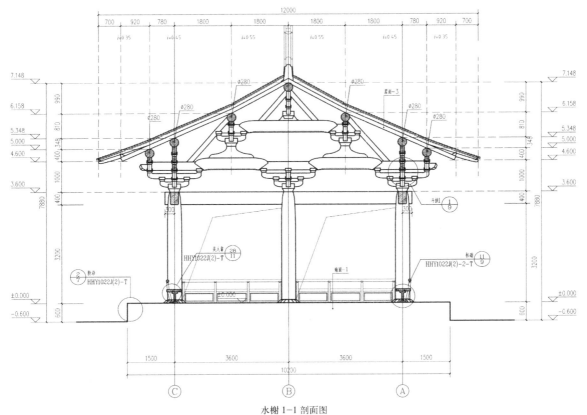

水榭 1-1 剖面图

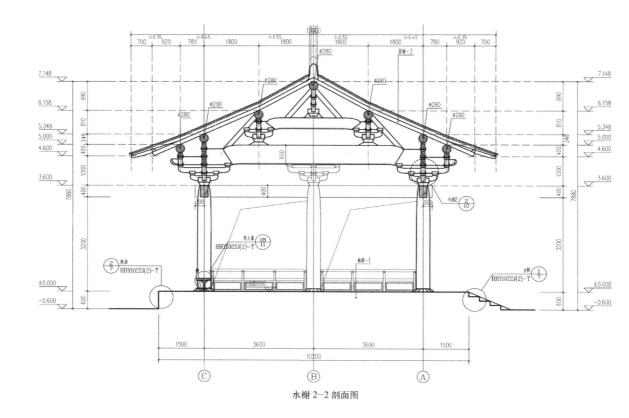

水榭 2-2 剖面图

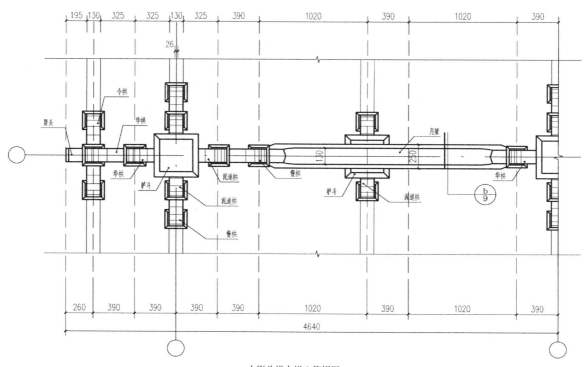

水榭斗栱大样 1 仰视图

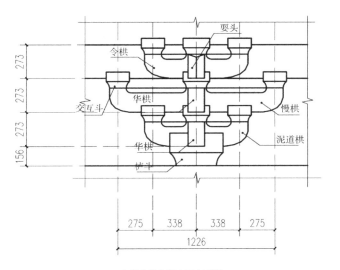

水榭斗栱大样1正立面图

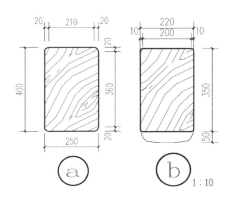

水榭斗栱大样1 a、b节点详图

1 : 10

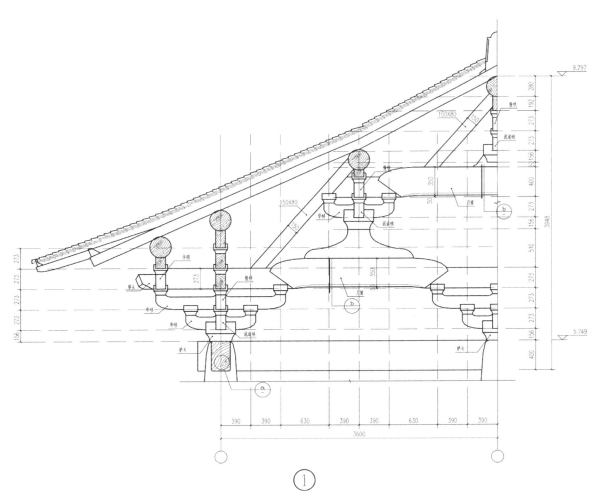

①

水榭斗栱大样1侧立面图

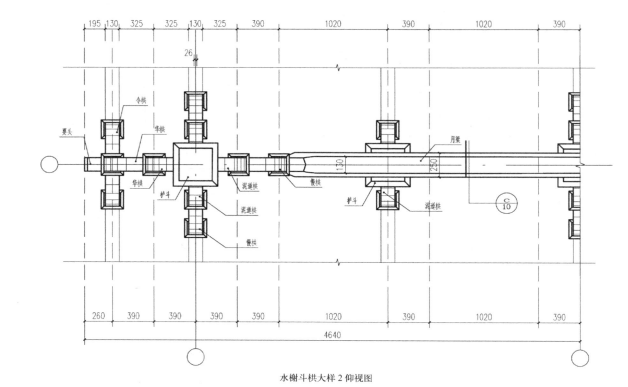

水榭斗栱大样 2 仰视图

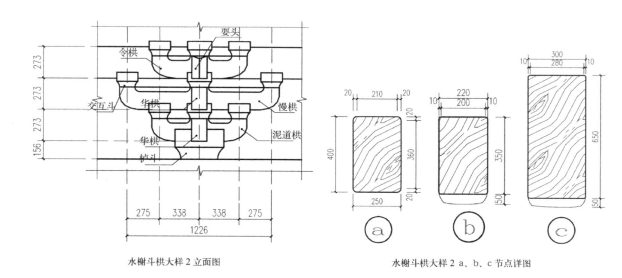

水榭斗栱大样 2 立面图

水榭斗栱大样 2 a、b、c 节点详图

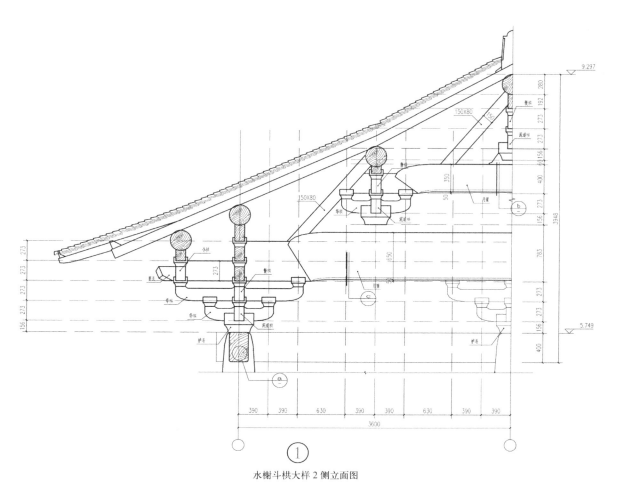

①

水榭斗栱大样2侧立面图

图 5-33 湖边水榭施
工图设计

5.4 园林单体建筑设计：厅与堂

5.4.1 厅与堂的设计理论

　　厅、堂是园林中主体建筑，其体量较大，造型简洁精美，比其他建筑复杂华丽。《园冶》上说："堂者，当也。谓当正向阳之屋，以取堂堂高显之义。"厅、堂因其内四界构造用料不同而区分，扁方料者曰厅，圆料者曰堂，俗称"扁厅圆堂"。

　　园林中，厅、堂是主人会客、议事的场所。一般布置于居室和园林的交界部位，既与生活起居部分有便捷的联系，又有极好的观景条件。厅、堂一般是坐南朝北，从厅、堂往北望，是全园最主要的景观面，通常是水植和池北叠山所组成的山水景观。观赏面朝南，使主景处在阳光之下，光影多变，景色明朗。厅、堂与叠山分居水池之南北，遥遥相对，一边人工，一边天然，既是绝妙的对比，衬出山水之天然情趣，也供园主不下堂筵可享天然林泉之乐。厅、堂的南面也点缀小景，坐堂中可以在不同季节，观赏到南北不同的景色。

　　厅、堂这种建筑类型就其构造装饰之不同可分为下列几种形式：扁作厅、圆堂、贡式厅、船厅回顶、卷棚、鸳鸯厅、花篮厅、满轩。

厅、堂按其使用功能不同，又可分为茶厅、大厅、女厅、对照厅、书厅和花厅。而由于厅堂与环境及周围景观的结合、产生了四面开敞的四面厅、临水而建的荷花厅、船厅等形式，其柱间常安置连结长窗（隔扇）。在两侧墙上，有的为了组景和通风采光，往往开窗，便于览景。也有的厅为了四面景观的需要，四面以回廊、长窗装于步柱之间，不砌墙壁。廊柱间设半栏或美人靠，供人们坐憩。

皇家园林中的厅堂，是帝王在园内生活起居、游憩休息的建筑物。它的布局大致有两种，一种是以厅堂居中，两边配以辅助用房组成封闭的院落，供帝王在院内活动之用；另一种是以开敞的方式进行布局，厅堂居于构图中心地位。周围配以亭廊、山石、花木等，供帝王游园时休憩观赏。

现代风景园林中，相当于传统风景园林建筑中的"厅堂"的建筑依然存在，只是叫法不同而已。相反即使叫"某某堂"或"某某厅"也未必就是传统园林建筑中堂厅的内容和做法。下面将要提到的轩馆斋室也有同样的问题。厅、堂实例如图5-34所示。

图5-34　厅、堂实例
(a) 何园船厅；
(b) 何园蝴蝶厅；
(c) 苏州拙政园远香堂

5.4.2　厅与堂的方案设计（图5-35）

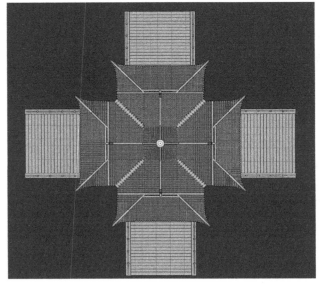

顶视图

正立面图

鸟瞰图

细部图

细部图

图 5-35　兴义堂方案
设计效果图

5.4.3 厅与堂施工图设计

案例：书厅施工图设计（图5-36）

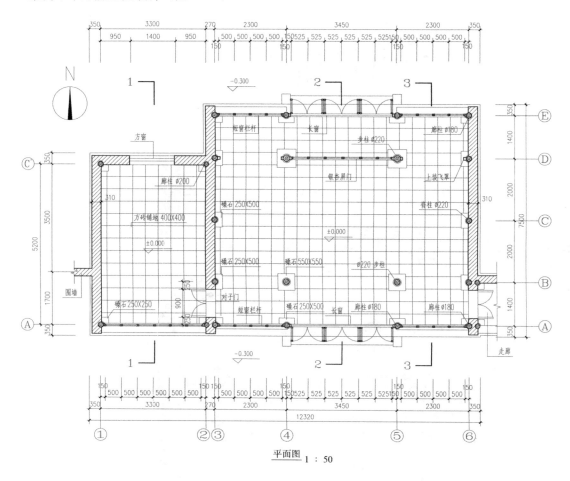

平面图 1：50

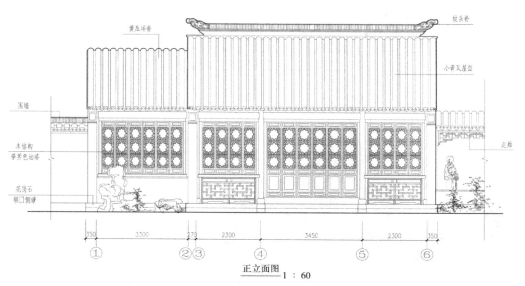

正立面图 1：60

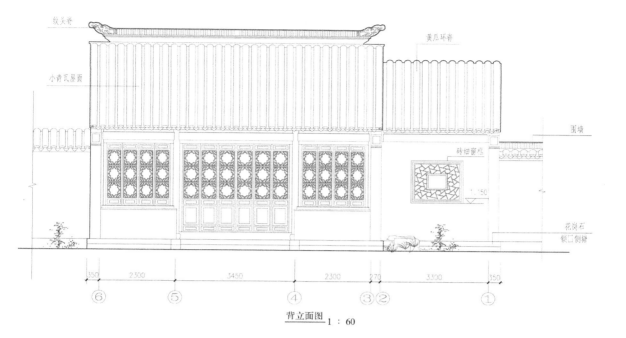

纹头卷

小青瓦屋面

黄瓜环脊

围墙

砖细窗框

花岗石
锁口侧塘

背立面图 1：60

350　2300　3450　2300　270　3300　350

⑥　⑤　④　③②　①

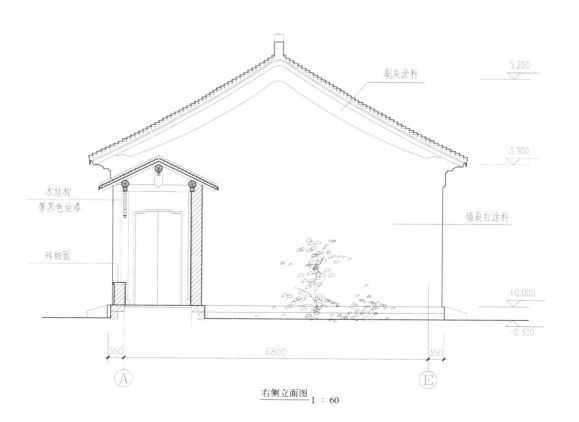

刷灰涂料

5.250

3.300

木结构
草茉色油漆

砖细面

墙底白涂料

±0.000

−0.300

350　6800　350

Ⓐ　Ⓔ

右侧立面图 1：60

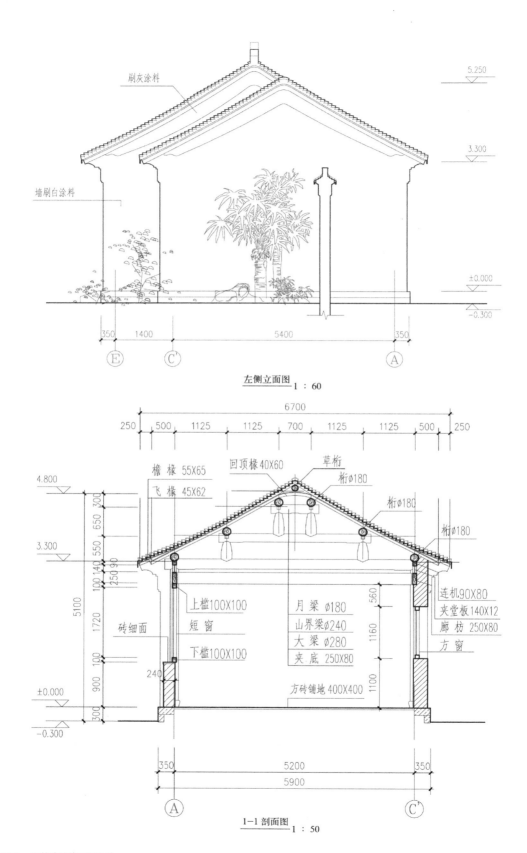

刷灰涂料

墙刷白涂料

5.250

3.300

±0.000
-0.300

350 1400 5400 350

E C' A

左侧立面图 1：60

6700

250 500 1125 1125 700 1125 1125 500 250

4.800

檐椽 55X65
飞椽 45X62
回顶椽40X60
草桁
桁Ø180
桁Ø180
桁Ø180

300
650
550
100 140
250 90

3.300

连机90X80
夹堂板140X12
廊枋 250X80
方窗

5100

1720

560

1160

上槛100X100
短窗
月梁 Ø180
山界梁Ø240
大梁 Ø280
夹底 250X80

砖细面

下槛100X100

240

100

900

±0.000
-0.300
300

方砖铺地 400X400

1100

350 5200 350

5900

A C'

1—1 剖面图 1：50

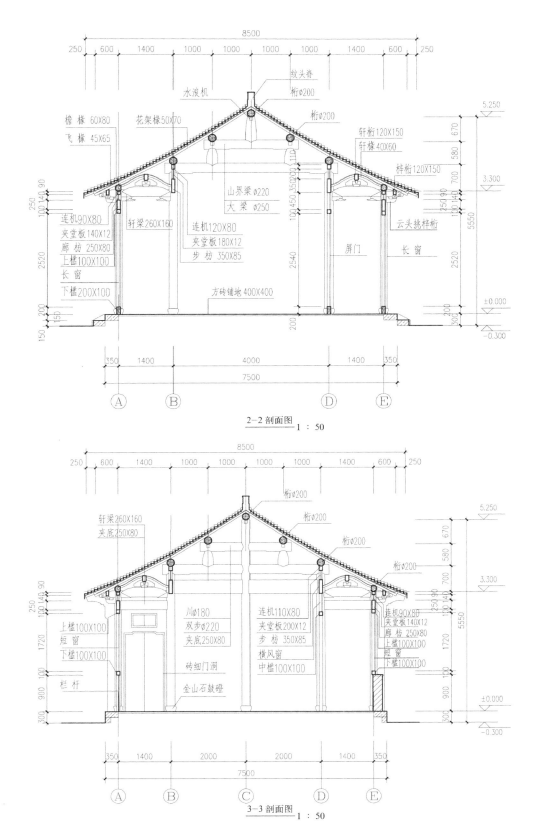

8500

250 | 600 | 1400 | 1000 | 1000 | 1000 | 1000 | 1400 | 600 | 250

纹头脊
水浪机
桁Φ200
桁Φ200
檐椽 60X80
花架椽50X70
飞 椽 45X65
轩桁 120X150
轩椽 40X60
梓桁 120X150
山界梁Φ220
大 梁 Φ250
连机90X80
轩梁260X160
连机120X80
云头挑梓桁
夹堂板140X12
夹堂板180X12
廊 枋 250X80
步 枋 350X85
上槛100X100
屏门
长 窗
长 窗
下槛200X100
方砖铺地 400X400

5.250
670
580
3.300
700
2520
2540
2520
±0.000
200
300
−0.300

350 | 1400 | 4000 | 1400 | 350
7500

Ⓐ Ⓑ Ⓓ Ⓔ

2—2 剖面图 1：50

8500

250 | 600 | 1400 | 1000 | 1000 | 1000 | 1000 | 1400 | 600 | 250

桁Φ200
轩梁260X160
夹底250X80
桁Φ200
桁Φ200
桁Φ200
川Φ180
双步Φ220
夹底250X80
连机110X80
夹堂板200X12
步 枋 350X85
横风窗
中槛100X100
连机90X80
夹堂板140X12
廊 枋 250X80
上槛100X100
短 窗
下槛100X100
上槛100X100
短 窗
下槛100X100
砖细门洞
栏 杆
金山石鼓磴

5.250
670
580
3.300
700
1720
±0.000
900
300
−0.300

350 | 1400 | 2000 | 2000 | 1400 | 350
7500

Ⓐ Ⓑ Ⓒ Ⓓ Ⓔ

3—3 剖面图 1：50

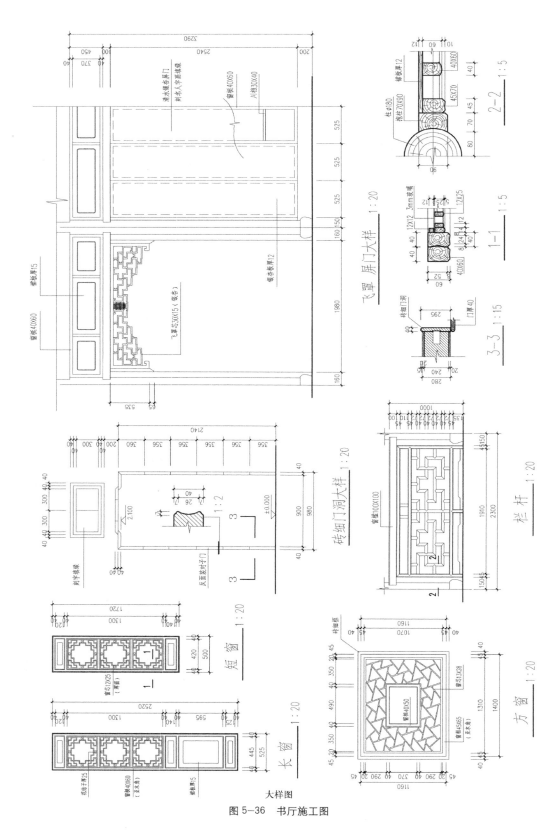

图 5-36　书厅施工图

5.5 园林单体建筑设计：楼与阁

5.5.1 楼与阁设计理论

楼、阁属高层建筑，体量一般较大，在园林中运用较为广泛。著名的楼有岳阳楼，而阁以江西南昌的滕王阁为胜。

楼、阁为两层或两层以上，在形制上不易明确区分，如果追溯二者的历史渊源，可以看出它们的大致区别。《说文》云："重屋曰楼"，《尔雅》："狭而修曲为楼"。又有《园冶》："阁者，四阿开四牖。"即四坡顶而四面皆开窗的建筑物。从以上记载中，我们不难看出，在古代把一座建筑底层空着，上层做主要用途的建筑物叫做阁。而楼则是一种"重屋"的建筑，上下全住人。阁一般都带有平座，这座可能就是楼与阁的主要区别了。

二者在用途上，阁带有贮藏性，用来藏书、藏画等，比如宋代的秘阁藏书阁，清代的文渊阁皆为此用。楼起先多用于居住，后也有用于贮藏，还有一种城楼有瞭望的作用。

楼阁这种凌空高耸、造型隽秀的建筑形式运用到园林中以后，在造景上起到了很大的作用。首先，楼阁常建于建筑群体的中轴线，起着一种构图中心的作用。其次，楼阁也可独立设置于园林中的显要位置，成为园林中重要的景点。楼阁出现在一些规模较小的园林中，常建于园的一侧或后部，既能丰富轮廓线，又便于因借园外之景和俯览全园的景色。

在结构形式上，楼一般做得较为精巧，面阔三五间不等，进深也大，半槛于挂落变化多端，当楼靠近园林的一侧时，装长窗，外绕栏杆，或挑硬挑头为阳台，其屋顶构造多硬山、歇山式，楼梯设于室内或由假山盘旋而上。阁多重檐双滴，四面辟窗，其平面多为方形或多边形，列柱八至十二，其屋顶之构造，多为歇山式、攒尖顶，与亭相仿。楼阁内部，时常做小轩卷棚，以达到高爽明快的效果。楼阁实例如图5—37～图5—40所示。

图5—37 拙政园见山楼

图5—38 瘦西湖望春楼

图 5-39　拙政园浮翠阁

图 5-40　南京凤凰阁

5.5.2　楼与阁方案设计

案例：玄武湖南朝三阁建筑设计方案（图 5-41）

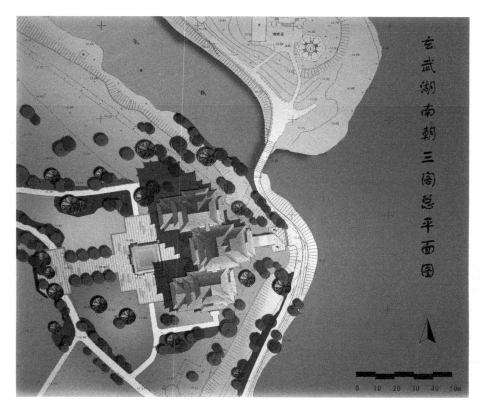

玄武湖南朝三阁总平面图

玄武湖南朝三阁效果图

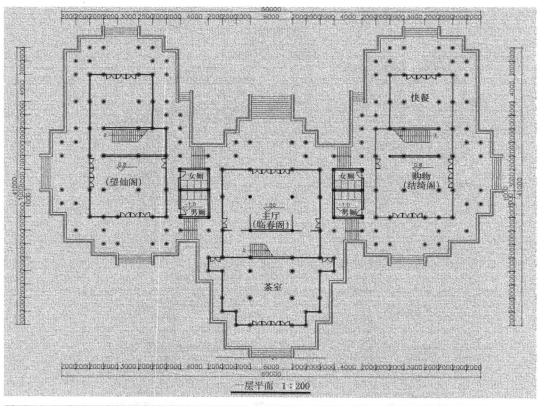

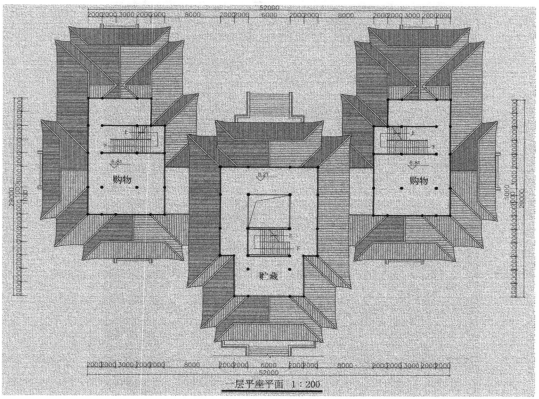

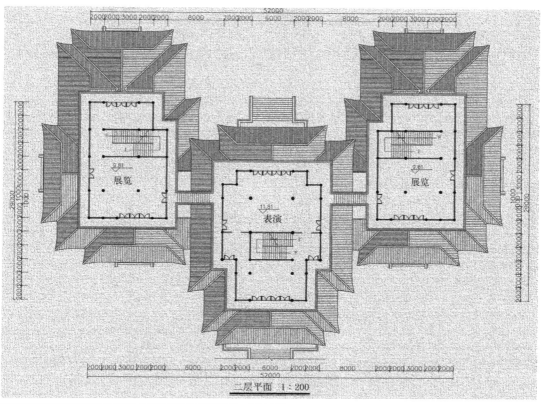

二层平面 1:200

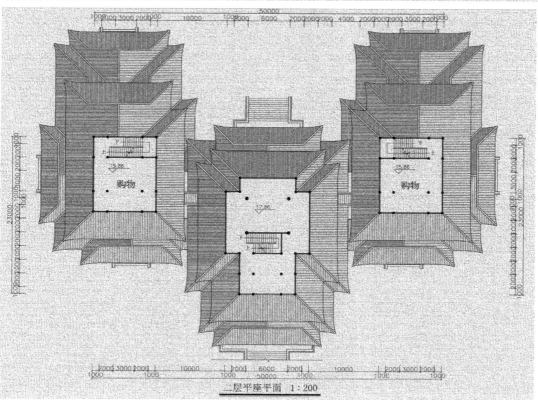

二层平座平面 1:200

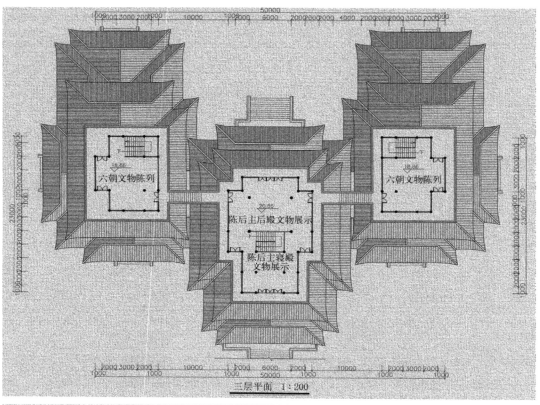

六朝文物陈列

陈后主后殿文物展示

陈后主寝殿
文物展示

六朝文物陈列

三层平面 1:200

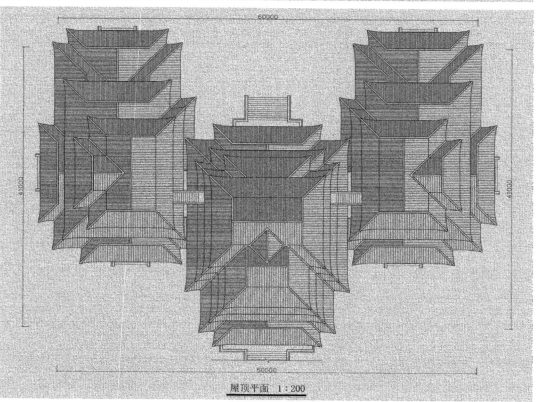

屋顶平面 1:200

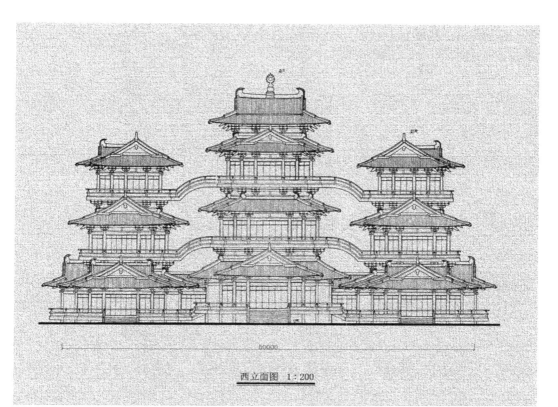

西立面图 1:200

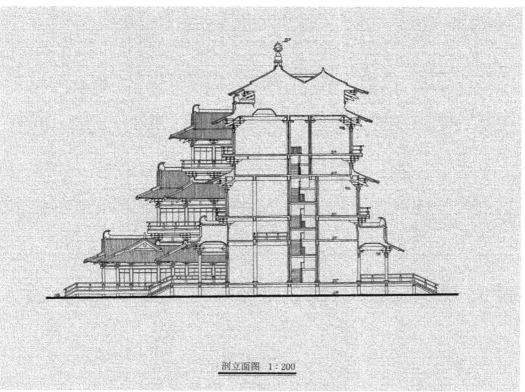

剖立面图 1:200

图 5—41 玄武湖南朝三阁建筑方案设计图纸

5.5.3 楼与阁施工图设计

案例：雪楼施工图设计（图5-42）

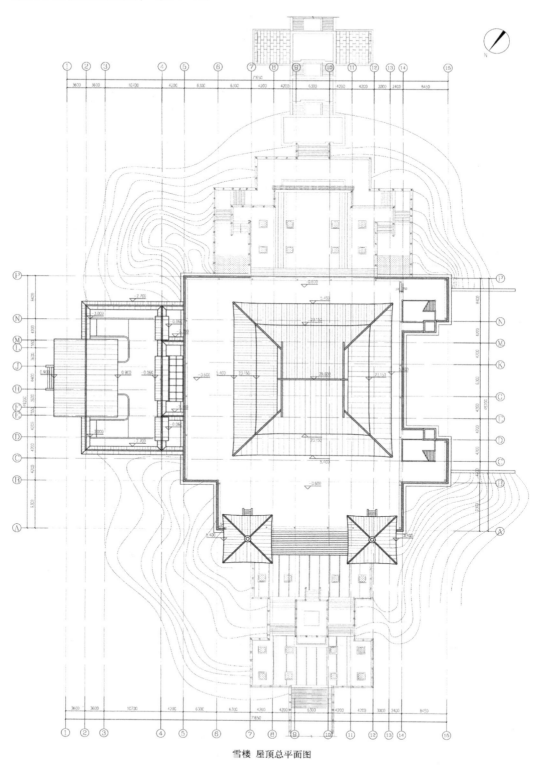

雪楼 屋顶总平面图

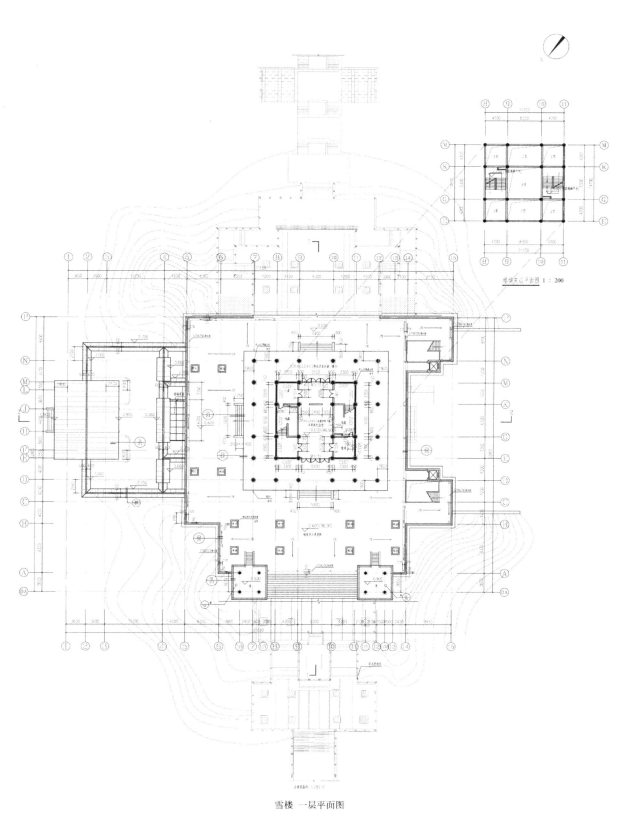

雪楼 一层平面图

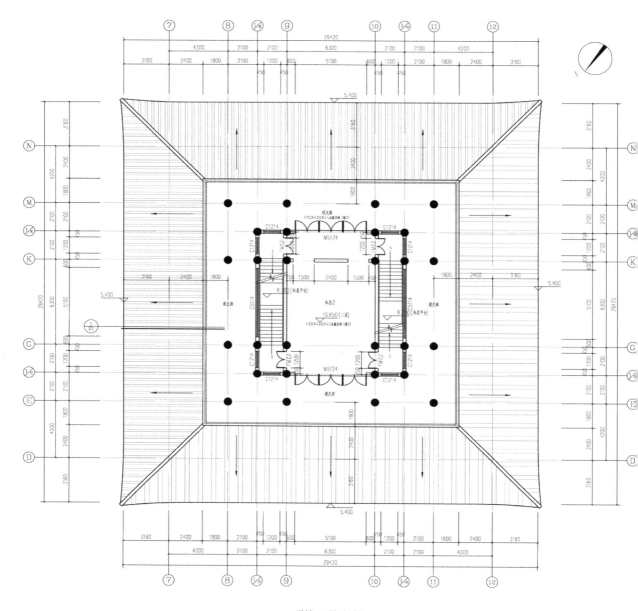

雪楼 二层平面图

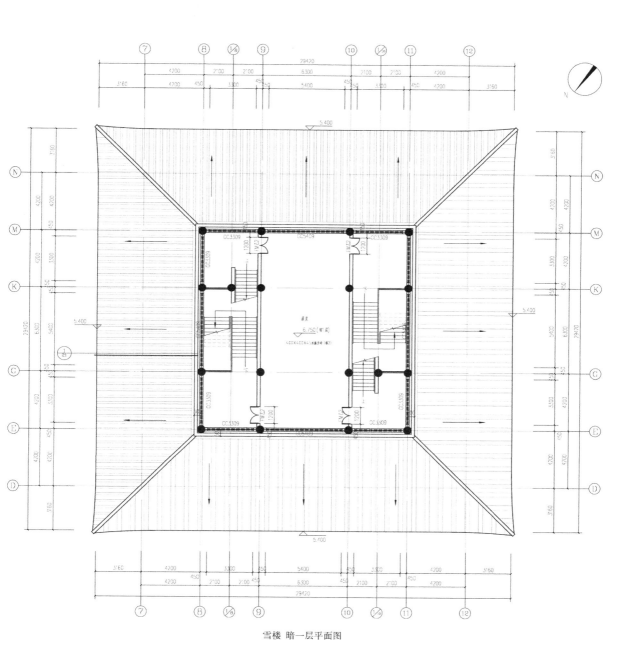

雪楼 暗一层平面图

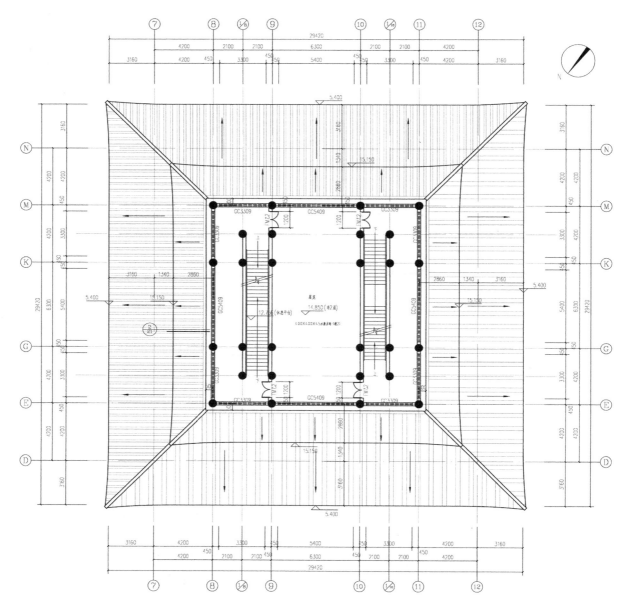

雪楼 二层平面图

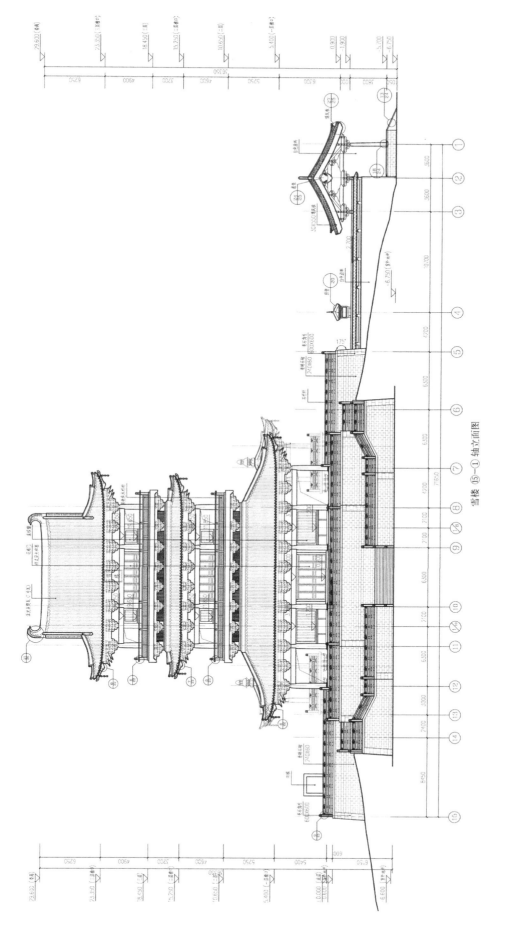

雪楼 ⑮—① 轴立面图

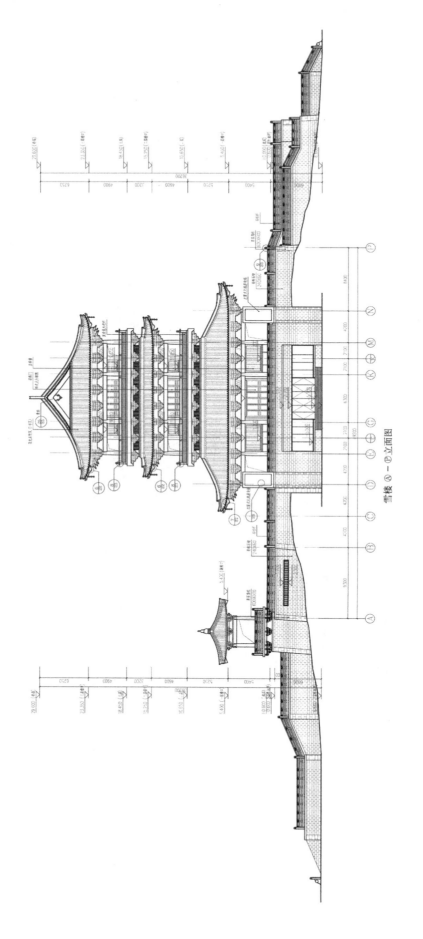

雪楼 Ⓐ—Ⓟ立面图

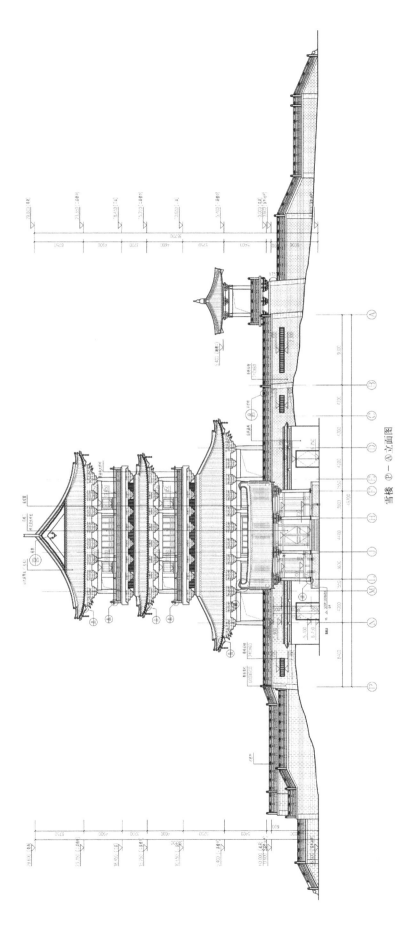

雪楼 ⑦—⑭立面图

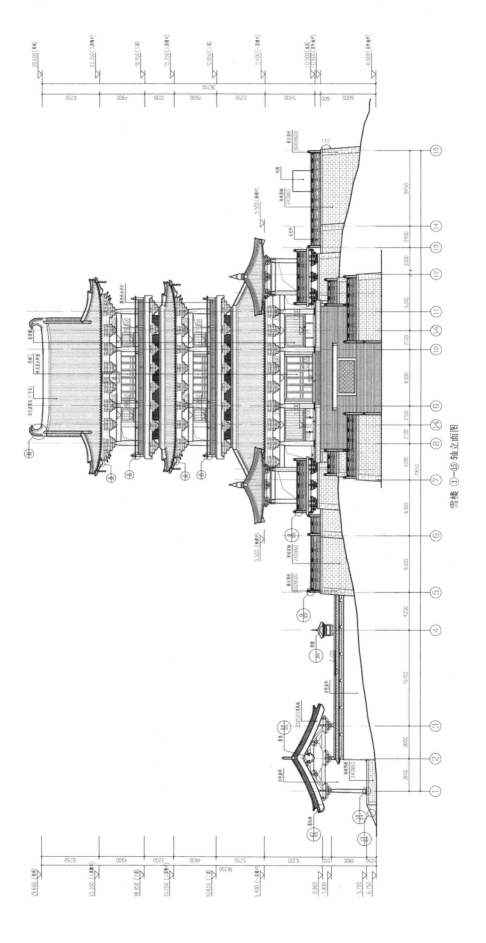

雪楼 ①—⑮ 轴立面图

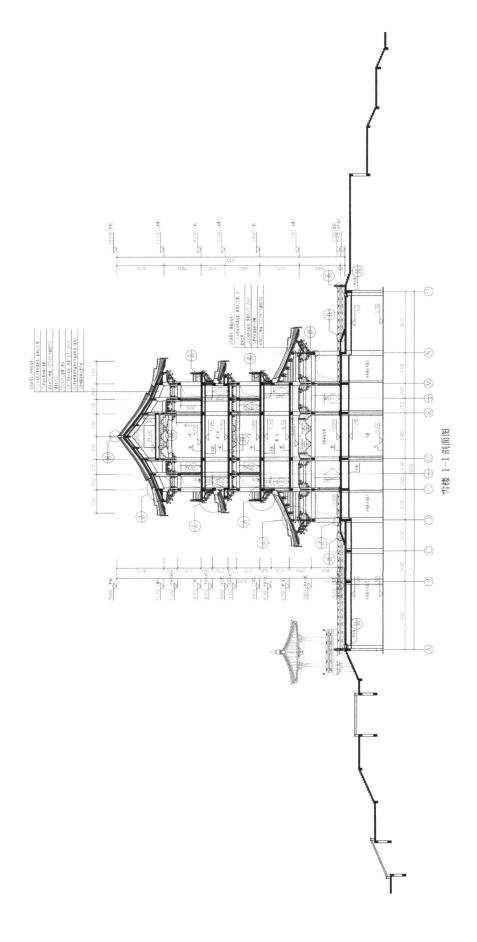

钟楼 1-1 剖面图

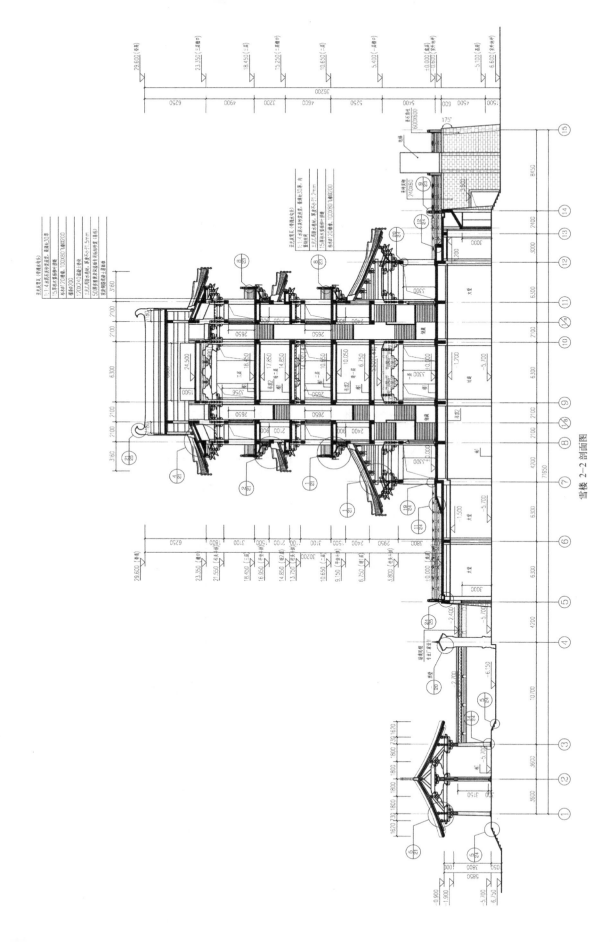

钟楼 2-2 剖面图

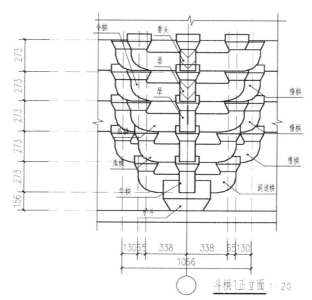

斗栱1 正立面图

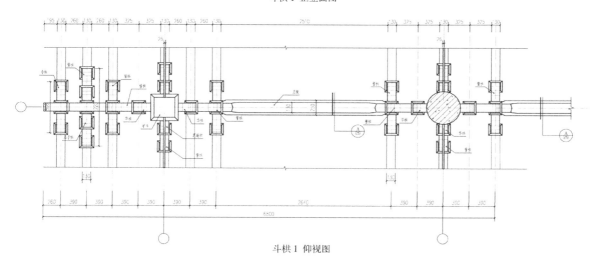

斗栱1 仰视图

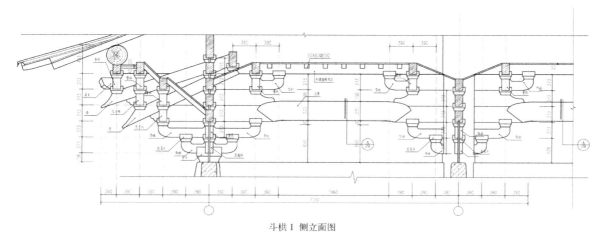

斗栱1 侧立面图

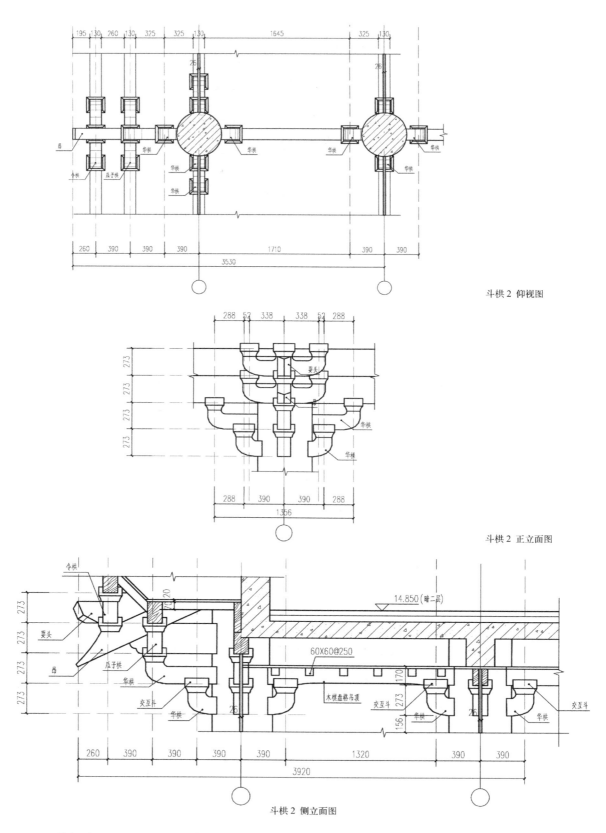

斗栱 2 仰视图

斗栱 2 正立面图

斗栱 2 侧立面图

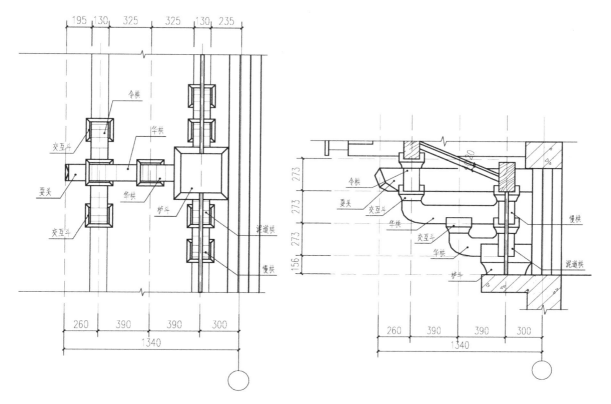

斗栱 3 仰视图

斗栱 3 侧立面图

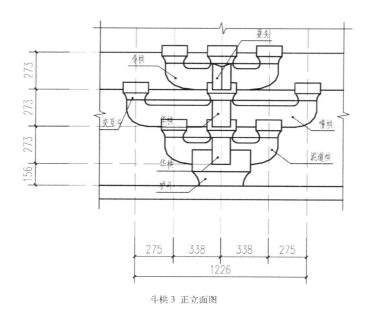

斗栱 3 正立面图

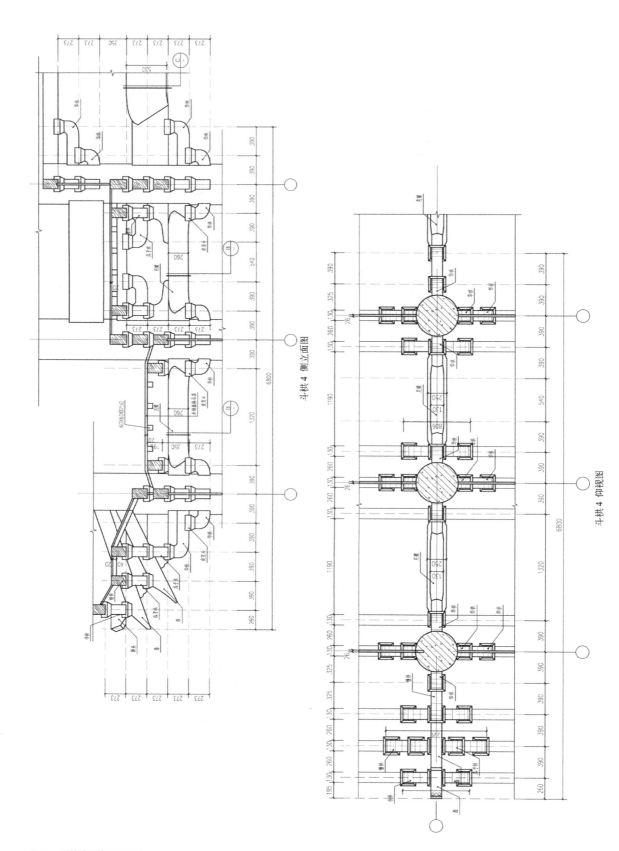

斗拱 4 侧立面图

斗拱 4 仰视图

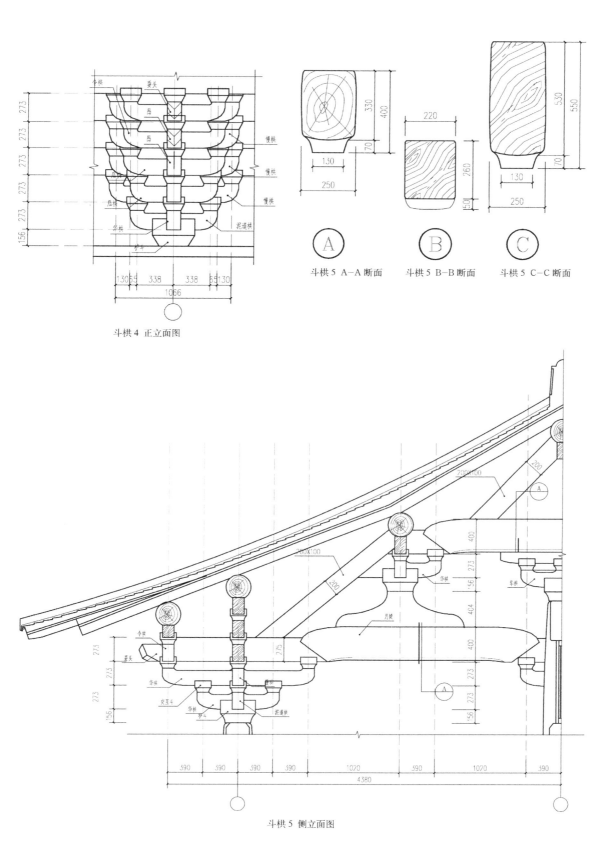

斗栱 4 正立面图

斗栱 5 A-A 断面　　斗栱 5 B-B 断面　　斗栱 5 C-C 断面

斗栱 5 侧立面图

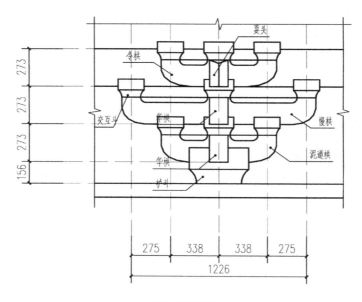

斗栱 5 正立面图

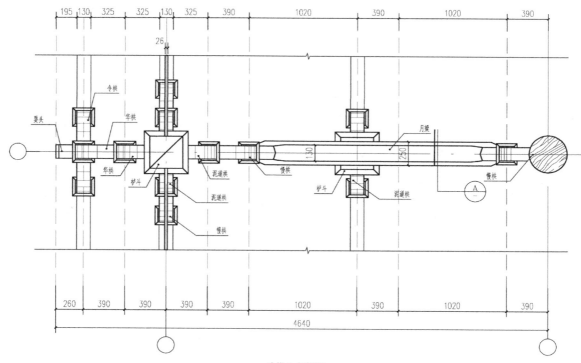

斗栱 5 仰视图

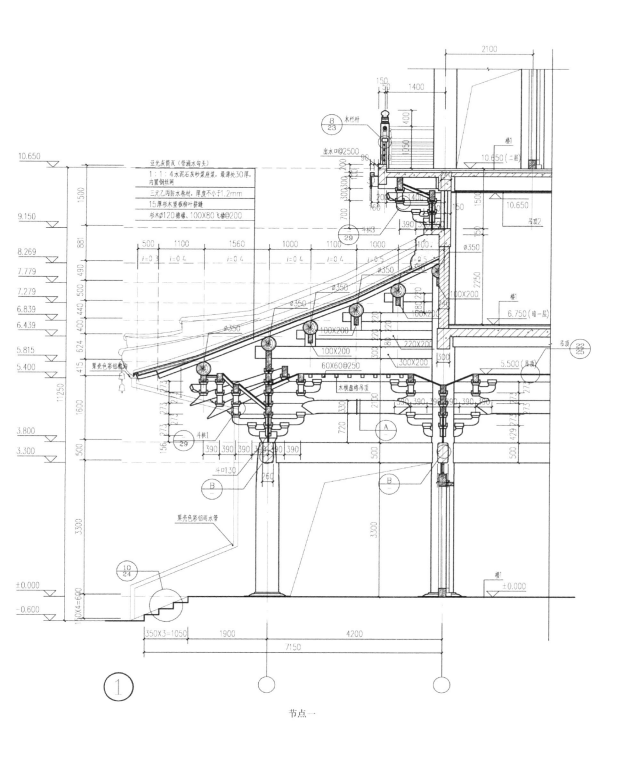

① 节点一

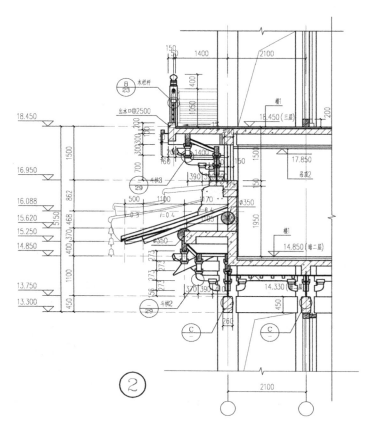

② 节点二

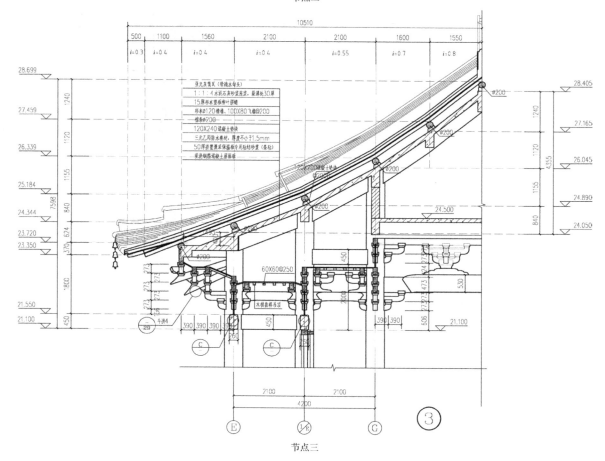

③ 节点三

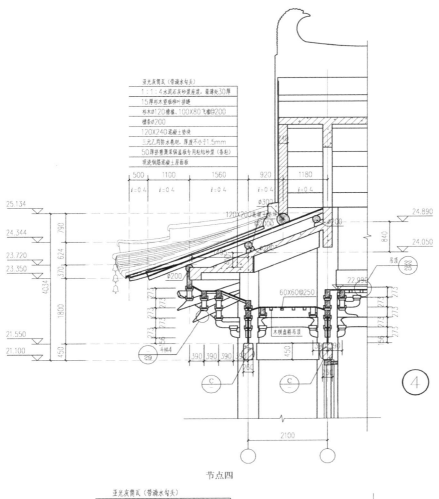

亚光灰筒瓦（带滴水勾头）
1：1：4水泥石灰砂浆座浆，最薄处30厚
15厚杉木望板柳叶拼缝
杉木Ø120椽檩、100X80飞椽@200
檩条Ø200
120X240混凝土垫块
三元乙丙防水卷材，厚度不小于1.5mm
50厚挤塑聚苯保温板专用粘结砂浆（备起）
现浇钢筋混凝土屋面板

节点四

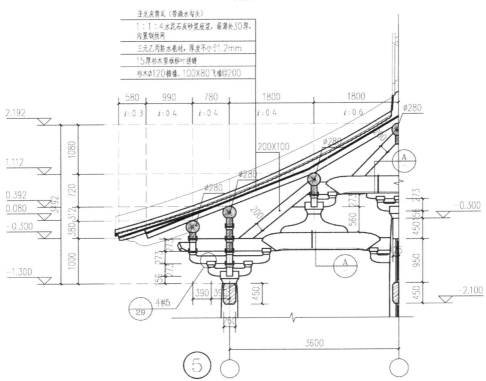

亚光灰筒瓦（带滴水勾头）
1：1：4水泥石灰砂浆座浆，最薄处30厚，
内置钢丝网
三元乙丙防水卷材，厚度不小于1.2mm
15厚杉木望板柳叶拼缝
杉木Ø120椽檩、100X80飞椽@200

节点五

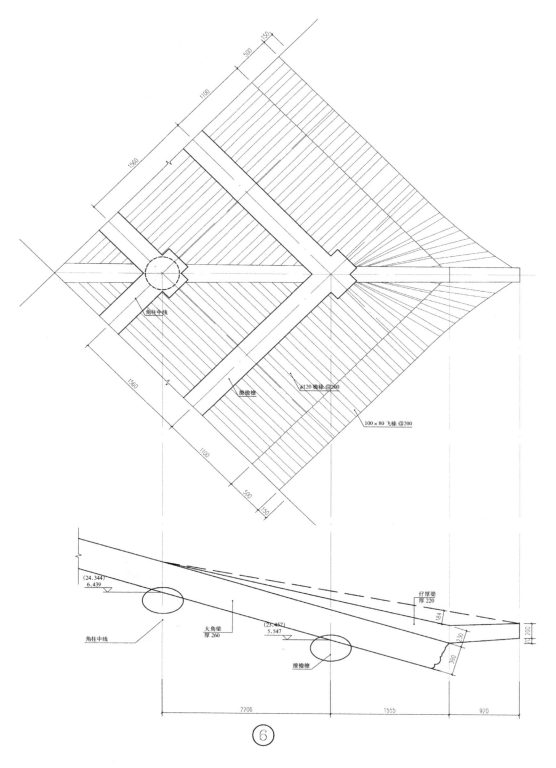

角柱中线

撩檐檩

Φ120 椽椽 @200

100×80 飞椽 @200

(24.344)
6.439

(23.457)
5.547

大角梁
厚 260

角柱中线

撩檐檩

仔厚梁
厚 220

184

230

390

Φ200

150
500
1100
1560
1560
1100
500
150

2206
1555
970

⑥

节点六 一层、三层角梁大样图

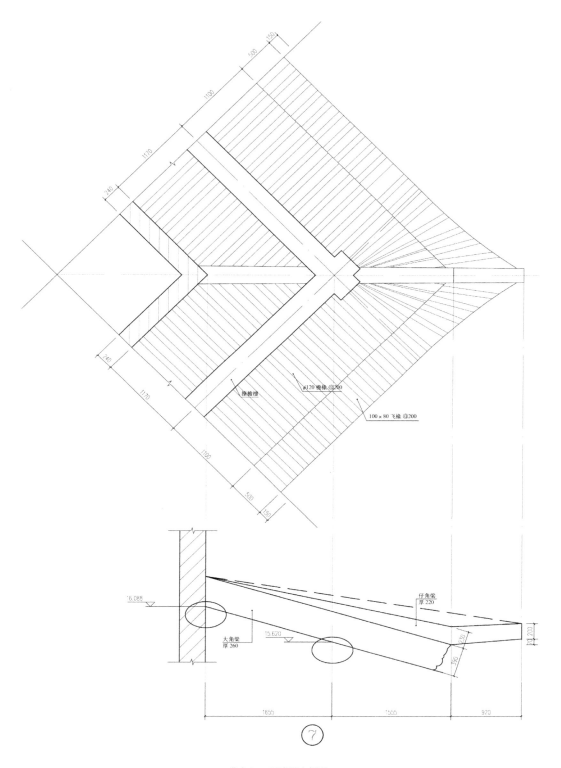

椽椀橹

φ120 檐椽 @200

100×80 飞椽 @200

16.088

15.620

大角梁
厚 260

仔角梁
厚 220

220

590

220

1655

1655

970

⑦

节点七 二层角梁大样图

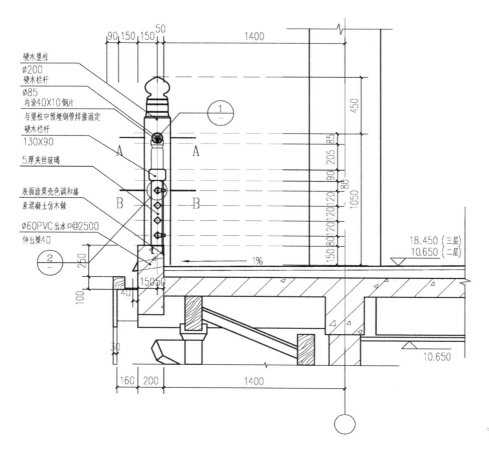

节点八 木栏杆 1-1 剖面图

硬木望柱
Ø200
硬木栏杆
Ø85
内波40X10钢片
与望柱中预埋钢管焊接固定
硬木栏杆
130X90
5厚夹丝玻璃
表面涂果壳色调和漆
素混凝土仿木做
Ø60PVC出水口@2500
伸出槊40

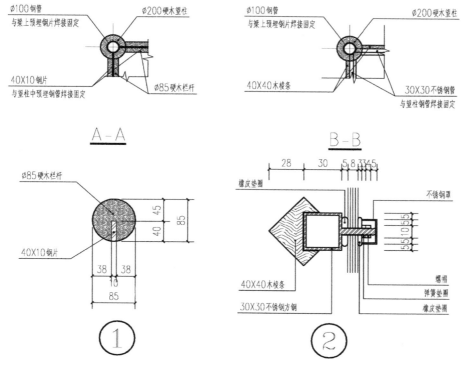

Ø100钢管
与梁上预埋钢片焊接固定
Ø200硬木望柱
40X10钢片
与望柱中预埋钢管焊接固定
Ø85硬木栏杆

A-A

Ø100钢管
与梁上预埋钢片焊接固定
Ø200硬木望柱
40X40木棱条
30X30不锈钢管
与望柱钢管焊接固定

B-B

Ø85硬木栏杆
40X10钢片

①

橡皮垫圈
40X40木棱条
30X30不锈钢方钢
不锈钢罩
螺帽
弹簧垫圈
橡皮垫圈

②

节点八 木栏杆大样图

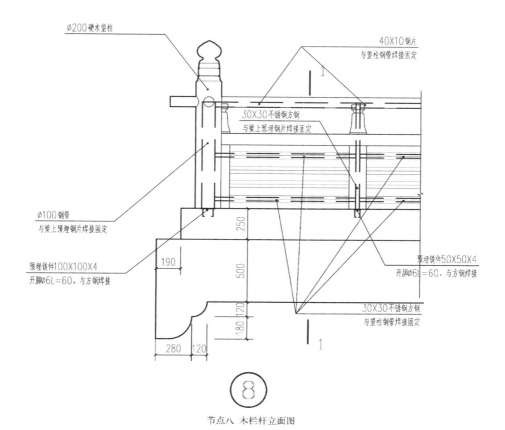

Ø200硬木塑柱

40X10钢片
与塑柱钢管焊接固定

30X30不锈钢方钢
与梁上板埋钢片焊接固定

Ø100钢管
与梁上预埋钢片焊接固定

预埋铁件100X100X4
开脚Ø6L=60,与方钢焊接

预埋铁件50X50X4
开脚Ø6L=60,与方钢焊接

30X30不锈钢方钢
与塑柱钢管焊接固定

⑧

节点八 木栏杆立面图

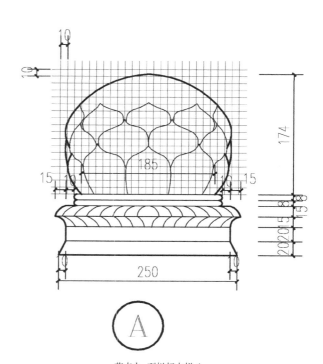

节点九 石栏杆 1-1 剖面图

Ⓐ

节点九 石栏杆大样 A

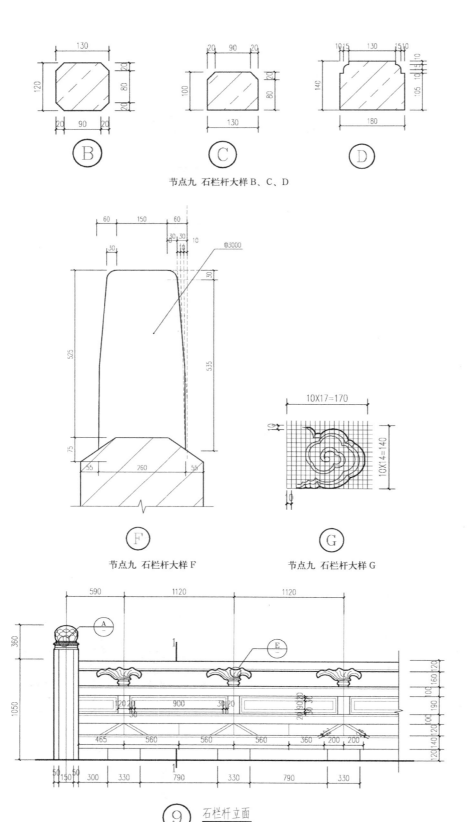

节点九 石栏杆大样 B、C、D

节点九 石栏杆大样 F

节点九 石栏杆大样 G

⑨ <u>石栏杆立面</u>

图5—42 雪楼施工图
设计图纸

5.6 园林单体建筑设计：塔

5.6.1 塔的设计理论

　　佛塔，随着佛教传入中国以后才出现，几乎成为寺庙的标志性建筑（图5-43）。中国寺庙园林中的塔，开始时是移借模仿印度佛教建筑中的塔的形制，原朴意味十分浓烈。上细下粗，开始是非中空的石坊，后来才分出外壳和核心，变成了塔。佛教完成中国化以后，中国寺庙的塔在结构、用材、配置及装饰上都带上了浓重的中国色彩。塔的形制多样，可登临的空心塔、楼阁式木塔以及密檐式、金刚宝座式、花式、过街式、门式、多顶式、圆桶式、钟式、球式、高台式等相继出现。

(a)　　　　　　　　　　(b)

(c)　　　　　　　　　　(d)

图5-43　塔
(a) 楼阁式木塔　山西应县木塔；
(b) 密檐式塔　山西莺莺塔；
(c) 金刚宝座塔；
(d) 空心塔　山西文笔塔

5.6.2 塔的方案设计（图5-44）

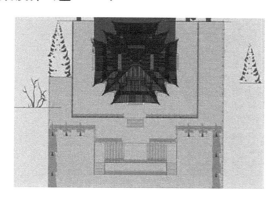

图 5-44 塔的方案设计效果图

案例：公园塔施工图设计（图5-45）

注：具体坐标及定位见总规划总平面图。

总平面图 1：500

门窗表

图集名称	门窗名称	洞口尺寸	门窗数量	备注
产品图集	M-1	1200X2400	2	人防
产品图集	MD-1	1000X2250	2	
产品图集	MD-2	900X2100	2	
产品图集	CD-1	1200X1500	2	
产品图集	CD-2	1000X1350	2	
产品图集	MD-3	900X1200	2	
产品图集	MD-4	350X250	36	

建 筑 设 计 说 明

建筑物名称： XXX公园塔

一、设计依据：
1. 有关部门审批文件。
2. 国家颁制的有关设计标准、规范和规程。
《建筑制图标准》 GB/T 50104—2010
《建筑地面设计规范》 GB 50037—2013
《建筑设计防火规范》 GB 50016—2014
《屋面工程质量验收规范》 GB 50207—2012
《民用建筑设计通则》 GB 50352—2005
《屋面工程技术规范》 GB 50345—2012

二、本工程一般 三类，合理使用年限 50年。
防火等级一级，抗震设防烈度 6度，建筑高度为 20.165 米。
建筑面积 232 平方米，建筑高度为 20.165 米。
建筑层数 六 层，建筑结构型式为 框架结构。
本建筑±0.000相当于绝对标高 22.400，室内外高差 1.800。

三、图纸系按照国家颁《建筑制图标准》绘制，利用图层高的标注。一般情况下应层高地中表面。

四、凡图上所示及验收规范，如墙面、地面、柱面、地面。已对建筑物所用材料所有全部详图，均应按照图纸要求及验收规范测图等重复重，本说明不再重复，施工中有与本说明发生矛盾者合施工。

五、设计中有与本说明发生矛盾者，不论未用其他局部节点，所有水、电、通风等工种有关配合施工。

六、设计中有采用标准图，所有内行有采用标准图。各专业施工单位应配合施工。

七、凡室内有霉面砖墙应在地坪面以下60毫米处做标层。防潮层为20厚，1：2水泥砂浆加5%避水浆，凡有钢筋混凝土墙时做法另行说明。

八、油漆：
1. 凡室内霉面砖墙面或抹灰大样、大梁、板底等均应刷12厚1：1：6混合砂浆底，8厚1：4混合砂浆，白色砂浆二道。
2. 2水泥砂浆面均刷红丹防锈漆一道，银粉漆二道。
3. 所有金属件均刷防锈漆一道、底漆二道，其颜色除金属件外，均与相邻墙面颜色相同，凡顶棚或顶面颜色同，凡埋入本砼木材面均满涂木油进行防腐处理。

九、本工程 二次装修应满足《建筑内部装修设计防火规范》GB 50222—2017要求。

十、工程做法：
1. 地面做法见93J301 ④ 外贴600×600×60灰色毛面花岗岩。
2. 屋面防水结构：
屋面收头做法本工程屋面防水等级为Ⅲ级，施工除按本说明标注外，应严格遵守《屋面工程技术规范》GB 50345—2012。做法采用《坡屋面》⑫ 要求。屋面均为水坡现浇钢筋混凝土屋面板，屋面中的现浇瓦、屋脊、垂脊等用膨胀水泥钉固定，施工中应在钉头刀砂浆座浆，贴平砂浆层。屋面安装半挂半卧瓦。由专业厂家安装。
3. 室内粉刷：1：2.5水泥砂浆料，白涂料一度。
4. 顶棚：做法见93J301 ⑧。
5. 台阶：做法见院 01J-307 ⑤。
6. 屋面防瓦件、瓦脂、简瓦、板瓦、勾头、滴水等，垂通卷、垂通普、快通普等详按《坡屋面建造则》规范配套施工。

十一、建筑施工要求：
要求施工单位具有真实相应古建筑施工经验，能够解决本建筑真实图纸到建筑背景"三分图"示的构件制作、效样，当沟等詹处理时应精准地到位，能够解决施工中未能标示的构件制作、效样，施工时玻璃样样三分图。

十二、特殊施工要求：
1. 形象重叠、斗拱等有特殊的仿古建筑构件、构件等均应标示小样放"地方"（或会同设计单位）。
2. 屋面瓦作部分由生产厂家按本图高度。配要生产其他地屋檐各部件，并保证施工安装合格（瓦面放大样部位，经由审方认可）。
3. 本工程防治注明者，有关施工关系和质量验收标准等，均按国家表现方案国。

十三、本施工图凡需要重点工程，须在材质及施工上进行小样确定，经院审定单位和甲方认可后才正可使用。

十四、由于本工程属于重点工程，设计过经甲审部门查遭过后方可施工。

十五、位置见总平面图。

十六、本施工图设计依据当未经有关部门查遭过后方可施工。

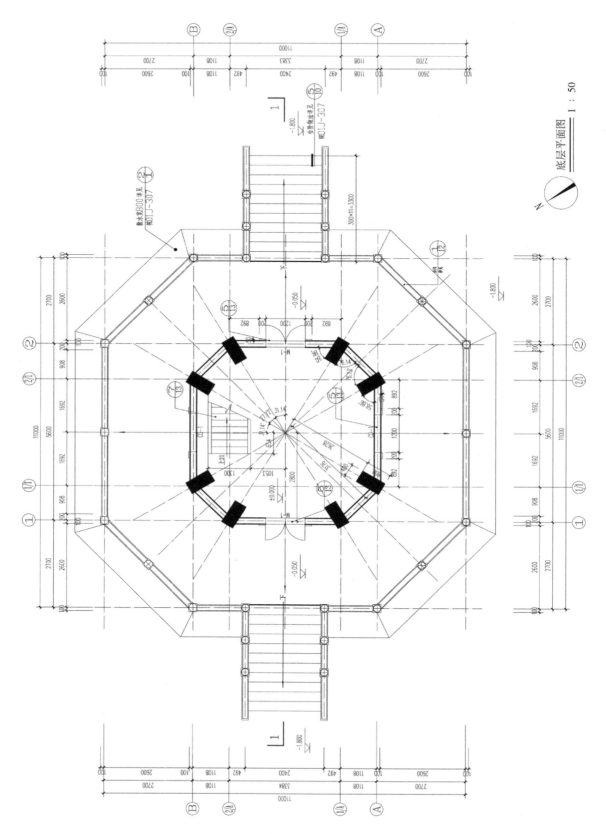

底层平面图 1 : 50

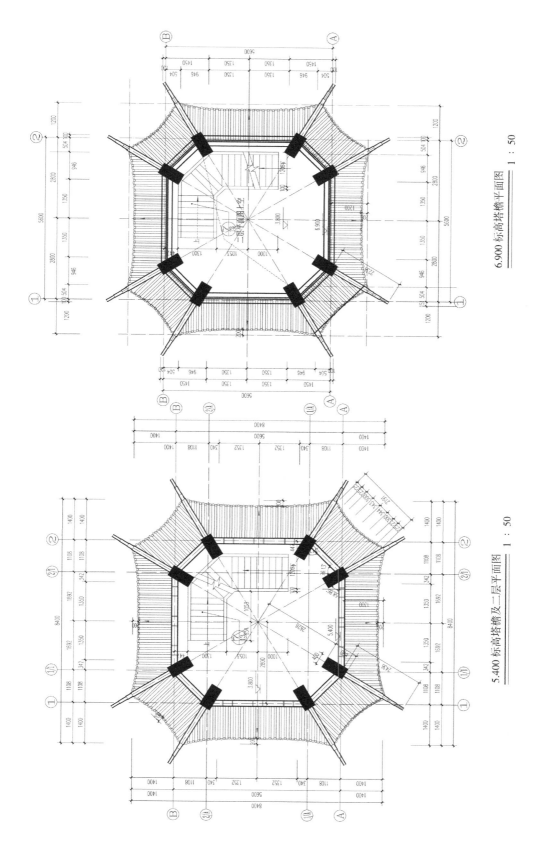

6.900 标高塔檐平面图　　1 : 50

5.400 标高塔檐及二层平面图　　1 : 50

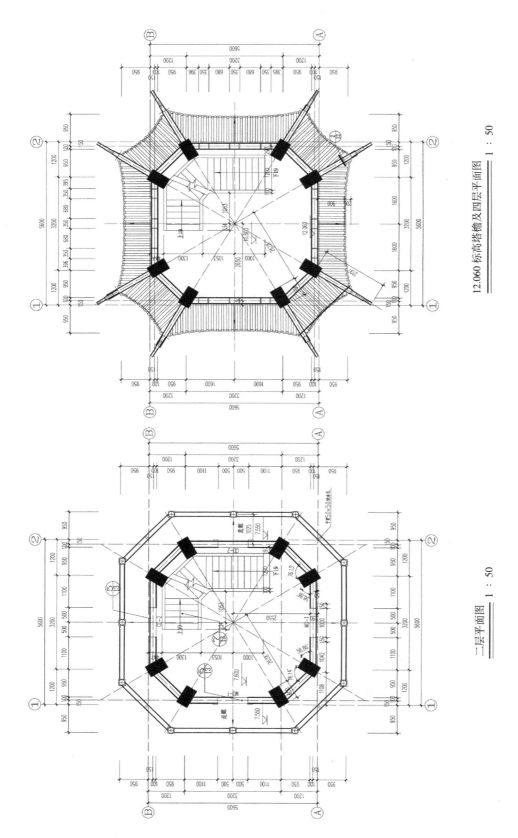

12.060 标高塔檐及四层平面图 1：50

二层平面图 1：50

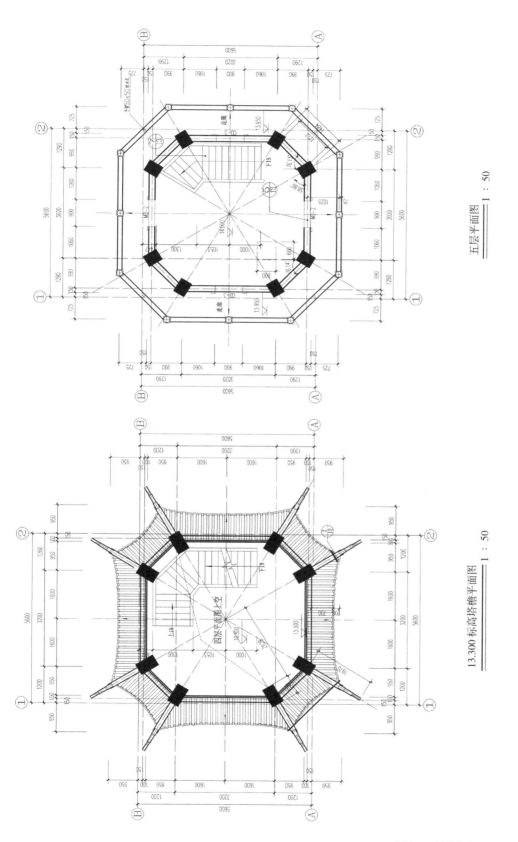

五层平面图
1 : 50

13.300 标高塔檐平面图
1 : 50

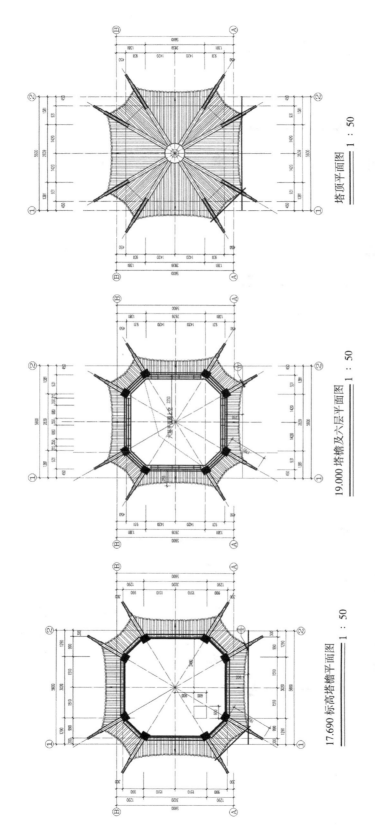

塔顶平面图　1 : 50

19.000 塔檐及六层平面图　1 : 50

17.690 标高塔檐平面图　1 : 50

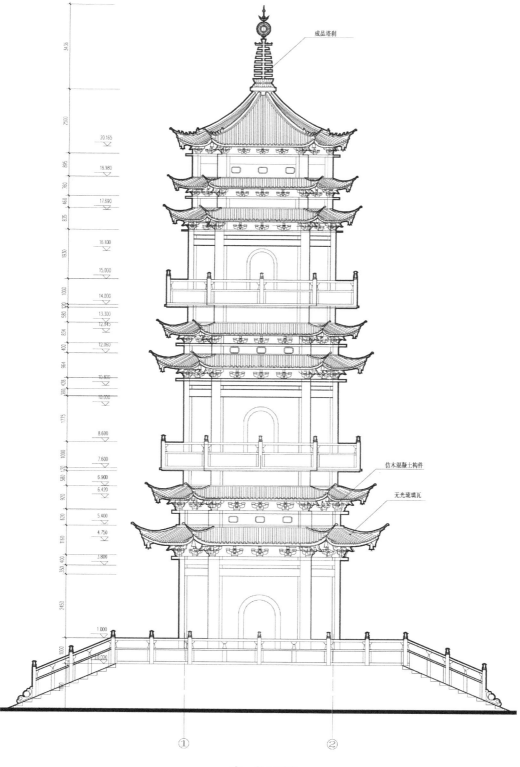

成品塔刹

20.165

18.980

17.690

16.100

15.000

14.000

13.300

12.513

12.060

10.800

10.000

8.600

7.600

仿木混凝土构件

6.900
6.420

无光琉璃瓦

5.400

4.750

3.800

1.000

±0.000

① ②

①－②立面图
1：50

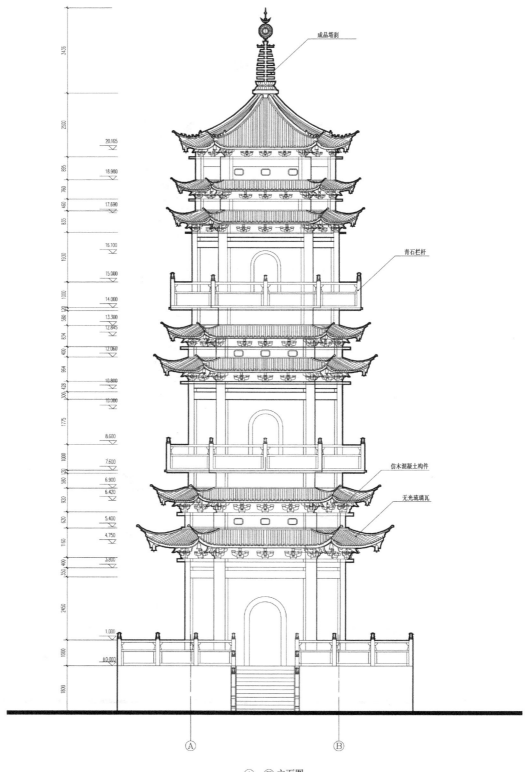

成品塔刹

青石栏杆

仿木混凝土构件

无光琉璃瓦

34.35

2500

20.165

895

18.980

760

17.690

460

16.100

1930

15.000

1000

14.000

580 120

13.300
12.845

834

12.060

400

954

10.800

428

10.000

300

1775

8.600

1000

7.600

580 120

6.900
6.420

920

5.400

620

4.750

1150

3.800

400

350

2450

1.000

1000

±0.000

1800

Ⓐ   Ⓑ

Ⓐ-Ⓑ 立面图 1：50

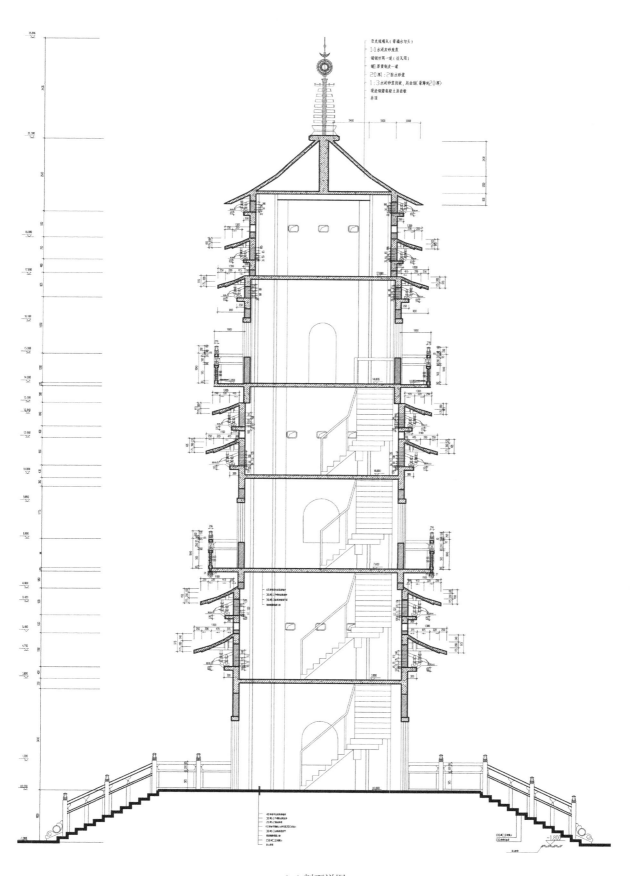

1-1 剖面详图

1 ： 25

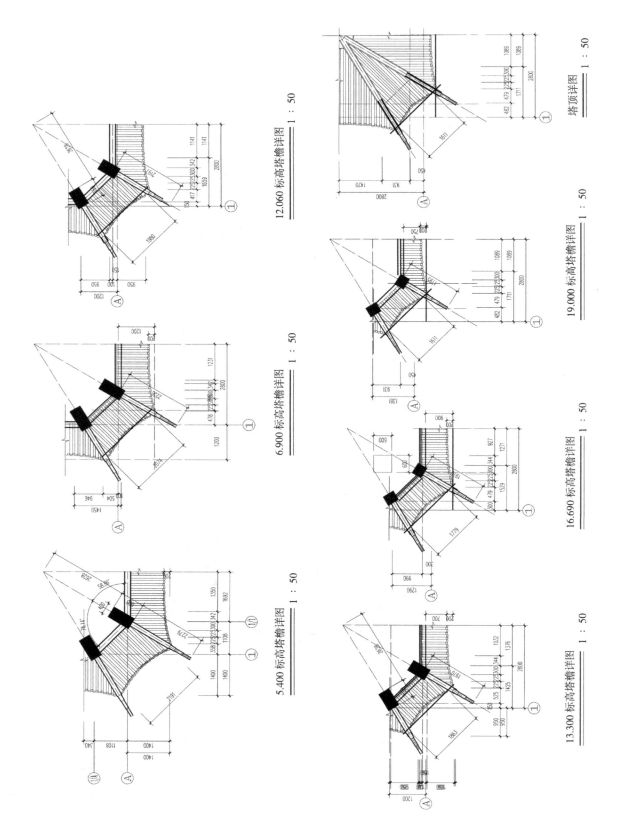

12.060 标高塔檐详图　1 : 50

6.900 标高塔檐详图　1 : 50

5.400 标高塔檐详图　1 : 50

塔顶详图　1 : 50

19.000 标高塔檐详图　1 : 50

16.690 标高塔檐详图　1 : 50

13.300 标高塔檐详图　1 : 50

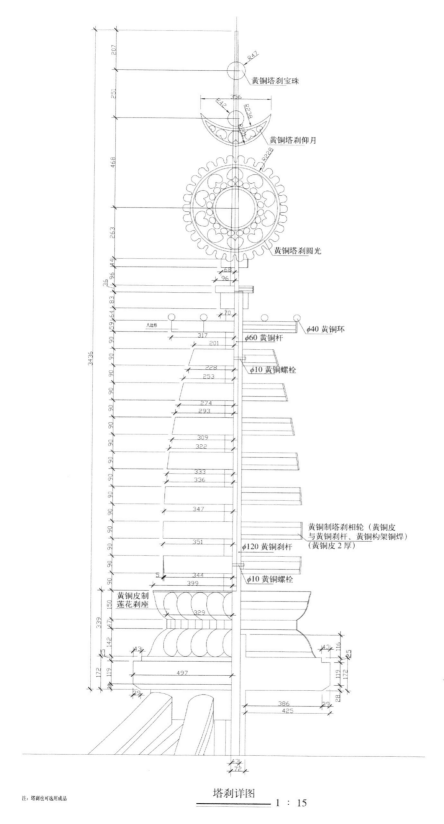

黄铜塔刹宝珠

黄铜塔刹仰月

黄铜塔刹圆光

八边形

φ40 黄铜环

φ60 黄铜杆

φ10 黄铜螺栓

黄铜制塔刹相轮（黄铜皮
与黄铜刹杆、黄铜构架铜焊）
（黄铜皮 2 厚）

φ120 黄铜刹杆

φ10 黄铜螺栓

黄铜皮制
莲花刹座

塔刹详图 1：15

注：塔刹也可选用成品

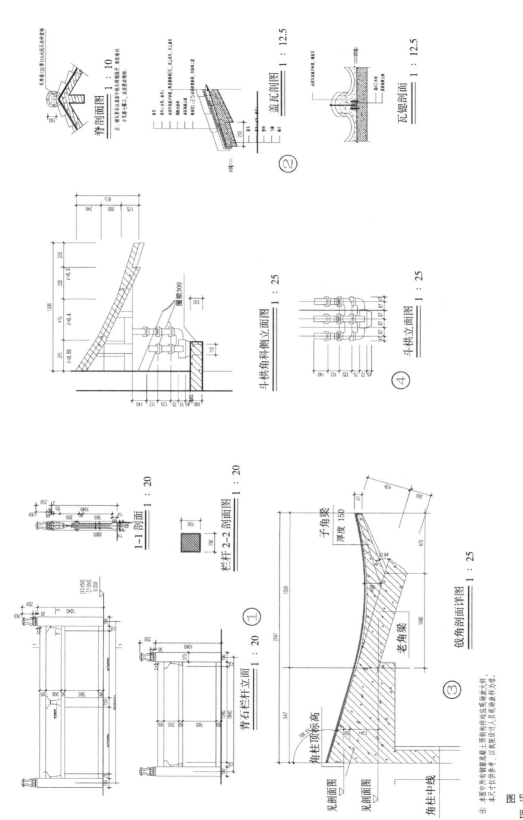

图 5-45 公园塔施
图设计图纸

6

第6章 园林服务性建筑及建筑施工图设计

6.1 大门及入口

园林的大门作为整个园林的起始点，是园林中最为突出醒目的建筑之一，它体现了园林的性质、特点、规模大小，并具有一定的文化色彩。每一个园林的大门形象应各具个性，并成为园林中乃至城市中富有特色的标志性建筑。

6.1.1 大门及入口的设计理论

1. 大门位置选择

园林大门的位置首先应考虑园林总体规划，按各景区的布局、游览路线及景点的要求等来确定其大门的位置。由于园林大门的位置与园内各种活动安排、人流量疏密及集散，游人对园内某些景物的兴趣以及各种服务、管理等均有密切关系。所以，应从公园总体规划着手考虑大门位置（图6-1）。

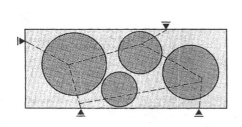

矩形园址，长向宜多设景区，长边游客人流量大，一般长边可设1～2个出入口，再结合主景区的位置确定其主次出入口。

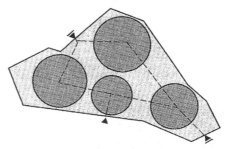

三角形园址，一般三个角部及中部为景区所在，游人量可均布，故可三向均设出入口，再结合主景区的位置确定其中主要出入口。

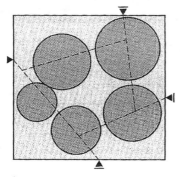

方形园址，可四面均设入口，游人量均布。结合主次景区位置，确定主次出入口。

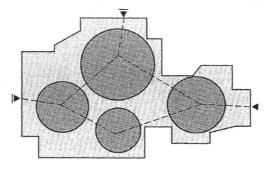

任意形园址，主要出入口宜设在接近主要景区一侧，结合园内人流分布及集散选择适宜边设置主要入口。

图6-1　园林大门出入口位置选择

其次，公园大门的位置要根据城市的规划要求，要与城市道路取得良好关系，要有方便的交通，应考虑公共汽车路线与站点的位置，以及主要人流量的来往方向（图6-2）。

同时，公园大门位置应考虑周围环境的情况。附近主要居民区及街道的位置，附近是否有学校、机关、团体以及公共活动场所等，都直接影响公园大门的位置的确定。

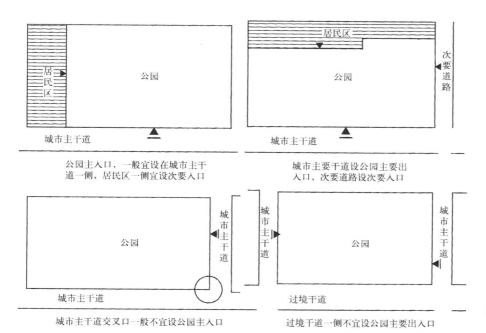

公园主入口，一般宜设在城市主干道一侧，居民区一侧宜设次要入口

城市主要干道设公园主要出入口，次要道路设次要入口

城市主干道交叉口一般不宜设公园主入口

过境干道一侧不宜设公园主要出入口

图6-2 园林大门主要出入口位置选择

另外，公园供应物资的运输方向、废物排出方向等，也是选择公园各门位置应考虑的因素。

综合以上各种功能关系及景致要求，可确定出公园各种出入口的具体位置。大门位置选择实例如图6-3所示。

北京陶然亭公园：考虑到城市道路和主要人流方向，主要入口设在城市主干道上，在次要道路上设置两个次要入口。

淄博市街心公园：考虑到过境干道一侧不宜设置公园的主要出入口，因此该公园的主要入口设在其他城市干道上，而仅在过境干道上设置次要入口。

一般大、中型的公园有三类门，有园林主要大门、次要门及专用门等。

(1) 公园主要大门

公园主要大门作为公园主要的、大量的游人出入用门，设备齐全，联系城市主要交通路线，是公园主要游览路线的起点。

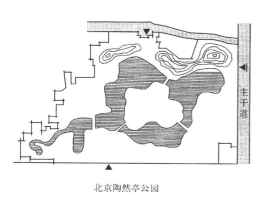

北京陶然亭公园

淄博市街心公园

图6-3 园林大门位置选择实例

（2）公园次要门

公园次要门作为公园次要的，局部的人流出入用门，一般供附近居民区、机关单位的游人就近出入。

（3）公园专用门

园林专用门是为了满足公园管理上的需要，物货运输或供国内特殊活动场地独立开放而设。

2. 大门出入口主要类型

按照园林大门出口和入口的关系及结合程度可将园林大门的出入口分为以下几种类型（图6-4）。

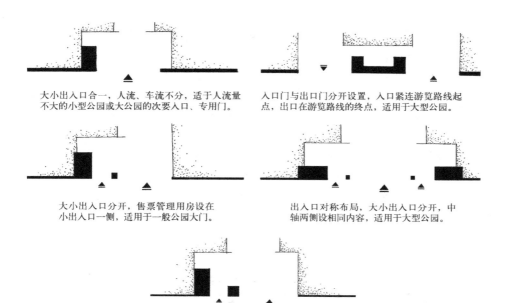

大小出入口合一，人流、车流不分，适于人流量不大的小型公园或大公园的次要入口、专用门。

入口门与出口门分开设置，入口紧连游览路线起点，出口在游览路线的终点，适用于大型公园。

大小出入口分开，售票管理用房设在小出入口一侧，适用于一般公园大门。

出入口对称布局，大小出入口分开，中轴两侧设相同内容，适用于大型公园。

大小出入口分开，收票室设在大小入口之间，兼顾两侧收票，便于平日、假日及人流量较大时使用。

图6-4　大门出入口的主要类型

3. 园林大门主要功能组成

园林大门的主要功能为：交通集散、人流疏导、门卫管理以及小型服务。因此，其基本组成主要包括大门主体建筑、售票、收票、门卫管理、小型服务用房以及公共厕所等。室外空间上有：大门内外广场，游人、车辆出入口，游人休息等候空间，停车场以及必要的装饰性小品等。

从园林的规模、性质、所处地点等因素来考虑，以上提到的主要功能组成也可作必要的删减或增加（图6-5），有的大门可附属有小卖部及其他服务设施。

园林大门主要功能组成实例：

北京柳荫公园：较小型的园林大门，出入口分开设置，设收票室（图6-6）。

南京古林公园：较大型的园林大门，集合了较多的功能空间。入口空间较为开敞，设售、收票室以及小卖部（图6-7）。

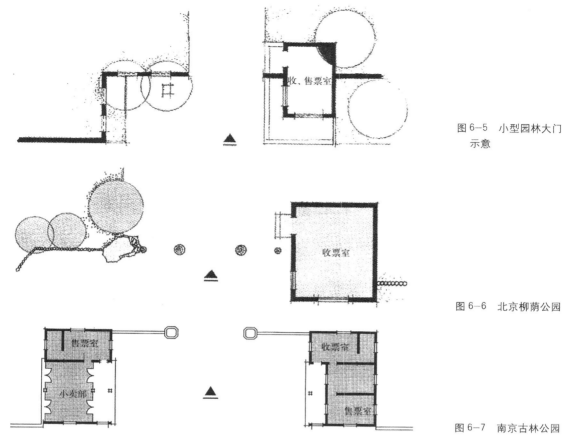

图 6-5　小型园林大门示意

图 6-6　北京柳荫公园

图 6-7　南京古林公园

4. 园林入口环境空间的形成

大门内外广场的布局、形式、规模、景观设置等应作精心设计，他们在空间上互相渗透、互相协调或互相对比，相继相融，引人入胜。大门在这一空间中的形象及重要的园林装饰小品，常常成为统帅大门空间的标志性建筑，构成园林的第一个景观。

游人休息等候空间是园林大门的特点，游人经常是相伴同游，出入时间参差不齐。休息、等候是游览活动中的实际需要，而大门正是游人相约、结伴、聚集的最方便的地点。

售票处、收票处是目前园林大门的最基本的组成部分，它们功能关系密切，平面布局应合理，路线应顺畅（常设在游人必经的关口）。在造型上是大门形象的重要内容。售、收票室以及管理、门卫、值班用房，一般体积较小，室外的气候因素对室内影响较大，应特别重视其遮阳、通风、隔热等措施。

大门设计中还要考虑到不同人流、车流出入的合理宽度、停车场的位置以及公共厕所等的安排。园林大门口的小型商业服务设施，不论在游人购物上或园林经济效益上，均日益重要，应将其列入整个大门的布局设计中，不应日后随意增设，以免影响出入口交通及环境景观效果。

大门环境空间，主要有大门内外广场两个空间，其形成可以是人工的建筑，

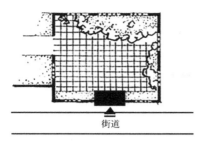

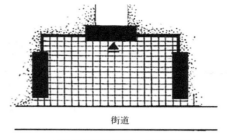

四周以围墙围合，形成封闭式的大门空间，类似庭院布局，空间活泼　　三面以建筑物围绕，形成半封闭式的大门空间，中轴对称，气氛严肃

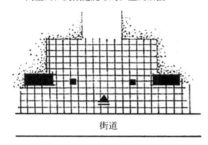

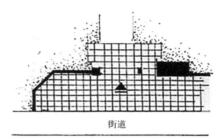

以门墩形成大门空间，视线通透，空间开朗　　以门墩、花格、栏杆围合大门空间，形式轻松活泼

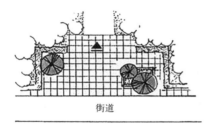

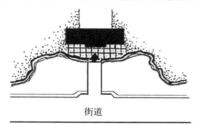

以树木、绿化围合的大门空间，富有自然情趣　　以水体形成的大门空间，明朗开阔，景物倍增

图6-8　园林入口环境
空间的形成

如：围墙、旗杆及其他优美的园林建筑等；也可以是自然物，如：林木、花草、山石、水体等，出入口环境空间除应适合功能要求外，还应具有优美的景观特色及一定的文化内涵（图6-8）。

5．园林大门的类型

园林大门按其建筑形式主要可以分为以下几类：

（1）柱墩式大门

柱墩是由古代石阙演化而来的，在现代园林大门中广为适用，一般作对称布置，设2～4个柱墩，分大小出入口，在柱墩外缘连接售票室或围墙（图6-9）。

（2）牌楼、牌坊门

牌坊是我国古代建筑上很重要的一种门，在牌坊上安放门扇即成牌坊门。牌坊门有一、三、五间之别，以三间最为常见（图6-10）。

（3）屋宇式门

屋宇式门是我国传统大门形式，门的进深称为架，如二架、三架、四架、五架、七架等；门的开间称为间，如五间、七间等，在古典园林中，常采用五间、七间的两层楼房，做成外观壮丽的门楼（图6-11）。

图 6-9 柱墩式大门

北京颐和园排云门

广州烈士陵园南门

图 6-10 牌楼式大门

济南趵突泉公园大门

杭州花港观鱼

图 6-11 屋宇式门

（4）门廊式

门廊式是由屋宇式门演变而来，一般屋顶多为平顶、拱顶、折板，也有采用悬索等新结构。门廊式造型活泼、轻巧，可用对称或不对称构图，目前在各处园林及公园中普遍采用（图 6-12）。

（5）墙门式

墙门式是我国住宅、园林中较常采用的样式之一，通常是在院落隔墙上开的随便小门，较为灵活和简洁，也可用在园林住宅的出入口大门（图 6-13）。

（6）门楼式

门楼式为二层或三层的屋宇式建筑，底层开洞口作为园林入口，上层可作观景远眺之用（图6-14）。

（7）其他形式的大门

近年来由于园林类型的增多，建筑造型随之丰富，各种形式的园林大门层出不穷，最常见的花架门也广泛运用在园林中。如儿童公园常采用动物造型的各类雕塑作为大门标志，公园大门常用各种高低的墙体、柱墩、花盆、亭、花格组合成各具特色的大门（图6-15）。

图6-12 上海黄浦江
隧道入口（门廊式）

苏州拙政园大门

广州流花公园大门

图6-13 墙门式大门

图6-14 北京中南海
新华门（门楼式）

张家界国家森林公园大门

住友宝莲花园大门

青岛森林野生动物世界大门

杭州西溪国家湿地公园入口

珠江公园大门

锦屏公园大门

图 6-15　其他形式的大门

6.1.2　大门及入口的方案设计

案例一：北京雕塑公园大门

大门采用一组廊亭相组合的形式，布局自由活泼，广场与小院落交错、对比，建筑立面采用虎皮石装饰，形式新颖，色彩明快。其缺点也较为明显，水中的小方亭与外广场位置较远，缺少必要联系，限制了游人使用（图 6-16）。

案例二：上海中山公园大门

上海中山公园位于城市繁华街道的一侧，考虑到城市道路上的大量人流，其主入口设计以半圆形的入口广场作为缓冲以疏散大量的人流，同时也留有供人们停留、集散的空间，这种设计方法较好地满足了其功能的需求；售票、收票则沿着半圆形的弧线进行布置，功能合理，方便实用。但因为大门的对称设计，其对称两侧的用房功能相同，这导致其中一侧的用房使用率不高（图 6-17）。

案例三：某森林公园的南大门，大门形式为仿古建筑，一开间，设值班室（图 6-18）。

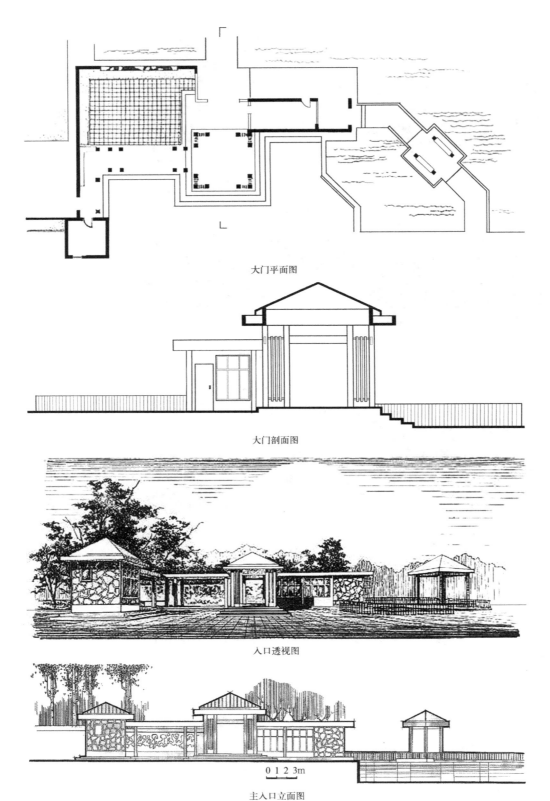

大门平面图

大门剖面图

入口透视图

0 1 2 3m

主入口立面图

图 6-16　北京雕塑公园大门

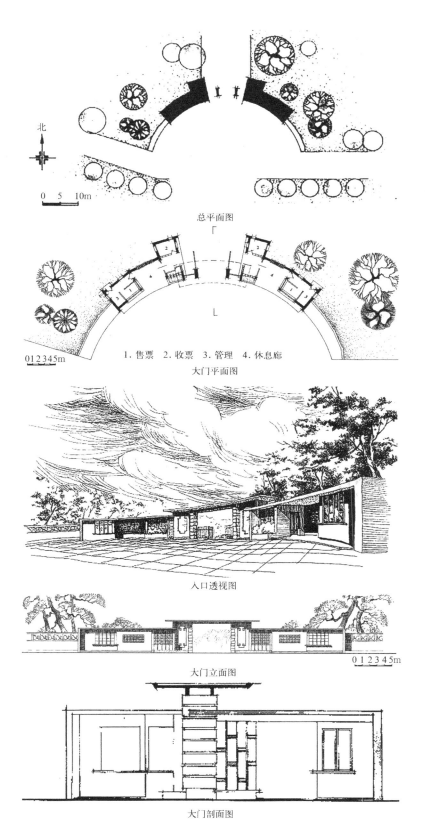

总平面图

0 5 10m

1. 售票 2. 收票 3. 管理 4. 休息廊

大门平面图

0 1 2 3 4 5m

入口透视图

大门立面图

0 1 2 3 4 5m

大门剖面图

图6-17 上海中山公园大门

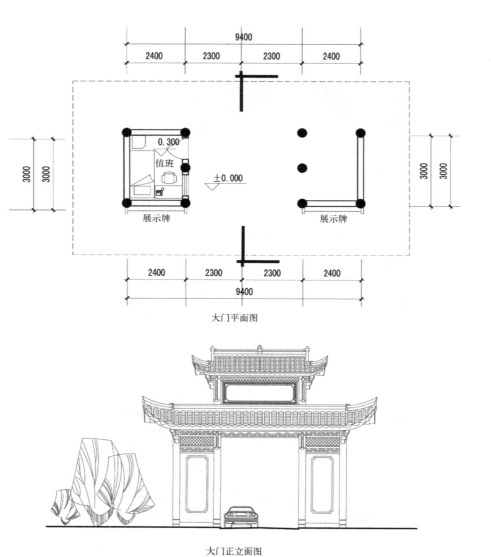

大门平面图

大门正立面图

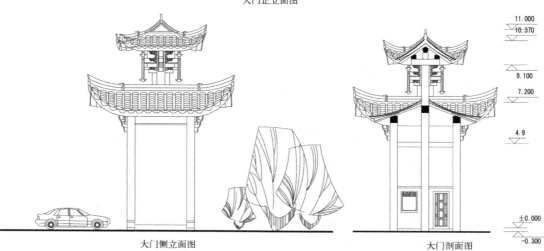

大门侧立面图

大门剖面图

图 6—18　某森林公园大门设计

案例四：某住宅区大门方案设计（图6-19）

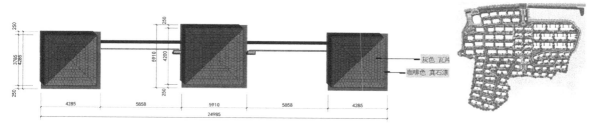

平面图

立面图

图6-19 某住宅区大门方案设计图纸

6.1.3 大门及入口的施工图设计

案例一：南浔某学校东大门施工图设计（图6-20）

案例二：南浔某学校西大门施工图设计（图6-21）

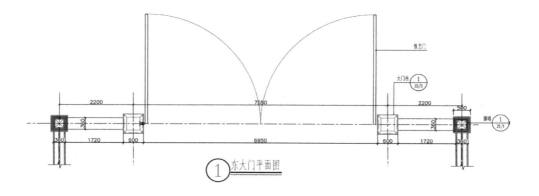

①东大门平面图

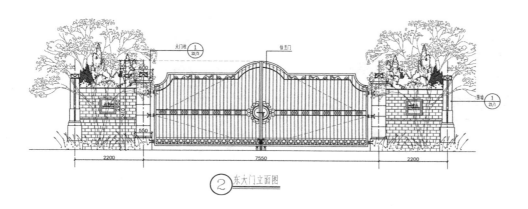

②东大门立面图

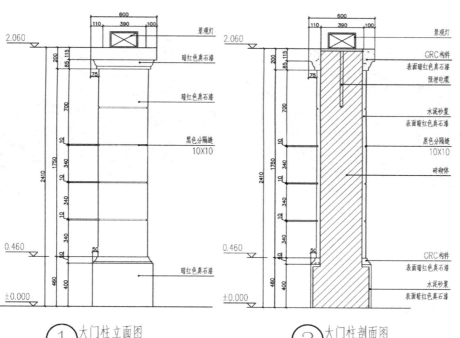

①大门柱立面图

②大门柱剖面图

图6-20 南浔某学校
东大门施工图设计
图纸

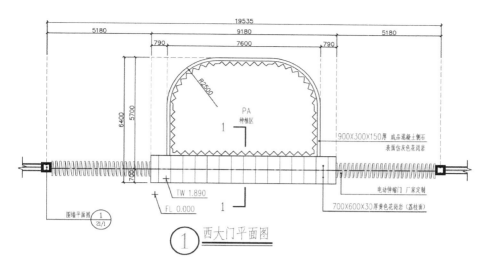

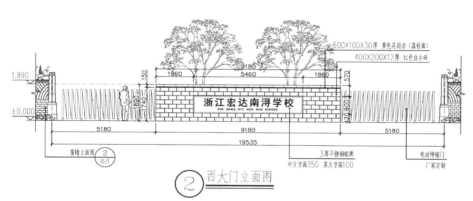

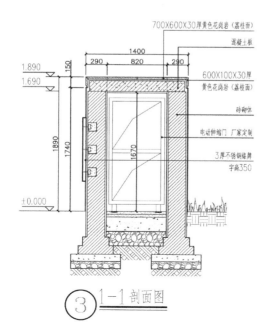

图 6-21　南浔某学校
西大门施工图设计
图纸

6.2　园林服务性建筑设计：园林公共厕所设计

6.2.1　园林公共厕所的设计理论

1. 园林公厕设计概述

厕所作为园林服务建筑的一个重要组成部分，也是旅游经济中不可忽视的重要环节。营造出卫生、舒适、文明的公厕环境是对人的尊重，更是对人性化更深层次的关照。因而，随着旅游业的发展，应该更加关注园林中公共厕所的规划与设计。

园林公厕设计与其他伟大的作品一样，同样面临选址、与环境协调、与当地气候条件的结合、使用者生理与心理的需求、空间环境的改善、形象的美感与意境的创造等方面的课题。下面就让我们一起来学习园林公厕的设计。

2. 园林公厕位置选择

园林公厕位置选择以不影响主景点的游览观光效果、不影响自然与人文景观的整体性、对环境不造成污染为原则。园林公厕位置选择，具体有以下几点，如图6-22所示。

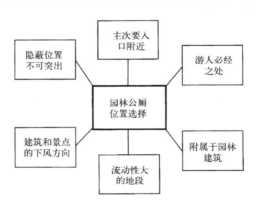

图6-22　园林公厕位置选择

（1）园林公共厕所视具体的游客人群流动方向与分布规模，以及行为习惯，来确定具体位置。园林厕所应布置在园林的主次要入口附近，并且均匀分布于全园各区，彼此间距600±60m，服务半径不超过600m，一般而言，应位于游客服务中心地区，或风景区大门口附近地区，或活动较集中的场所。停车场、各展示场旁等场所的厕所，可采用较现代化的形式；位于内部地区或野地的厕所，可采用较原始的意象形式来配合。

（2）选址上应避免设在主要风景线上或轴线上、对景处等位置，位置不可突出，离主要游览路线要有一定距离，并设置路标以小路连接。要巧借周围的自然景物，如石、树木、花草、竹林或攀缘植物，进行掩蔽和遮挡。

（3）要注意常年风向，以及小地形对气流方向的影响，最好设在主要建筑和景点的下风方向。

（4）无论在什么地方布置，营建的公厕不得污染任何用水源。

3. 园林公厕设计要点

（1）公共厕所的类型设计

公厕按建筑结构分类，可分为砖混结构、钢结构、木结构、砖木结构和简易结构等几类（图6-23）。

砖混结构公厕由钢筋混凝土与砖石材料建成。其特点是结构牢固、取材方便，是目前公厕较为普遍采用的结构形式。钢结构公厕由钢材为主要结构材料，其特点是结构轻盈，适合地基条件、荷载要求有限制、工程进度要求较紧

砖混结构

钢结构

砖木结构

木结构

图6-23　公厕结构类型

情况下使用，但造价较为昂贵。木结构公厕在我国南方气候炎热城市和一些景点地区使用较为普遍，结构简单、实用。砖木结构和简易结构公厕多数为建设年代久远的公厕建筑，在一些中小城市还存在，随着城市改造和公厕改造不断深入，正在逐步被淘汰。

（2）园林公厕的景观设计

公共厕所的景观设计，完全可以作为一个大的课题来总结和研究。在园林中设计公共厕所的景观，面临的困难是如何处理大尺度的自然景观与小体积的公厕结合的矛盾，绿色文化与"排池""臭"观念的矛盾，人造设施与自然景观的矛盾，客观需求与管理困难的矛盾。因此，在体积、大小、颜色、形状上的设计是公共厕所景观设计的要诣。园林公园的厕所景观设计，在体积大小上，宜小不宜大，以小衬森林之大；宜亮不宜暗，亮可明目，更衬森林之深邃；色彩宜柔不宜刚，人工之柔可与林木天然之柔相呼应。形状应视具体位置，变化多样，以衬森林景观变化之不足，尤其是人工造景的不足。不同的景区，根据游径不同，游客人群不同，其景观设计要求不一。

厕所是一个特殊建筑类型，它涉及技术问题、设备问题、经济问题，更有建筑艺术问题，反映一个社会一个地方的文明程度。

为了让厕所与自然协调，也可以采用迷彩设计。这种厕所虽然形状色彩与自然协调一致，但是游人难以找到。

打破传统公厕统一的"火柴盒"式外形和古板单一的颜色，将古典艺术、园林风景和现代建筑风格巧妙地融进公共卫生间的建设中，做到"一厕一景"、"一景一厕"，让公厕成为一道亮丽的公园景观。

（3）公共厕所的建筑设计

园林厕所的定额根据公园规模的大小和游人数量而定。建筑面积一般为每公顷 6 ~ 8m²；游人较多的公园可提高到每公顷 15 ~ 25m²。每处厕所的面积约在 30 ~ 40m²，男女蹲位一般 3 ~ 6 个，男女蹲位的数量比例以 1：2 或 2：3 为宜，男厕内还需配小便槽。

一、二、三类公共厕所大便厕位尺寸应符合《城市公共厕所设计标准》CJJ 14—2016 第 5.0.3 条规定；独立小便器间距应为 0.70 ~ 0.80m。厕内单排厕位外开门走道宽度以 1.30m 为宜，不应小于 1.00m；双排厕位外开门走道宽度以 1.50 ~ 2.10m 为宜。蹲位无门走道宽度以 1.60 ~ 1.60m 为宜。各类公共厕所厕位不应暴露于厕所外视线内，蹲位之间应有隔板。如图 6-24 ~ 图 6-26 所示。

应考虑厕所的无障碍设计，公共厕所无障碍设施与设计要求见表 6-1。图 6-27 为无障碍厕所坐式便器及安全抓杆图。

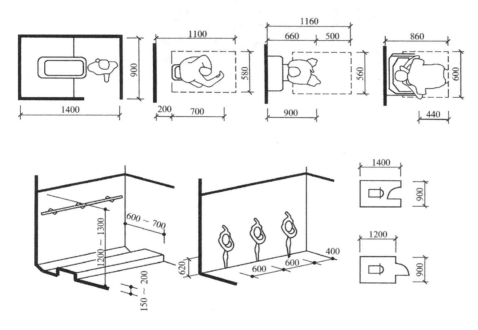

图 6-24　厕所设备

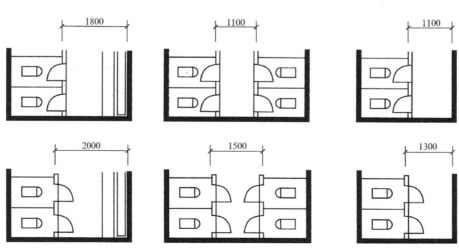

图 6-25　厕所设备组合尺寸

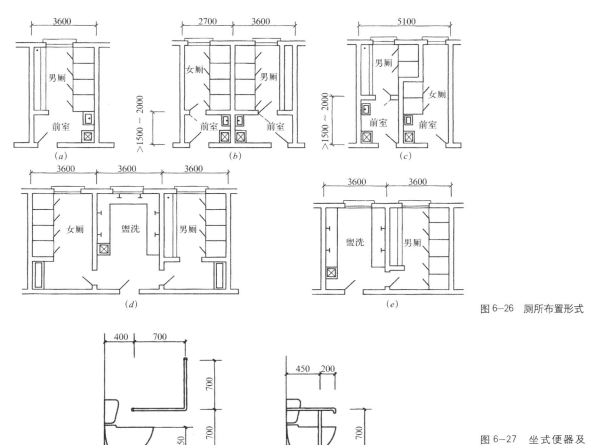

图 6-26 厕所布置形式

图 6-27 坐式便器及安全抓杆

公共厕所无障碍设施与设计要求

表6-1

设施类别	设计要求
入口	应符合《无障碍设计规范》GB 50763—2012第3章3.3的有关规定
门扇	应符合《无障碍设计规范》GB 50763—2012第3章3.5.3的有关规定
通道	应符合《无障碍设计规范》GB 50763—2012第3章3.5.1、3.5.2的有关规定
洗手盆	无障碍洗手盆的安全抓杆可做成落地式和悬挑式两种，但要方便乘轮椅者靠近洗手盆的下部空间。水龙头的开关应方便开启，宜采用自动感应出水开关
男厕所	低位小便器的两侧和上部设置安全抓杆
无障碍厕位	1. 男、女公共厕所应各设一个无障碍隔间厕位； 2. 在厕位门向外开时，大型厕位尺寸宜做到2.00m×1.50m； 3. 小型厕位尺寸不应小于1.80m×1.00m； 4. 无障碍厕位的门宜向外开启，轮椅需要通行的区域通行净宽不应小于800mmm，当门向外开启后，门扇里厕应设高900mm的关门拉手； 5. 在坐便器的两侧安装安全抓杆
安全抓杆	1. 安全抓杆内侧距墙面不小于40mm； 2. 抓杆应安装牢固，应能承受100kg以上的重量

注：根据《无障碍设计规范》GB 50763—2012整理，具体条款详见此规范。

（4）公共厕所的标志设计

森林公园公共厕所标志设计既要简单明了，满足标志指引的功能，同时又要有创意，富含文化功能，体现绿色文明。因此，相对难度较大，设计不好，会招来非议。例如，国内某地采用阴阳点来设计分辨男女公厕。结果，由于大众认同效果不一造成游客男女公厕难辨。因此，采用大众文化所接受的公厕标志及男女分辨标志尤为重要。过去男女分辨标志大多在公厕入口墙面上，现在也可尝试在入口处采用不同的如雕塑来分辨男女。当然柔和的语音指示在有条件的公厕也可采用。总之要采用多种形式来进行公厕与男女分别标志的设计。

（5）公共厕所的文化设计

厕所也是一种文化，厕所文化是文化观念的一种表征，和民族的历史心理积淀密切相关，东西方不同的文化导致了东西方厕所文化不同的情态特征。

随着时代的发展，人们对厕所有了新的认识，很多城市新建的厕所也越来越具有一种文化美感和人文关怀。

目前某些厕所也在一定程度上体现了这种人文关怀。体现森林公共厕所的文化主要应在"绿色环保"、"高雅文明"上做文章。在材料上尽可能采用森林产品，如原木、岩石等。在形状上尽可能多样性，与森林结构生物多样性一致。在色彩上以柔和为主，在入口处可以雕刻多种对联，木刻木贴画，陈列少许根、木雕艺术品，播放森林乐曲与仿大自然如溪流、鸟鸣乐曲。提供木浆环保卫生纸。

（6）公共厕所的内部装饰设计

森林公园的公共厕所的内部装饰设计，以往国内外都非常鲜见。然而从做小处见概貌。从旅游角度上，任何细小的环节都可能影响旅游者和旅游质量。因此，必须重视森林公园公共厕所的内部装饰设计。主要有以下几个方面：

色彩与光线：由于森林的色彩较暗而杂，因此为了表示反差，森林公园的公共厕所应该采用低彩度、高明度的色彩组合，色彩运用上以卫浴设施为主色调，墙地色彩保持一致，这样才使整个厕所有种和谐统一感。卫生间灯光要充足，尤其是夜晚。但森林公园内蚊虫过多，灯光的诱导会招引很多的昆虫，因此解决这一难题也是设计者必须面临的困难。

装饰材料：森林公园厕所装饰材料应以木石等自然材料为主，但要解决安全、防潮等问题。厕所的地板宜砌石非完全形式拼装，接缝间用细沙铺垫。室外要有足够的空间，以草坪或沙石坪为主。

安全设计：森林公园公共厕所安全需要注意几大问题：一是老人和儿童用厕安全，无障碍设计非常必要。厕所与游径之间不要有台阶，地面防滑、防冻处理。二是夜晚用厕安全，夜晚照明和毒虫防治措施。三是隐私安全。四是用厕时个人财物安全，公厕里面应该设计暂时存放财物的平台、挂钩等。

内部的布置：厕所内部宜选择一些抽象或者温馨的木质装饰画，打破卫生间的这种紧张沉闷的气氛，创造一种更为休闲的环境。

卫浴产品：卫浴产品主要是提供特色厕所用纸和友好美观的废纸篓。墙上挂上园艺用的交叉横板，只要加挂 S 形挂钩，就可以挂上许多个人用品。

(7) 公共厕所的服务设计

厕所的演进，也可以看出人类文明的进步。从过去乡村的马桶、露天竹篱笆的茅坑，到今日高级的化妆间。甚至现在有些五星级饭店，化妆室内不但有梳妆台、镜子、沐浴乳、面霜、卫生纸、擦手纸，有的还会摆上一套沙发，插上一盆花，墙壁还会挂上几幅画，简直比一般人家的客厅还更豪华。当然，森林公园的公共厕所要达到这一要求还为时过早，也比较苛刻。但是称心、舒适、周到的服务会给森林公园旅游平增不少色彩。森林公园公共厕所一般是无人管理厕所，也是不收费厕所，但仍可改进增加一些服务项目，如友好的标志提示服务，关上门，电灯自动开启，门外则显示"正在使用"的字样。四周的墙壁上，挂着几幅小画。洗手池台上摆着几盆小花，小便池前的墙上还贴着几句格言。女用盥洗室要有专门的化妆台。

4. 公厕设计方案类型

现代公共厕所的设计方案不仅仅要满足人们生理功能需求，还要考虑其社会和文化传播功能，并注重与周围环境的协调统一，此外还应该考虑到文化背景及地域特色等因素的影响，才能创造出功能完善、环境优美、建筑风格独特的现代化公共厕所，下面对几种典型的设计方案做简单介绍。

(1) 扇面组合方案

扇面组合方案形象活泼、轻巧，可适用于公园、学校以及其他青少年活动场所，如图 6-28 所示。

(2) 环面组合方案

外部设计具有我国南方建筑气息和园林建筑小品的特点，较适宜于园林的风景绿化用地中（图 6-29、图 6-30)。

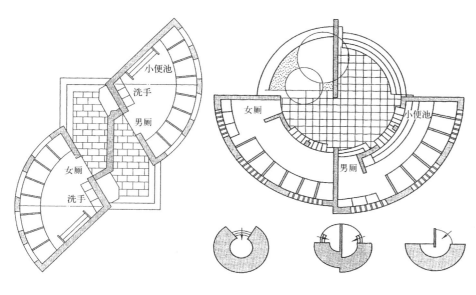

图 6-28 扇面组合方案（左）

图 6-29 环面组合方案一（右）

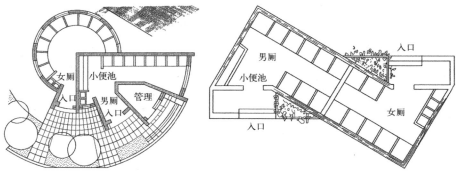

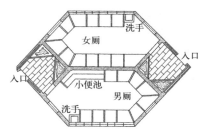

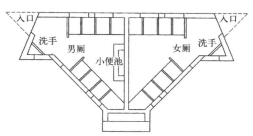

图 6-30　环面组合方案二（左）

图 6-31　方型公厕方案（右）

图 6-32　六边型平面公厕方案一（左）

图 6-33　六边型平面公厕方案二（右）

（3）方形公厕方案

该方案造型简练而富有新意，具有趣味性，适宜于风景区或大型商业建筑的附建（图6-31）。

（4）六边形平面公厕方案

方案一的平面由两个小六边形组成一个大的六边形，表现了公共厕所的典型特征，适宜于城市的街道中（图6-32、图6-33）。

方案二的平面设计轻巧、雅致、清新，具有雕塑感和趣味性，适合于中小学及幼儿园使用。

（5）附属式公厕方案

附属式公厕方案适合安置于小区中心或作为大型公共建筑附属设施，构思具有趣味性（图6-34）。

（6）底部架空设计方案（图6-35）

底层架空的方案一般适宜于用地比较紧张的情况下，但有明显的缺点就是投资偏高，城市的经济水平和建筑水平较高的情况下可以考虑采用。

图 6-34　附属式公厕方案（左）

图 6-35　底层架空的方案（右）

（a）一层平面图；

（b）二层平面图

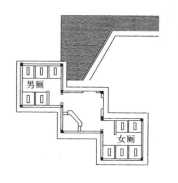

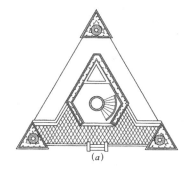

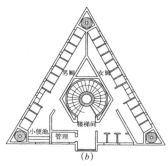

（a）　　　　　　（b）

6.2.2 园林公共厕所的方案设计

案例一：大石西路公厕建筑设计方案（图6-36）

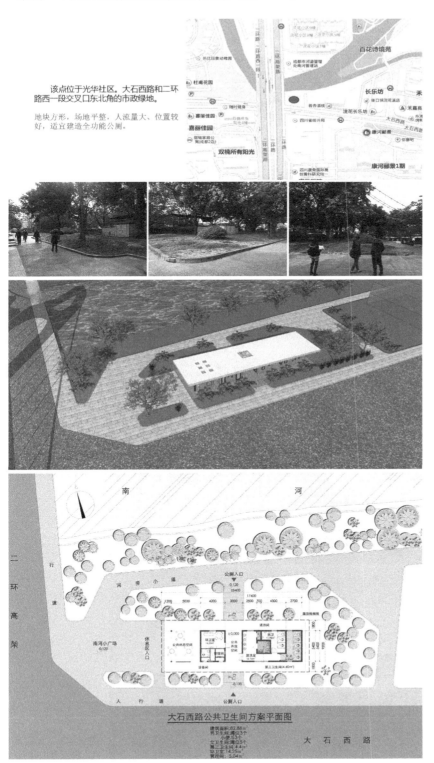

该点位于光华社区，大石西路和二环路西一段交叉口东北角的市政绿地。

地块方形，场地平整，人流量大、位置较好，适宜建造全功能公厕。

图 6-36　大石西路公
厕建筑设计方案

案例二："城市漫步"公厕建筑设计方案（图6-37）

该点位于东坡街办。西三环三段和培风东路交叉路口。

地块狭长，有人行道穿过，毗邻公园绿地，人流较大，适宜建造。

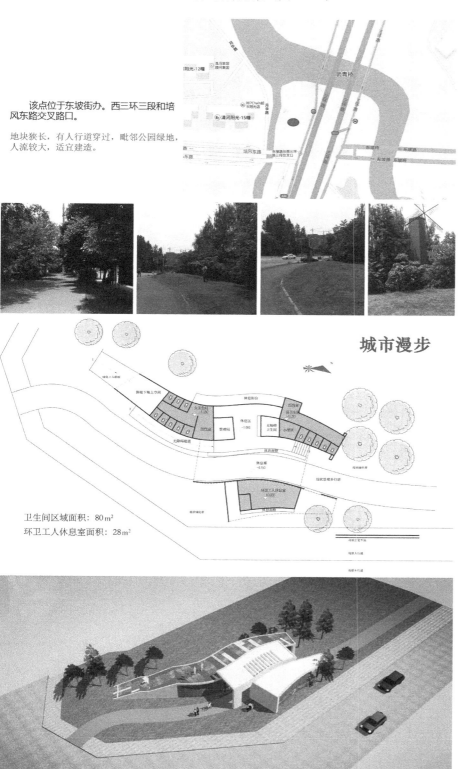

城市漫步

卫生间区域面积：80m²

环卫工人休息室面积：28m²

图 6-37 "城市漫步"
公厕建筑设计方案

6.2.3 园林公共厕所的施工图设计

案例一：杭州西湖边某公厕施工图设计（图 6-38）

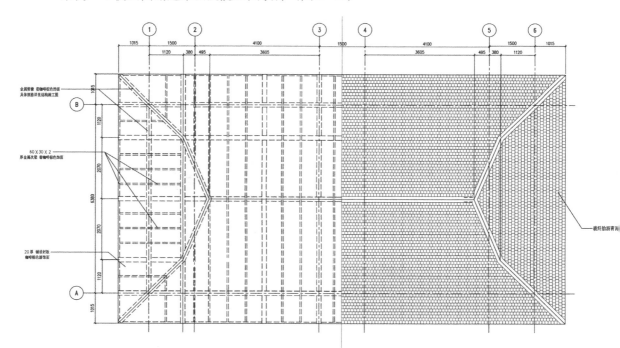

厕所 01 屋顶平面图

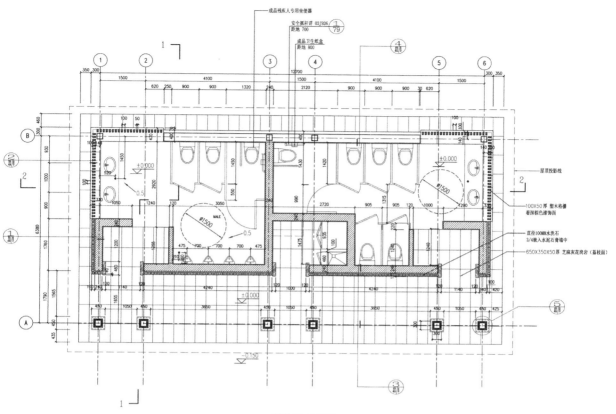

厕所 01 平面图

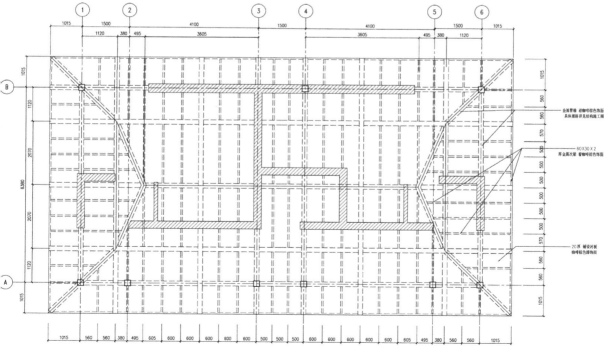

厕所 01 顶棚平面图

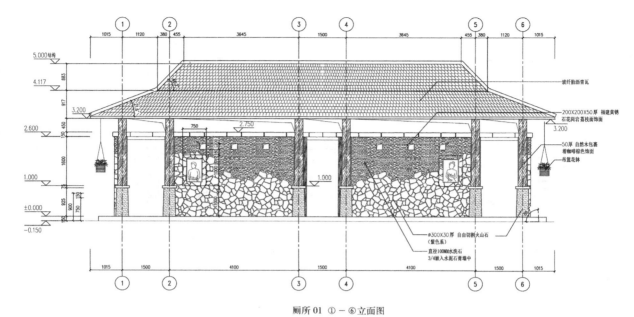

厕所01 ①－⑥立面图

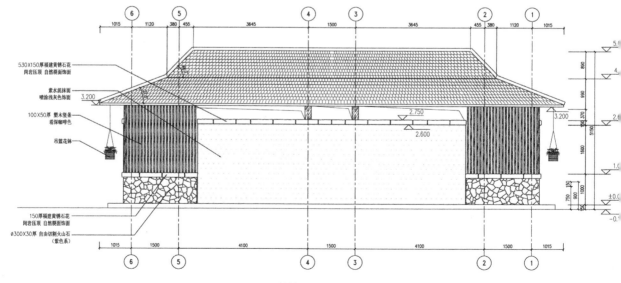

厕所01 ⑥－①立面图

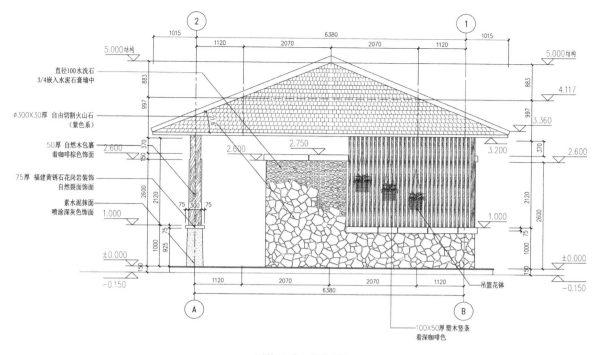

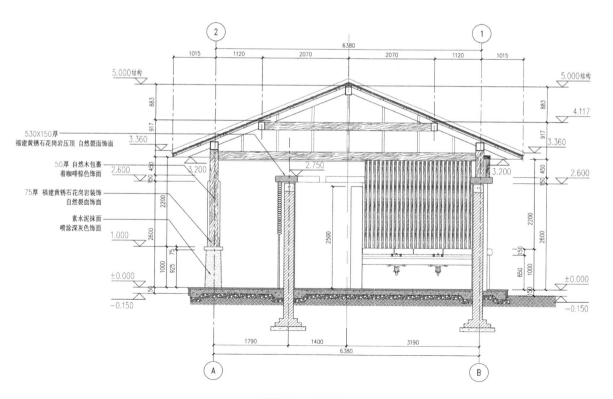

直径100水洗石
3/4嵌入水泥石膏墙中

φ300X30厚 自由切割火山石
（紫色系）

50厚 自然木包裹
着咖啡棕色饰面

75厚 福建黄锈石花岗岩装饰
自然裂面饰面

素水泥抹面
喷涂深灰色饰面

吊篮花钵

100X50厚 塑木竖条
着深咖啡色

厕所01 Ⓐ－Ⓑ立面图

530X150厚
福建黄锈石花岗岩压顶 自然裂面饰面

50厚 自然木包裹
着咖啡棕色饰面

75厚 福建黄锈石花岗岩装饰
自然裂面饰面

素水泥抹面
喷涂深灰色饰面

厕所01 1-1 剖面图

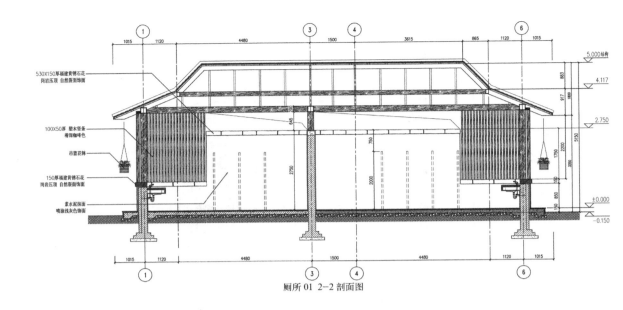

厕所01 2-2 剖面图

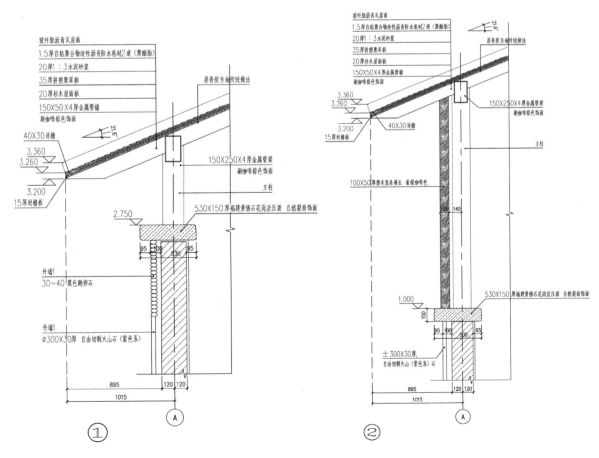

① 厕所01 详图一

② 厕所01 详图二

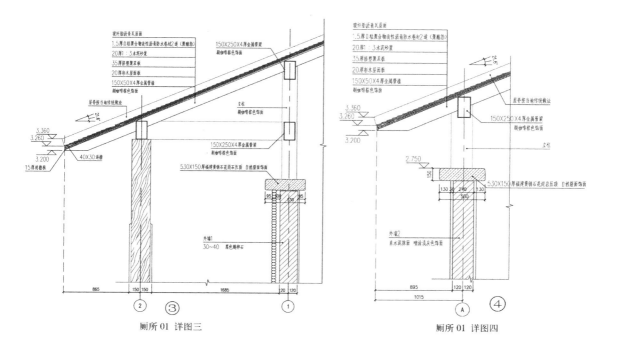

厕所 01　详图三

厕所 01　详图四

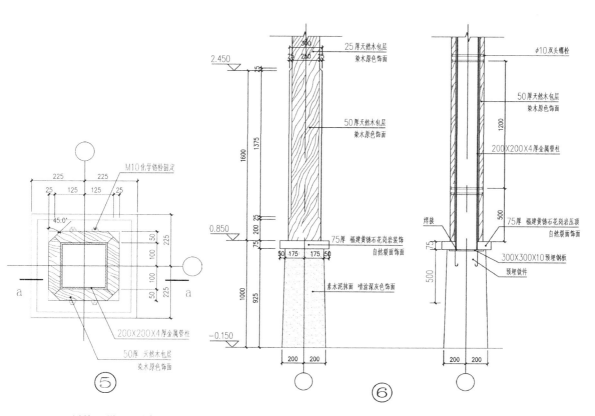

⑤

厕所 01　详图五　立柱平面详图

⑥

厕所 01　详图六　立柱立面详图、立柱 a—a 剖面图

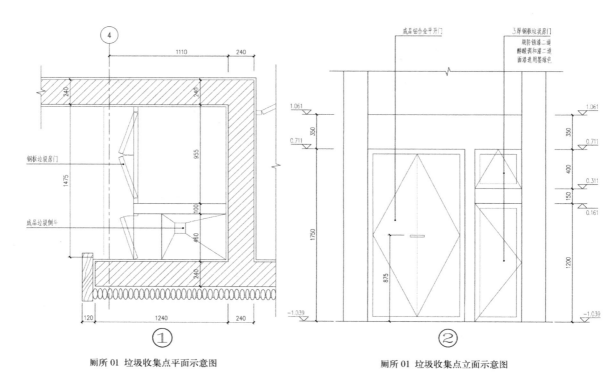

厕所 01 垃圾收集点平面示意图

厕所 01 垃圾收集点立面示意图

图 6-38　杭州西湖边
某公厕施工图设计

案例二：某公园公厕施工图设计（图 6-39）

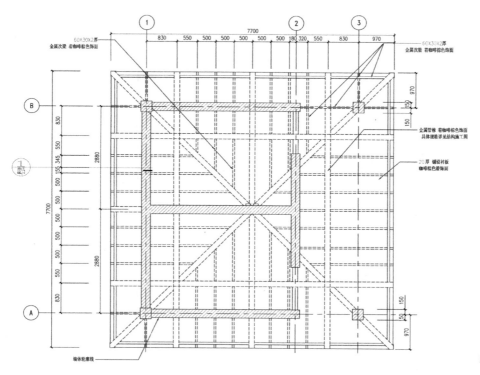

厕所 02 顶棚平面图

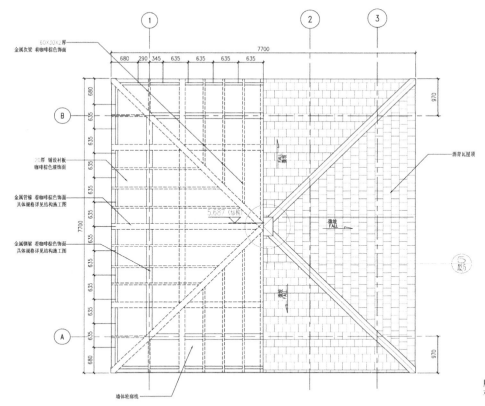

60X30X2厚
金属次梁 着咖啡棕色饰面

20厚 铺设衬板
咖啡棕色漆饰面

金属管椽 着咖啡棕色饰面
具体规格详见结构施工图

金属钢梁 着咖啡棕色饰面
具体规格详见结构施工图

墙体轮廓线

沥青瓦屋顶

厕所02 框架平面及屋顶
平面图

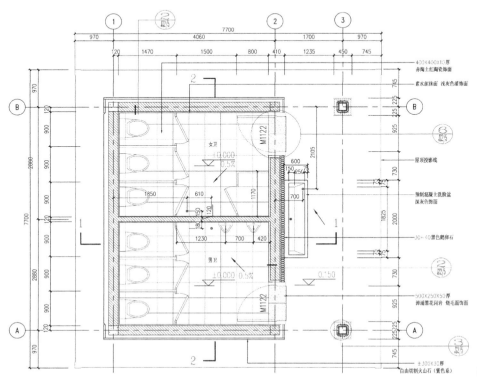

400X400X13厚
赤陶土红陶瓷饰面

素水泥抹面 浅灰色漆饰面

屋顶投影线

预制混凝土洗脸盆
深灰色饰面

30~40黑色鹅卵石

500X250X50厚
滩浦墨花岗岩 烧毛面饰面

白由切割火山石(紫色系)

厕所02 平面图

第6章 园林服务性建筑及建筑施工图设计　295 ·

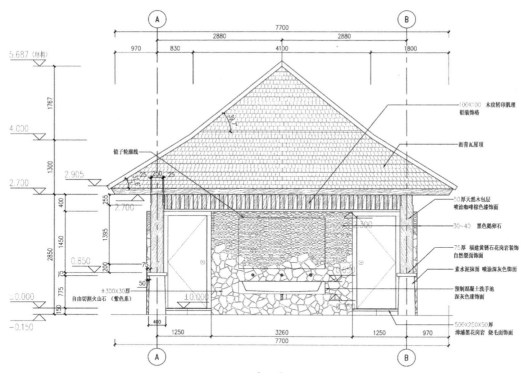

厕所 02 Ⓐ－Ⓑ立面图

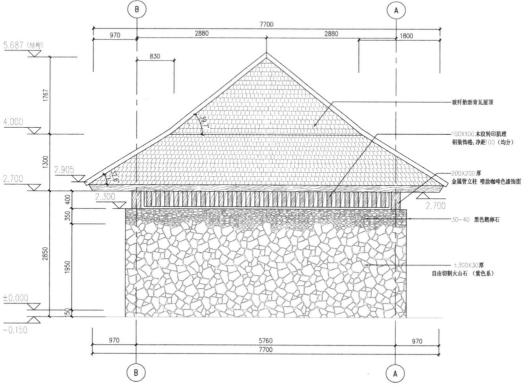

厕所 02 Ⓑ－Ⓐ立面图

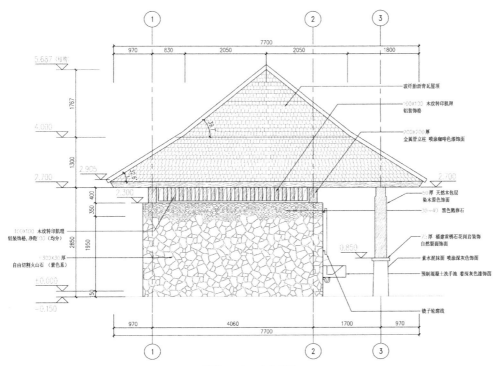

厕所02 ①－③立面图

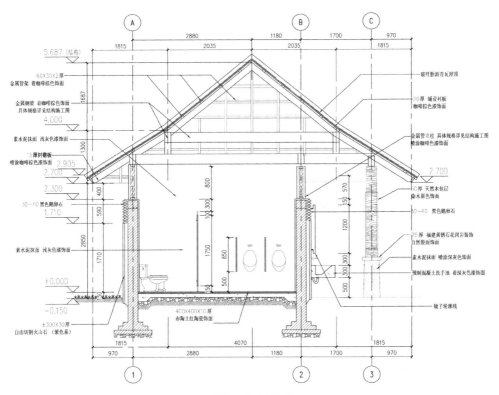

厕所02 1-1 剖面图

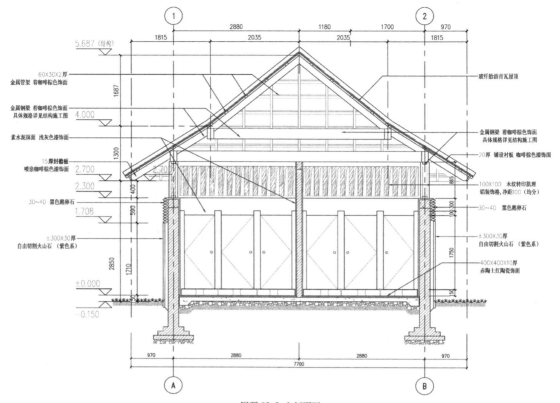

厕所02 2-2 剖面图

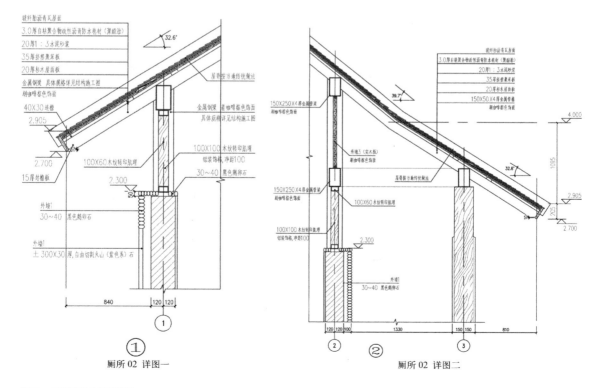

厕所02 详图一

厕所02 详图二

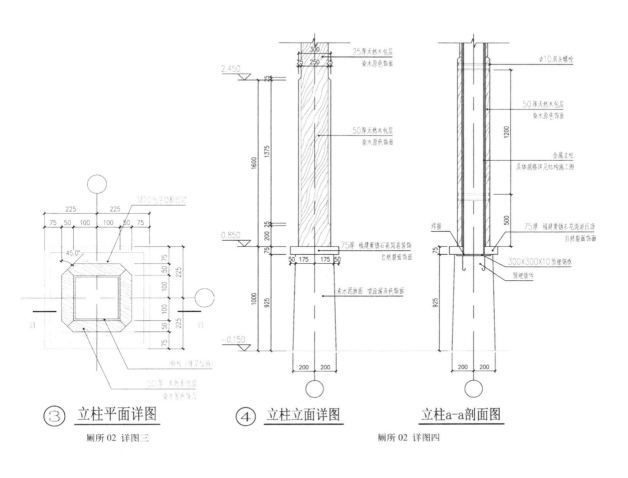

③ 立柱平面详图
　　厕所 02　详图三

④ 立柱立面详图
　　　　　　厕所 02　详图四

立柱a-a剖面图

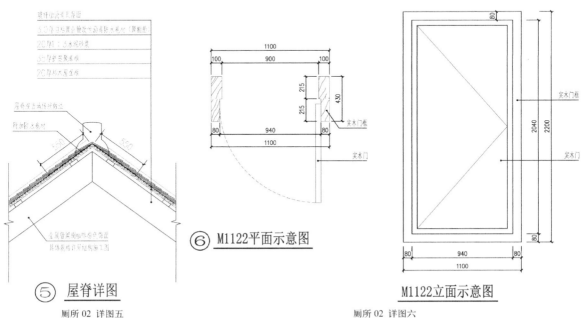

⑤ 屋脊详图
　　厕所 02　详图五

⑥ M1122平面示意图

M1122立面示意图
　　厕所 02　详图六

图 6-39　某公园公厕施工图设计

6.3 园林服务性建筑设计：茶室餐厅设计

6.3.1 茶室的设计理论

1. 概述

茶叶原产我国，关于饮茶的起源，众说纷纭。追溯中国人饮茶的起源，有的认为起于上古，有的认为起于周，起于秦汉、三国、南北朝、唐代的说法也都有，造成众说纷纭的主要原因是因唐代以前无"茶"字，而只有"荼"字的记载，直到茶经的作者陆羽，方将荼字减一画而写成"茶"，因此有茶起源于唐代的说法。

其他则尚有起源于神农、起源于秦汉等说法。神农说根据陆羽《茶经》的记载"茶之为饮，发乎神农氏"，而中国饮茶起源于神农的说法也因民间传说而衍生出不同的观点。有人认为茶是神农在野外以釜锅煮水时，刚好有几片叶子飘进锅中，煮好的水，其色微黄，喝入口中生津止渴、提神醒脑，以神农过去尝百草的经验，判断它是一种药而发现的，这是有关中国饮茶起源最普遍的说法。

秦汉说现存最早的较可靠的茶学资料是在汉代，以王褒撰的《僮约》为主要依据。此文撰于汉宣帝三年（公元前59年）正月十五日，是在《茶经》之前，茶学史上最重要的文献，其文内说明了当时茶文化的发展状况，内容如下："舍中有客，提壶行酤。汲水作哺。涤杯整桉，园中拔蒜，断苏切脯，筑肉臛芋，脍鱼炰鳌。烹茶尽具，而已盖藏，……舍后有树，当裁作船，上至江洲下到湳。主为府掾求用钱。推访垩，贩棪索。縣亭买席，往来都洛。当为妇女求脂泽。贩于小市，归都担枲。转出旁蹉，牵牛贩鹅，武都买茶，杨氏担荷。往市聚，慎护奸偷。"由文中可知，茶已成为当时社会饮食的一环，且为待客以礼的珍稀之物，由此可知茶在当时社会的重要地位。关于中国饮茶起于六朝的说法，有人认为起于孙皓以茶代酒，有人认为系王肃提倡茗饮而始，因秦汉说具有史料证据确凿可考，因而削弱了六朝说的地位。

茶在社会中各阶层被广泛普及品饮，大致还是在唐代陆羽的《茶经》传世以后，所以宋代有诗云"自从陆羽生人间，人间相学事春茶"，并随着历史的发展形成了颇具特色的茶文化。

茶室通常称为茶馆，又叫茶楼、茶肆、茶坊、茶寮等，它是以营业为目的、供客人饮茶的场所。最早的茶馆是以茶摊形式出现的，《广陵耆老传》中所说"晋元帝时，有老姥每旦独提一器茗，往市鬻之，市人竞买，自旦至夕，其器不减"，是对最早的茶摊的写照。南北朝时出现了供喝茶住宿的茶寮。而关于茶馆最早的文字记载，见于唐代封演《封氏闻见记》："自邹、齐、沧、棣，渐至京邑，城市多开店铺，煎茶卖之，不问道俗，投钱取饮。其茶自江淮而来，舟车相继，所在山积，色类甚多。"唐代商业交往发达，适应经济活动的需要，从京城长安、洛阳到四川、山东、河北等地的大中城市，都出现了茶肆。从发展阶段上看，东晋是原始型茶馆的发轫阶段，南北朝时形成初级型的茶寮，唐代是茶馆的正式形成期。宋、元、明、清至民国时期，茶馆日趋发达，在大中小城市乃至于乡镇、农村，都有了广泛的立足之地，成为中国社会生活的重要内容和一大景观。

在园林建筑中，茶室是提供饮料、供游人休息的场所，可供游人停留较长时间，为赏景、会客、休息等提供条件。

2. 园林茶室位置选择

园林茶室作为园林中重要的园林建筑之一，在景观上更具有点景与赏景的意义，因此其位置选择应具有特色，应因地制宜利于造景。另外，为方便游人应选在交通人流集中活动的景点附近并配合园林大小与总体布局。例如：大的风景园林可分别靠近各主景点设置茶室，并且要与主景点及主路有一定距离或高差，这样既可以做到赏景又不妨碍主景效果。

园林茶室有闹、静之分。热闹区的茶室可选址在游人众多的小广场侧旁、主干道附近，或者在公园出入口处以同时兼顾园林内外使用。在安静区的茶室，以赏景为宜，但位置不可过于偏僻，不可过于偏离人流，适当安静的环境即可。花港观鱼茶室，茶室位于水边，视野开阔，便于欣赏水面景色，如图6-40（a）所示。无锡锡惠公园茶室，茶室位于山腰及山顶，具有高瞻远瞩的优点，较为适合人们休息，如图6-40（b）所示。南昌八一公园茶室，茶室处于平地基址，借侧边山体及围墙，构成休息观赏空间，如图6-40（c）所示。芦笛岩风景点茶室，茶室位于地岸突出处，有多条观景线通向池四周的多处风景点，茶室位于优越的观景点上，如图6-40（d）所示。武汉汉阳公园茶室，茶室位于公园入口近旁，来往人流频繁，环境热闹，是公众交流的佳地，如图6-40（e）所示。上海松江公园茶室位于公园一隅，并有小山与园内人流稍作隔隐，是良好的舒心畅谈之地，如图6-40（f）所示。

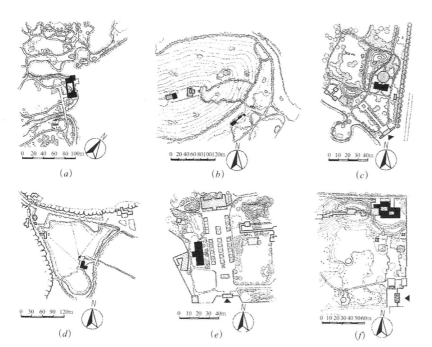

图 6-40 茶室位置选择示例
(a) 花港观鱼茶室；
(b) 无锡锡惠公园茶室；
(c) 南昌八一公园茶室；
(d) 芦笛岩风景点茶室；
(e) 武汉汉阳公园茶室；
(f) 上海松江公园茶室

3．园林茶室主要功能

从使用功能上来说，园林茶室可以主要划分为营业与辅助两部分。

（1）营业部分：营业部分是园林茶室的主立面，营业厅既要交通方便又要有好的朝向，并与室外空间相连。茶室营业厅面积约以每座 $1m^2$ 计算，布置餐桌椅除座位安排外还要考虑客人出入与服务人员送水、送物的通道。两者可共同使用以减少交通面积，但要注意尽可能减少人流交叉干扰。

（2）辅助部分：辅助部分要求隐蔽，但也要有单独的供应道路来运送货物与能源等。这部分应有货品及燃料等堆放的杂物院，但要防止破坏环境景观。

园林茶室的基本组成按营业及辅助用房的需要，一般可由以下房间组成，按不同规模及类型作适当增减：

1）门厅——室内外空间的过渡，缓冲人流，在北方冬季有防寒作用；

2）营业厅——园林茶室营业厅应考虑最好的风景面及室内外同时营业的可能；

3）备茶及加工间——茶或冷、热饮的备制空间，备茶室应有售出供应柜台；

4）洗涤间——用作茶具的洗涤、消毒；

5）烧水间——应有简单的炉灶设备；

6）贮藏间——主要用作食物的贮存；

7）办公、管理室——一般可与工作人员的更衣、休息结合使用；

8）厕所——一般应将游人用厕所与工作人员用内部厕所分别设置；

9）小卖部——一般茶室设有食品小卖部，或工艺品小卖部等；

10）杂务院——作进货入口，并可堆放杂物，及排出废品。

4．园林茶室的类型

园林茶室根据不同的功能需求，可以有多种不同的类型，通常除了功能齐全的茶室外，较小型的、功能较少、偏重稍作小憩的茶室也称为茶亭；作为茶室的一部分，偏重赏景，或室内或室外的走廊型茶室也称为茶廊。在实际设计中，应根据基地的实际情况来组织茶室的平面功能布局，无论是茶室，还是茶亭、茶廊，都是茶室为满足一定功能的变形（图6-41）。

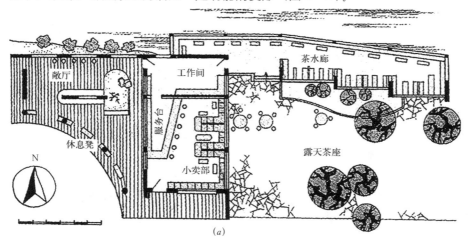

（a）

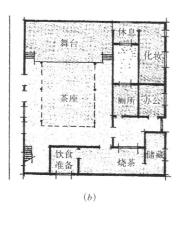
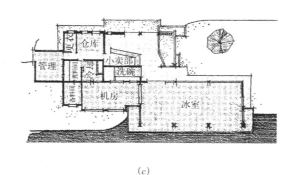

(b)　　　　　　　　　　　　　　　　(c)

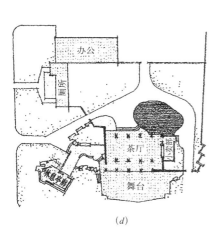
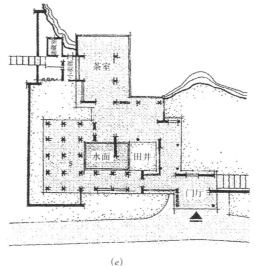

(d)　　　　　　　　　　　　　　　　(e)

图6—41 茶室及其变形

(a) 广东阳春市龙宫
　　 岩风景区茶室（带
　　 有一段茶廊）；
(b) 曲艺茶室平面；
(c) 广州东郊公园冰
　　 室；
(d) 上海静安公园音
　　 乐茶座；
(e) 广州百花园冰室

5. 茶室设计要点

在景区的开发与建设中，茶室越来越成为不可或缺的部分，在茶室的改建与新建的过程中，如何有效保护已有建筑与景区景观资源？如何协调新建筑与现有景区环境之间的关系？如何让茶室成为景区中点睛的一笔而不是画蛇添足？因此，茶室设计的构思和立意应建立在茶室所在景区的基础上，在设计开始之前，尤应注意以下两点：

(1) 应分析该茶室所在景区的位置并根据其位置确定茶室的功能特点；

(2) 应根据茶室所在的景区分析茶室所应采取的建筑风格。

对以上两点的正确分析与把握，是茶室设计中最为基础也是最为重要的部分。除此之外，由于园林茶室体型较小，平面布局灵活多变，因此在功能组织上应尽量顺应基地地形地貌，并保证其主要部分充分"借景"，在建筑造型上应注意美观，其建筑风格、体量大小要与园林整体相协调，做到既富有传统茶室建筑的特色又具有新意，并适于点景的要求。

茶室的建筑空间应与自然空间互相渗透、互相融合，室内外交融汇成一体，使游人置身于建筑与自然空间之中。园林游人淡旺季节性变化很大，充分利用室外空间更适合园林中使用的特点。如淡季时仅室内部分就可以满足使用要求，而旺季时则可以充分利用室外自然空间。

6.3.2 茶室餐厅的建筑方案设计

案例一：杭州西湖阮公墩云水居茶室

杭州西湖阮公墩云水居茶室（图6-42），位于阮公墩岛上，总体布局上考虑到全岛整体性及岛外诸景的借对关系，构图上完整统一。建筑采用江南传统形式，空间布局突出园林特色，全部装饰均用竹材，力求自然情趣。

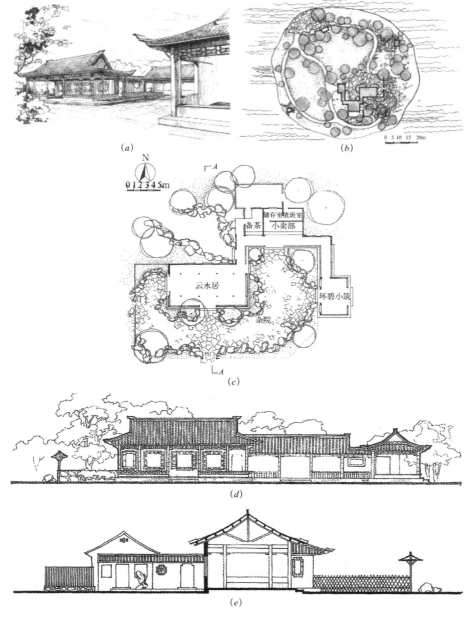

图6-42　杭州西湖阮公墩云水居茶室
(a) 透视图；
(b) 总平面图；
(c) 平面图；
(d) 立面图；
(e) A—A剖面图

案例二：济南环城公园玉莲轩茶室

茶室位于南护城河畔，北面临河，南面临街，布局上充分利用地形变化，自然形成三个不同标高的庭院，建筑互相穿插，构成高低错落、迂回曲折、层次丰富的园林景观（图6-43）。

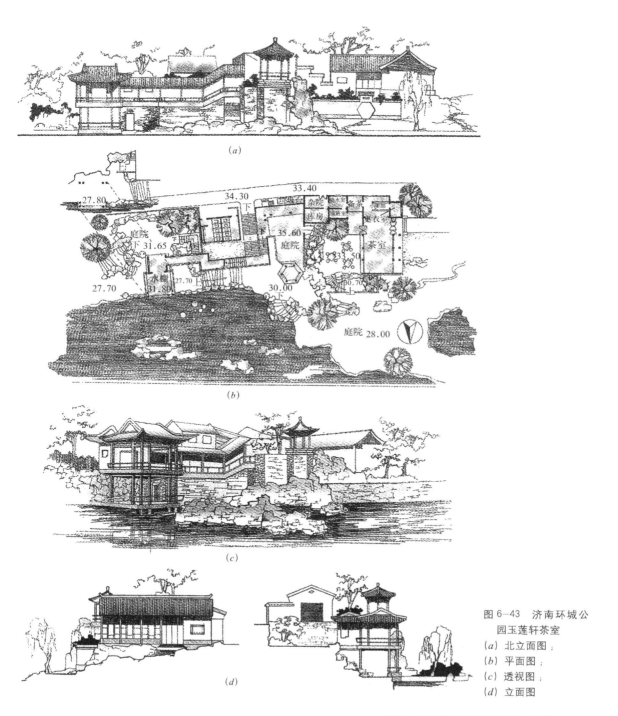

图 6-43 济南环城公园玉莲轩茶室
(a) 北立面图；
(b) 平面图；
(c) 透视图；
(d) 立面图

案例三：水岸茶室建筑方案设计（图6-44）

本案建筑座落于天然山地景观区域，地势高差起伏，有几个坡峰形成，自然梯田。

设计原则：复绿、人胜、休闲。

平面图

总体鸟瞰方位图▶

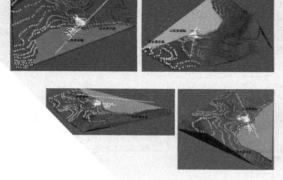

自然复绿、形态复绿、视觉复绿、功能复绿。
以功能人性化，视觉人性化为设计要素，讲求自然景观与建筑的融合，营造天然合一的情趣。

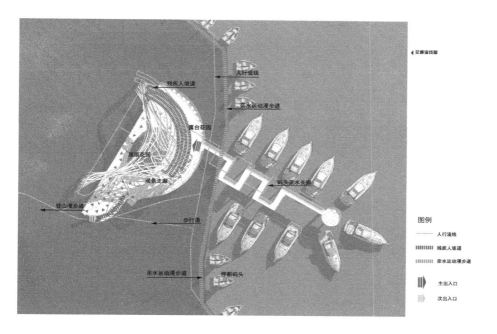

人行流线

残疾人坡道

亲水运动漫步道

露台花园

屋顶花园

观景走廊

码头亲水长廊

登山漫步道

步行道

亲水运动漫步道

停船码头

图例

------- 人行流线

|||||||||| 残疾人坡道

|||||||||| 亲水运动漫步道

主出入口

次出入口

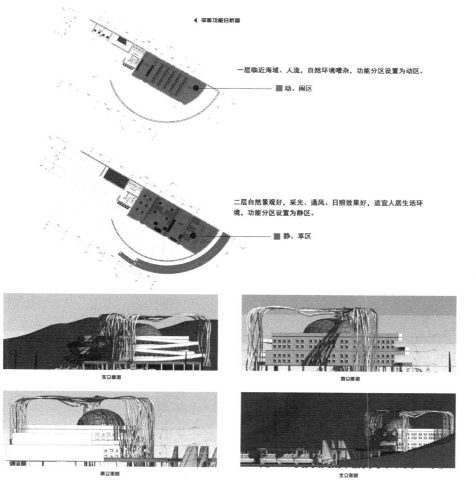

◀ 平面功能分析图

一层临近海域、人流，自然环境嘈杂，功能分区设置为动区。

■ 动、闹区

二层自然景观好，采光、通风、日照效果好，适宜人居生活环境，功能分区设置为静区。

■ 静、享区

东立面图

西立面图

南立面图

北立面图

1-1剖里面图

2-2剖里面图

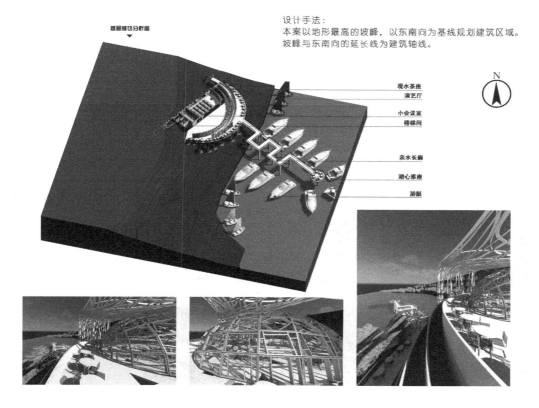

首层剖切分析图 ▼

设计手法：
本案以地形最高的坡峰，以东南向为基线规划建筑区域。
坡峰与东南向的延长线为建筑轴线。

N

观水茶座
演艺厅

小会议室
楼梯间

亲水长廊

湖心雅座

游艇

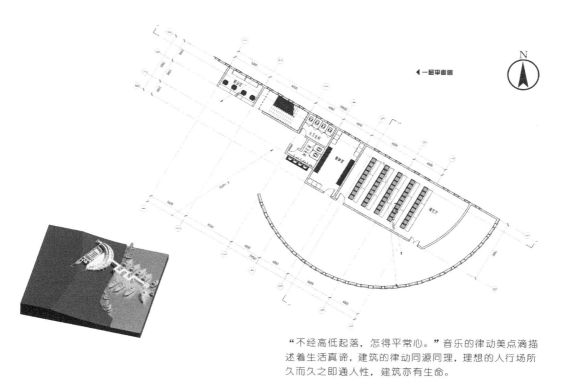

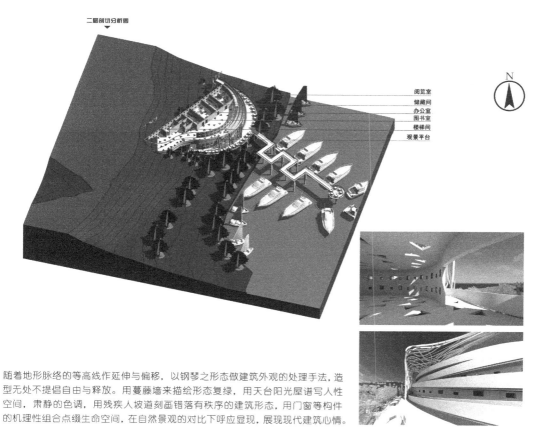

"不经高低起落，怎得平常心。"音乐的律动美点滴描述着生活真谛，建筑的律动同源同理，理想的人行场所久而久之即通人性，建筑亦有生命。

随着地形脉络的等高线作延伸与偏移，以钢琴之形态做建筑外观的处理手法，造型无处不提倡自由与释放。用蔓藤墙来描绘形态复绿，用天台阳光屋谱写人性空间，肃静的色调，用残疾人坡道刻画错落有秩序的建筑形态，用门窗等构件的机理性组合点缀生命空间，在自然景观的对比下呼应显现，展现现代建筑心情。

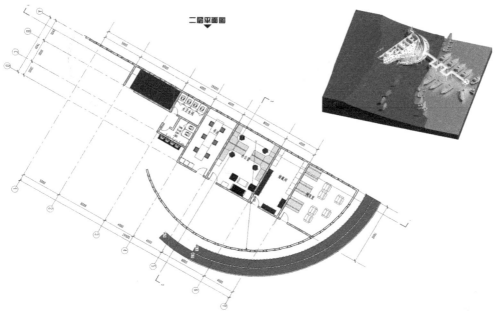

图 6-44 水岸茶室建筑方案设计

案例四：无锡锡山湿地公园水岸餐厅方案设计（图6-45）

餐厅鸟瞰图

餐厅沿河透视图

概念分析

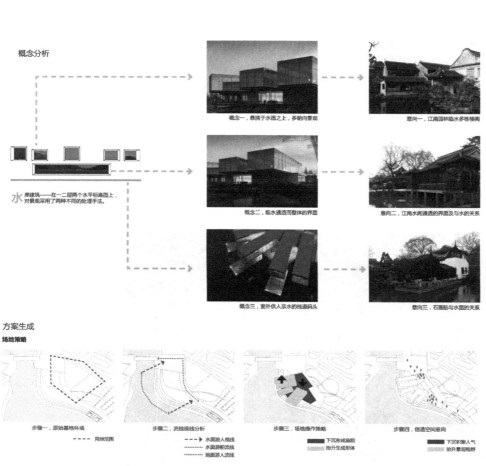

概念一，悬挑于水面之上，多朝向景观

意向一，江南园林临水多栋楼阁

概念二，临水通透而整体的界面

意向二，江南水乡通透的界面及与水的关系

概念三，室外供人亲水的栈道码头

意向三，石画舫与水面的关系

岸建筑——在一二层两个水平标高面上，对景观采用了两种不同的处理手法。

水

方案生成

场地策略

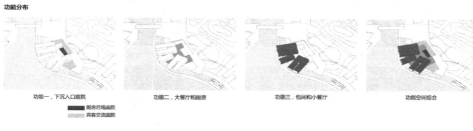

步骤一，原始基地环境

- - - - 用地范围

步骤二，流线视线分析

- - -▶ 水面游人视线
········· 水面游船流线
········· 地面游人流线

步骤三，场地操作策略

■ 下沉形成庭院
▨ 抬升生成形体

步骤四，创造空间意向

■ 下沉积聚人气
▨ 抬升景观视野

功能分布

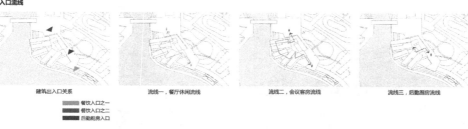

功能一，下沉入口庭院

■ 厨房后场庭院
■ 宾客交流庭院

功能二，大餐厅和厨房

功能三，包间和小餐厅

功能空间组合

入口流线

建筑出入口关系

■ 餐饮入口之一
■ 餐饮入口之二
■ 后勤厨房入口

流线一，餐厅休闲流线

流线二，会议客房流线

流线三，后勤厨房流线

建筑界面

界面一，临潮开敞而丰富的界面

界面二，面对庆典广场界面

界面三，一层体块完形的界面

界面四，屋顶形态丰富的界面

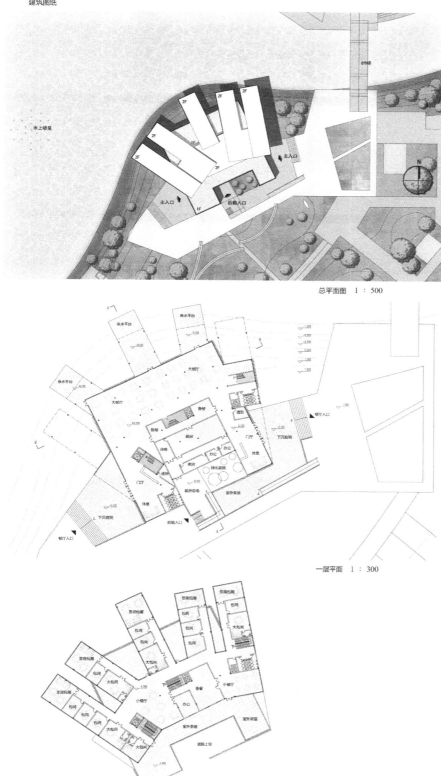

总平面图 1∶500

一层平面 1∶300

二层平面 1∶300

北立面图 1：300

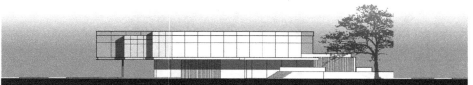

西立面图 1：300

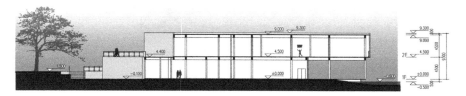

A-A 剖面图 1：300

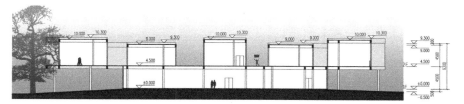

B-B 剖面图 1：300

局部透视

图 6-45　无锡锡山湿地公园水岸餐厅方案设计

案例五：中式餐厅（图6-46）

图6-46 中式餐厅方
案设计效果图

6.3.3 茶室餐厅的建筑施工图设计

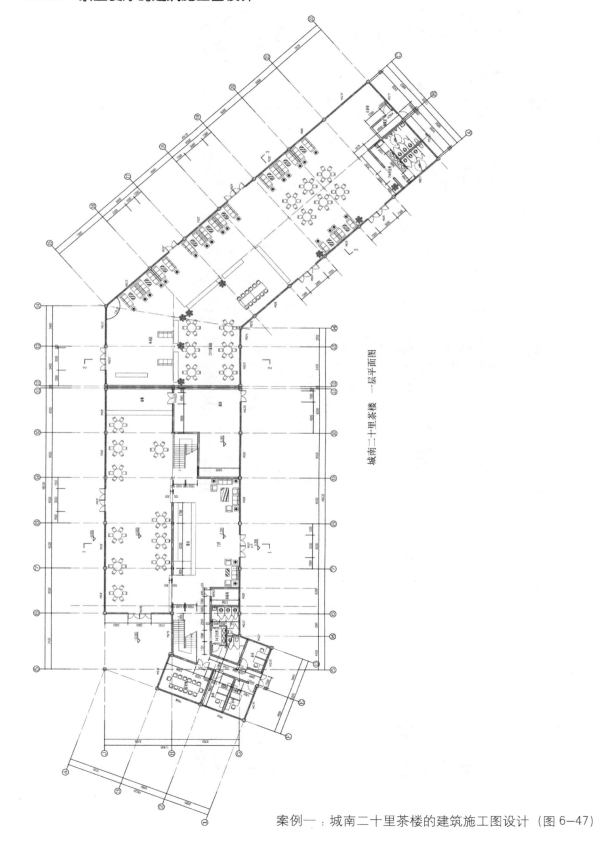

城南二十里茶楼 一层平面图

案例一：城南二十里茶楼的建筑施工图设计（图 6-47）

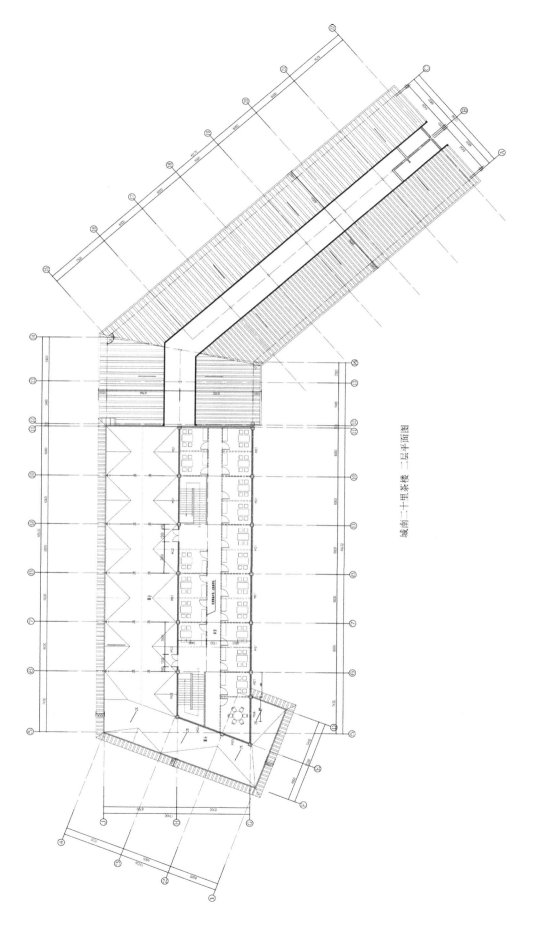

城南二十里茶楼 二层平面图

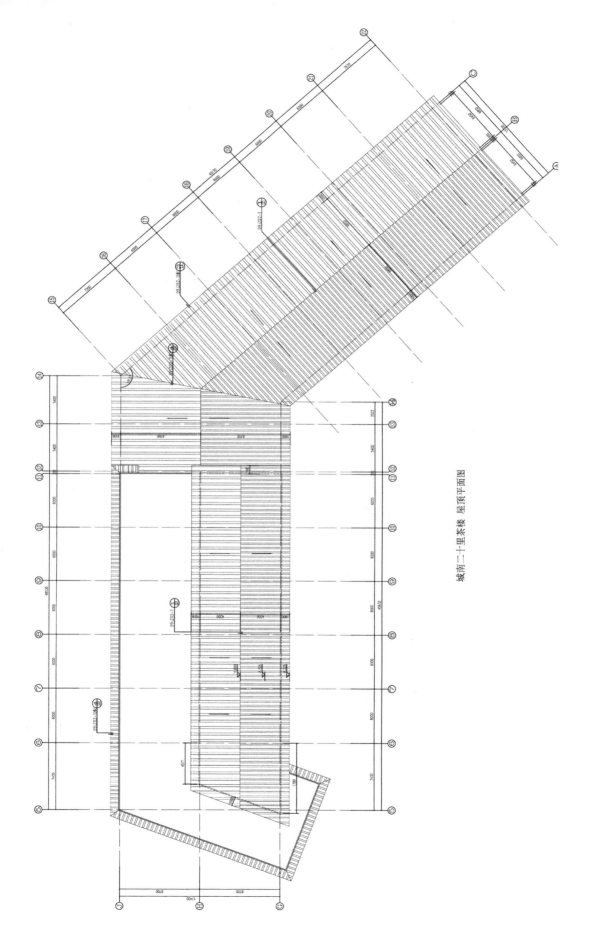

城南二十里茶楼 屋顶平面图

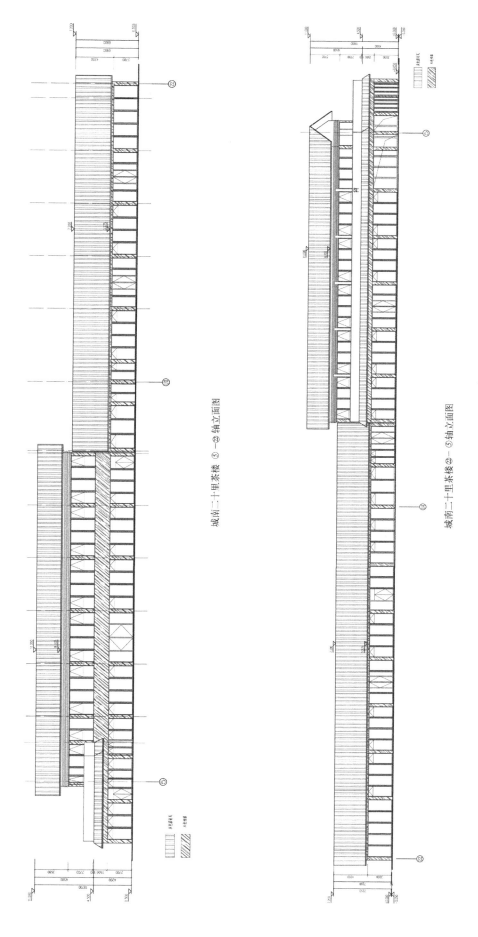

城南二十里茶楼 ⑤－⑫轴立面图

城南二十里茶楼⑫－⑤轴立面图

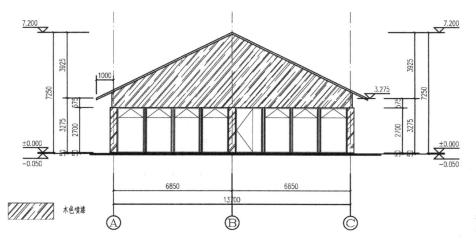

木色喷漆

城南二十里茶楼 Ⓐ－Ⓒ轴
立面图

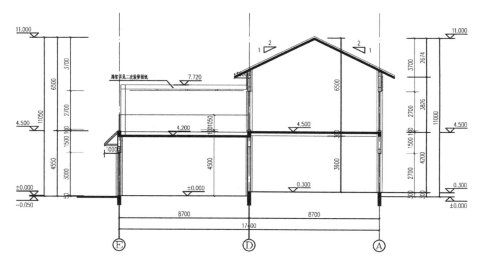

城南二十里茶楼 1－1 剖
面图

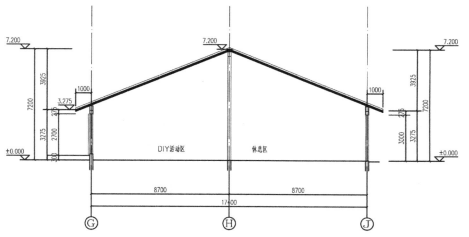

城南二十里茶楼 2－2 剖
面图

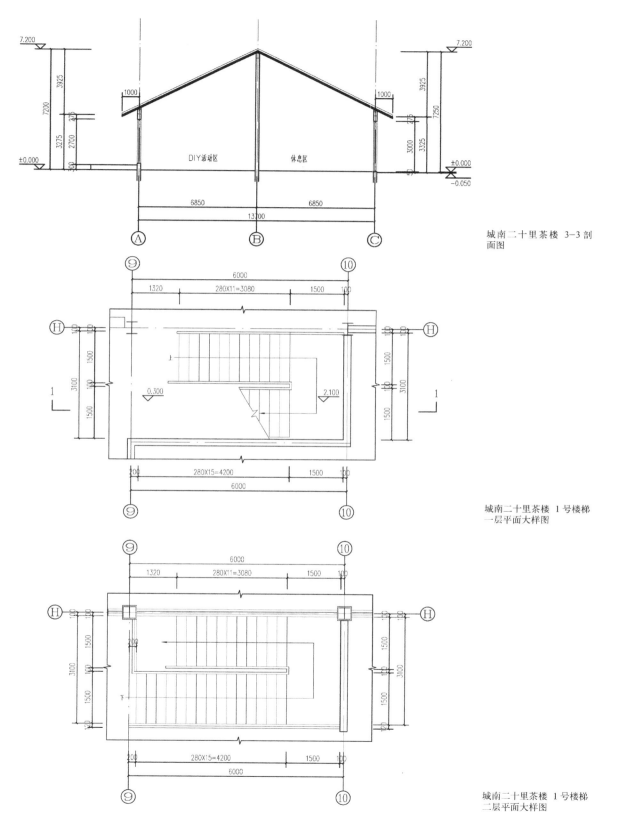

城南二十里茶楼 3-3 剖
面图

城南二十里茶楼 1号楼梯
一层平面大样图

城南二十里茶楼 1号楼梯
二层平面大样图

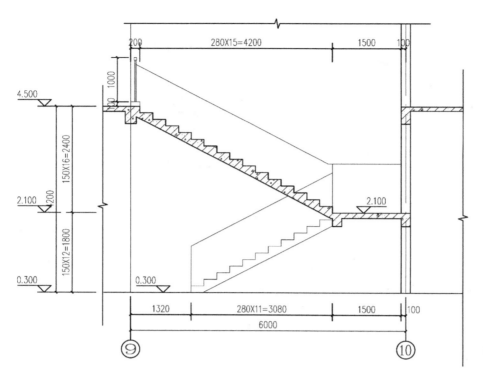

城南二十里茶楼 1 号楼梯
1-1 剖面图

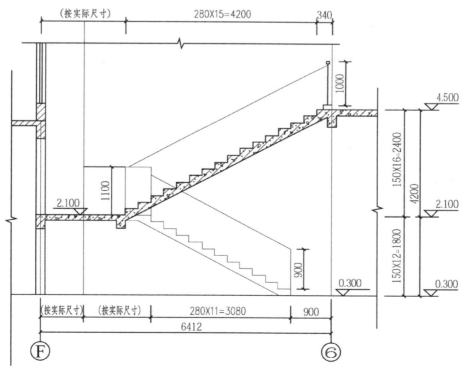

城南二十里茶楼 2 号楼梯
2-2 剖面图

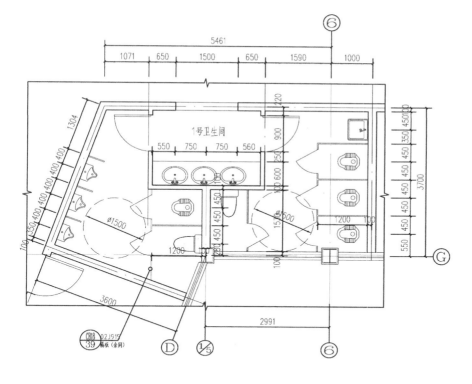

城南二十里茶楼 1号卫生间大样图

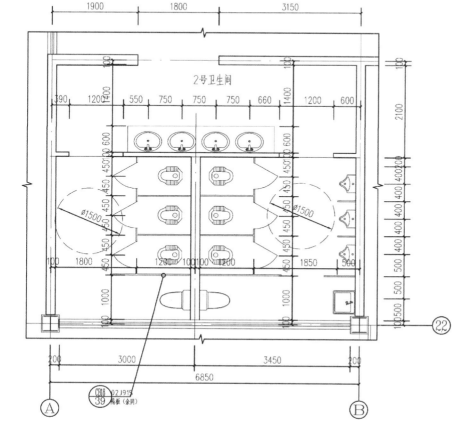

城南二十里茶楼 2号卫生间大样图

图6-47 城南二十里茶楼的建筑施工图设计

案例二：某餐饮中心的建筑施工图设计（图6-48）

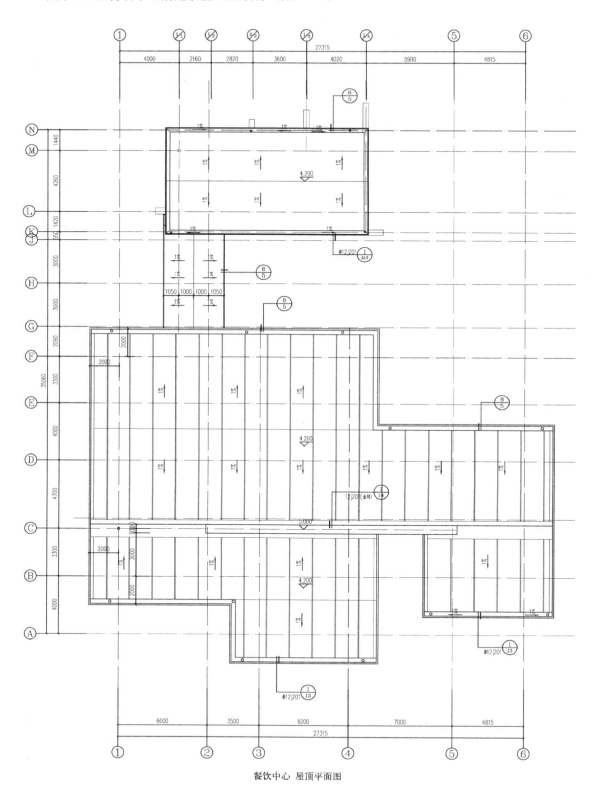

餐饮中心 屋顶平面图

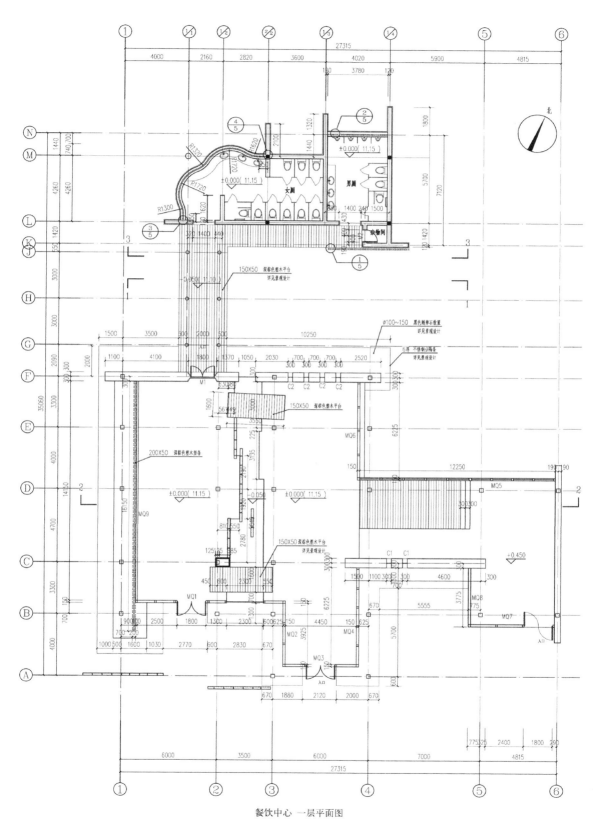

餐饮中心 一层平面图

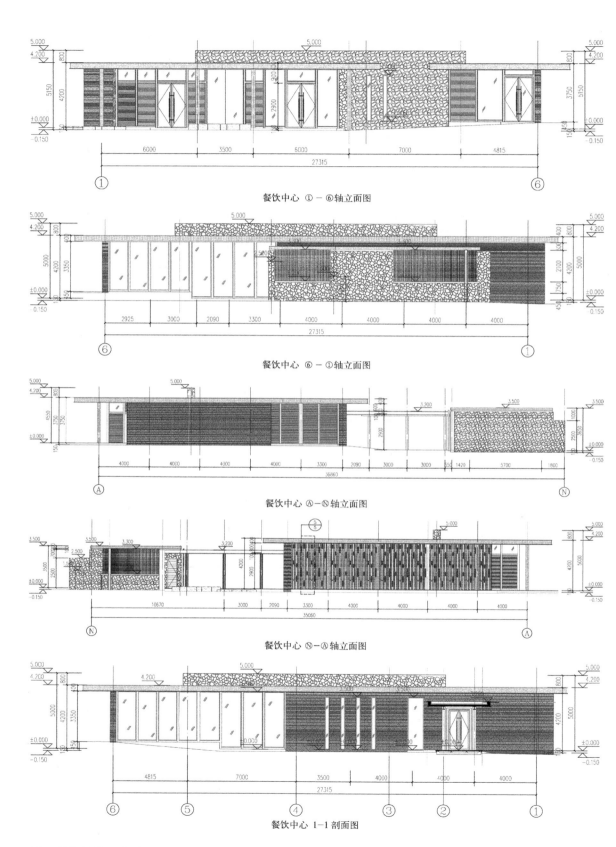

餐饮中心 ①－⑥轴立面图

餐饮中心 ⑥－①轴立面图

餐饮中心 Ⓐ－Ⓝ轴立面图

餐饮中心 Ⓝ－Ⓐ轴立面图

餐饮中心 1－1 剖面图

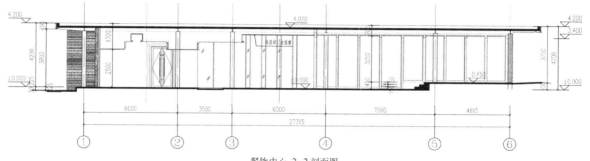

餐饮中心 2-2 剖面图

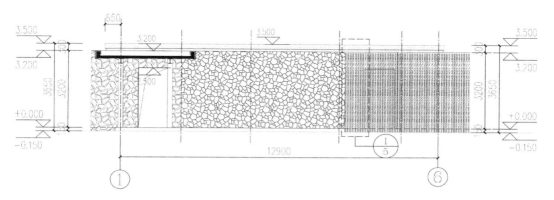

餐饮中心 3-3 剖面图

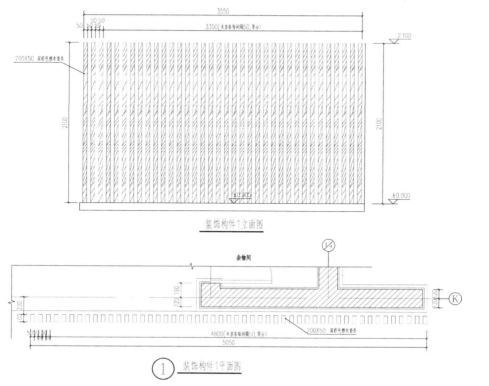

装饰构件1立面图

装饰构件1平面图

餐饮中心 详图一

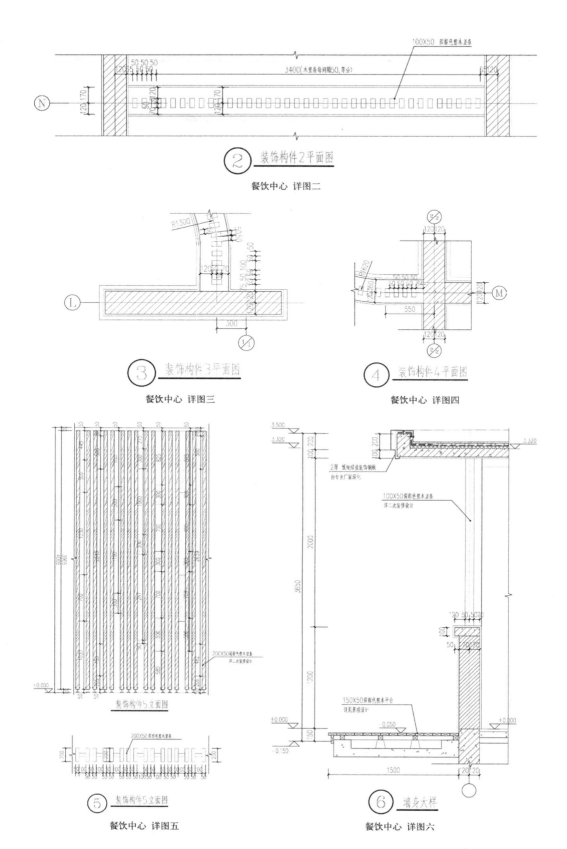

② 装饰构件2平面图

餐饮中心 详图二

③ 装饰构件3平面图

餐饮中心 详图三

④ 装饰构件4平面图

餐饮中心 详图四

⑤ 装饰构件5立面图

餐饮中心 详图五

⑥ 墙身大样

餐饮中心 详图六

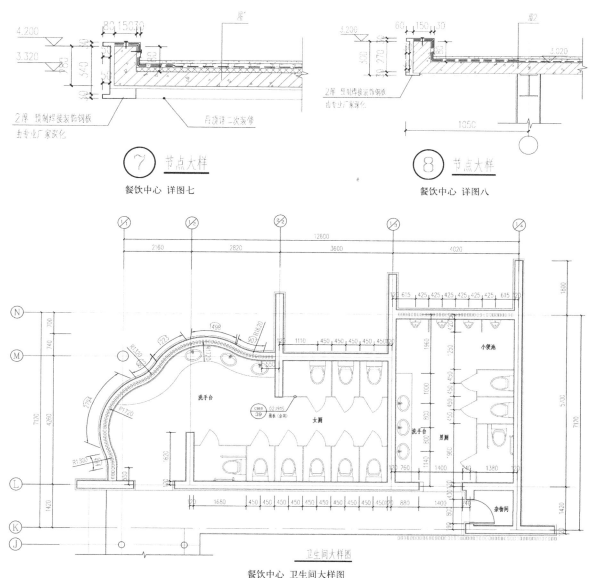

图 6-48　某餐饮中心的建筑施工图设计

6.4　园林服务性建筑设计：小卖部设计

6.4.1　小卖部的设计理论

1．小卖部的功能

小卖部是园林中最为普遍、便捷的商业服务设施，满足游人在游园时临时购物、饮食等方面的需求，是游览途中不可缺少的服务。园林小卖部的经营内容非常丰富，一般为糖果、糕点、冷热饮料、土特产品、旅游工艺纪念品、摄影、书报、音像制品等，此类小型商品服务内容在园林中统称园林小卖部。

2．小卖部位置的选择

一般园林小卖部规模不大，内容较简单，从小型的售货车到单间的小卖亭，以至有多房间的小卖部，在某些大型园林中也常有较大型的综合服务设施。在其组成上主要有：营业厅（包括室内外营业厅，或只有其中之一）、售货柜台、贮藏间、管理室及简单的加工间（图6-49）。小型的小卖部仅在一个房间内分割成不同使用功能的几个空间。此外，游人洗手处、果皮杂物箱更是不可缺少的设施，常被设计者所忽视。在小卖部附近最好有公共厕所以方便使用。

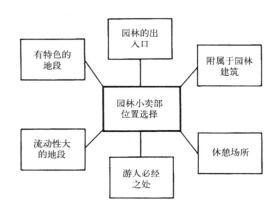

图6-49　园林小卖部
位置选择

园林小卖部的功用，除提供小型商业服务外，同时还要满足游人赏景及休息之需，故其布局、选址至关重要。一般园林小卖部宜独立设置，选园林景观优美、有景可赏之处，尤其应注意建造室外优美、舒适的休闲环境，诸如在空间布局上、景物安排上乃至座椅的安排上都应精心设计，以营造有园林特色的环境氛围。因此，园林小卖部常与庭院、大树绿荫、开放草地以及休闲小广场、亭、廊、花架等结合。

为服务方便并结合园林特点，园林小卖部宜疏密有致地分布在全园各处。尤其在游人必经之处及游人量较大的地方，更应增加设点，既满足游人需要，也可保证获得一定的经济效益。

方便的交通、顺畅的运输是小卖部在进货、排污等方面的要求，故在干道之侧、游览路线上常设立小卖部。

为开展各类活动的需要，有的小卖部常与其他较大型的园林建筑结合，如公园大门、影剧场、展览性建筑、公共体育运动设施等，以提供方便的服务。

3．小卖部类型

（1）简易小卖部（图6-50）

（2）独立小卖部（图6-51、图6-52）

6.4.2　小卖部设计的方案设计

案例一：商亭建筑方案设计手绘（图6-53）

案例二：食品亭建筑方案设计手绘（图6-54）

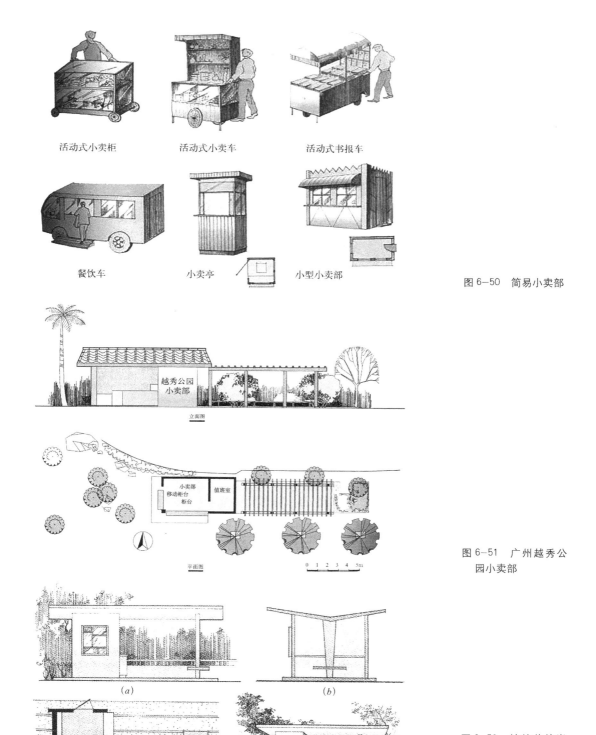

活动式小卖柜　　　　活动式小卖车　　　　活动式书报车

餐饮车　　　　　　小卖亭　　　　小型小卖部

图6-50　简易小卖部

越秀公园
小卖部

立面图

小卖部
移动柜台
柜台　　值班室

平面图

0 1 2 3 4 5m

图6-51　广州越秀公
园小卖部

(a)

(b)

0　1　2　3m

(c)

(d)

图6-52　桂林芦笛岩
洞口小卖部

(a) 正立面图；

(b) 侧立面图；

(c) 平面图；

(d) 透视图

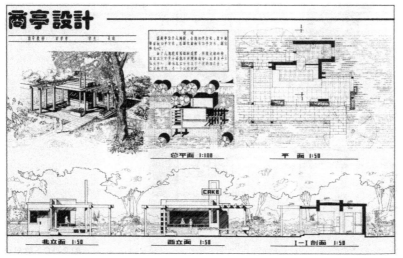

图 6-53 商亭建筑方
案设计手绘

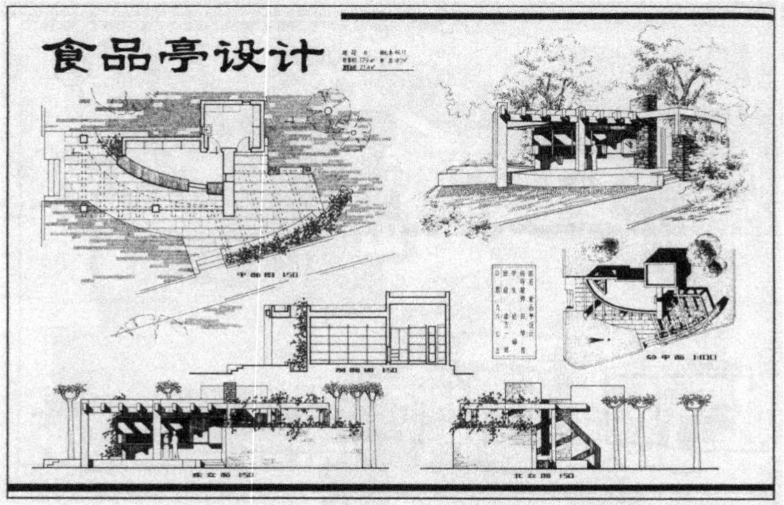

图 6-54 食品亭建筑
方案设计手绘

6.4.3 小卖部设计的施工图设计（图 6-55）

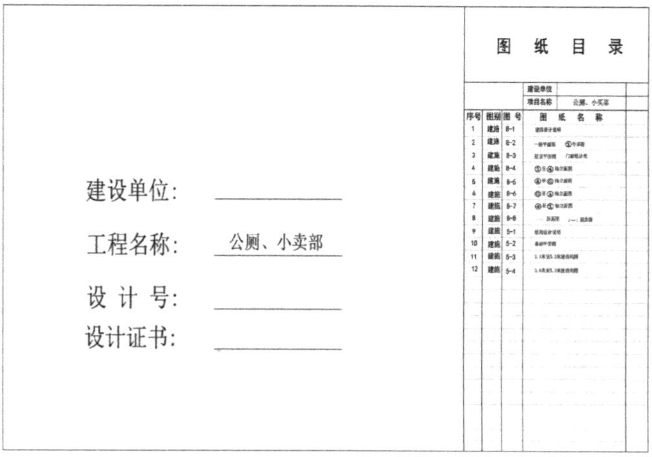

建　筑　设　计　总　说　明

一、工程名称：公厕，小卖部。

二、设计依据

1. 经有关部门批准通过的初步设计。
2. 甲方对本工程初步设计的修改意见。
3. 国家、重庆市有关规程、规范和规定。
4. 计划文件。
5. 地勘报告。

三、建筑面积：89.08平方米。

四、建筑结构形式及层数：砖混一层。

五、建筑分类及耐火等级：三类；三级。

六、结构设计使用年限：50年；建筑结构安全等级：二级。

七、室内外地坪标高关系：设计定层地坪标高为±0.000米，比室外道路高0.15米。

八、内装修

内装修材料作法表 表1

类别	名称	作法	适用范围	备注
地面	地砖地面	西南J312-(3180a)/P17	用于小卖部、管理室地面	
	防滑地砖地面	西南J312-3-3102	用于厕所地面	
墙裙	釉面砖墙裙	西南J515-19-9-Q07	用于厕所（高1.8米）	暂定天蓝色触光质户目度
内墙面	混合砂浆涂料内墙面	西南J515-4-N04	用于所有内墙面	面涂料803涂料
顶棚	混合砂浆涂料顶棚	西南J515-13-P04	用于所有有顶棚面	面涂料803涂料

九、外装修

外装修材料作法表 表2

类别	名称	作法	适用范围	备注
外墙面	外墙漆	西南J516-(5311)-P55	用于所有外墙	颜色详见立面图

十、屋面及排水

屋面防水等级：二级。

屋面雨水自由排水至公共排水沟，屋面构造作法详见表3。

屋面构造作法表 表3

名称	作法	适用范围	备注
柔性防水屋面	蓝色太泥彩瓦； 25厚1：4水泥石灰砂浆坐； 铺30厚细石混凝土，内配φ4钢筋； OEE-3氧化改性沥青防水卷材； 20厚1：2.5水泥砂浆找平； 刷素水泥浆一道； 表面清扫干净钢筋混凝土板	用于屋面	

十一、门窗

室内外门窗为木制门板和木制雕花窗，其断面及作法见西南J611图集门窗详图。窗颜色均为赭石色。浅黄色脂胶清漆罩面，见西南J312-39-3273。

十二、防火设计

1. 本工程设计以《建筑设计防火规范》GB 50016-2014为依据。
2. 二次装修应按《建筑内部装修设计防火规范》GB 50222-2017执行（定不在本设计范围之内）。

十三、防雷设计

1. 在屋面按三类民用高层建筑设计防雷，沿屋面及女儿墙顶设避雷带。
2. 避雷带利用顶正顶内不小于2φ8主筋，做法见03D501-3第26页。

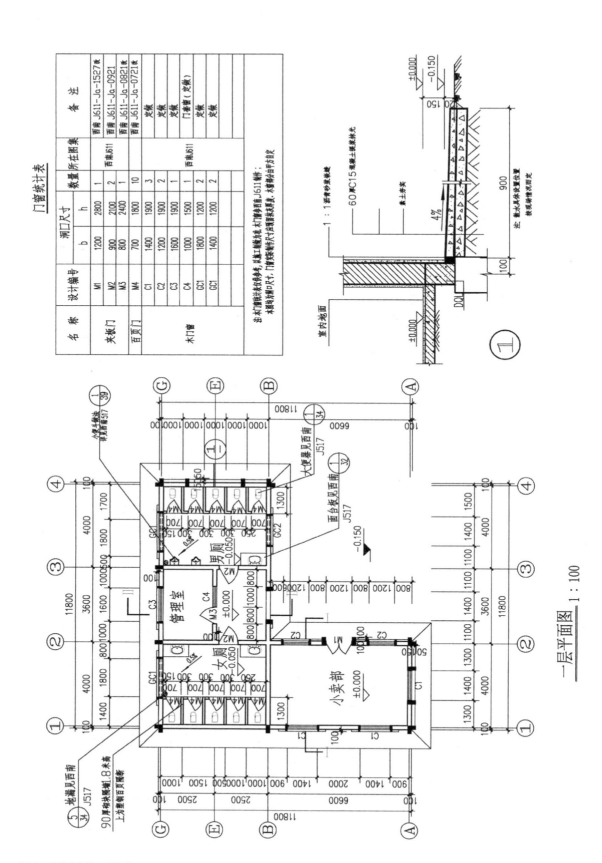

门窗统计表

名称	设计编号	洞口尺寸 b	洞口尺寸 h	数量	所在图集	备注
夹板门	M1	1200	2800	1		西南 J611-Ja-1527夜
	M2	900	2100	2	西南J611	西南 J611-Ja-0921
	M3	800	2400	1		西南 J611-Ja-0821夜
百页门	M4	700	1800	10		西南 J611-Ja-0721夜
木门窗	C1	1400	1900	3		定做
	C2	1200	1900	2		定做
	C3	1600	1900	1	西南J611	门连窗（定做）
	C4	1000	1500	1		定做
	GC1	1800	1200	2		定做
	GC1	1400	1200	2		定做

注：本门窗设计尺寸除标注，施工前以现场实际为准，本门窗设计实际尺寸。门窗框制作尺寸以所留洞口为准，木窗静由内扣;本门窗制作尺寸以所留洞口为准，木窗静由内扣。

一层平面图 1:100

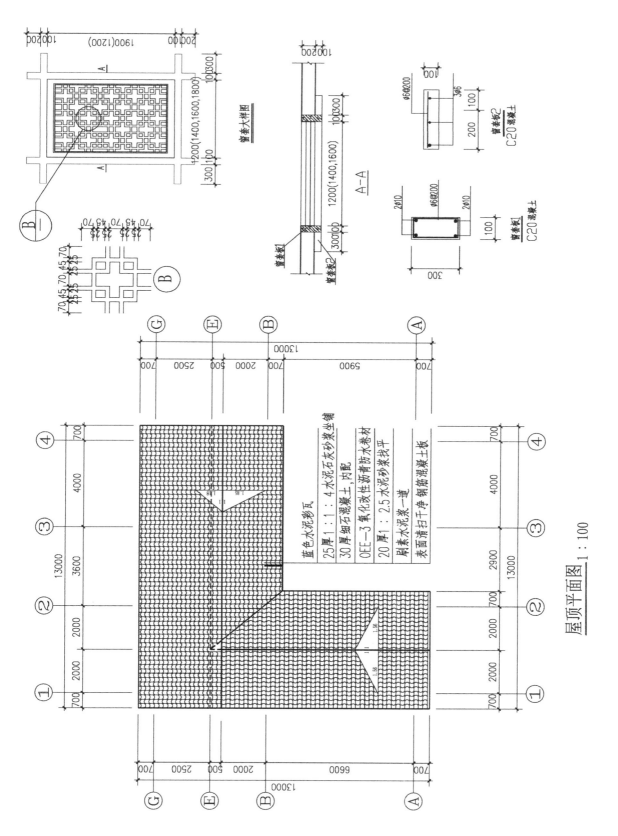

窗套大样图

A—A

窗套板2
C20混凝土

窗套板2
C20混凝土

B

B

窗套板1

窗套板2

屋顶平面图 1：100

蓝色水泥彩瓦
25厚1：1：4水泥石灰砂浆坐铺
30厚细石混凝土，内配
0EE-3氧化改性沥青防水卷材
20厚1：2.5水泥砂浆找平
刷素水泥浆一道
表面清扫干净钢筋混凝土板

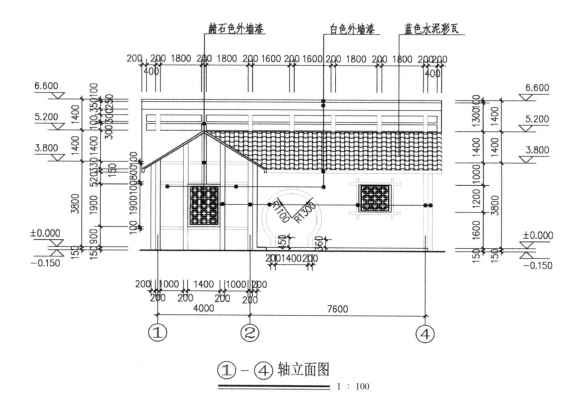

①-④轴立面图

1：100

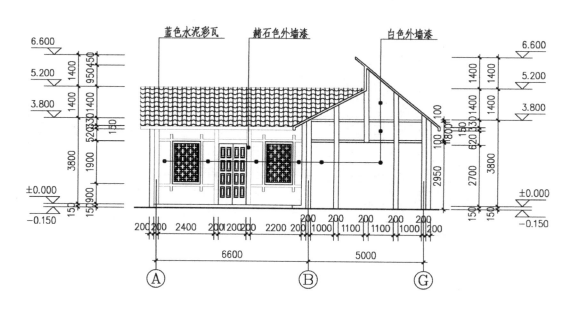

Ⓐ-Ⓖ轴立面图

1：100

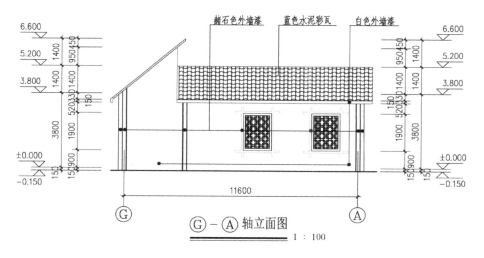

G-A 轴立面图
1:100

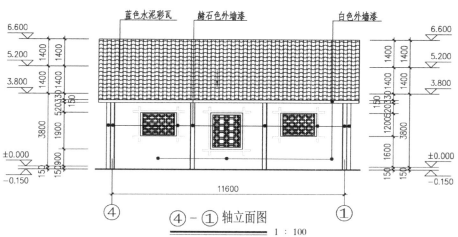

④-① 轴立面图
1:100

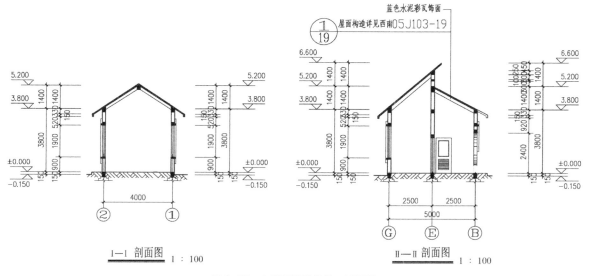

Ⅰ—Ⅰ 剖面图　1:100

Ⅱ—Ⅱ 剖面图　1:100

图 6-55　小卖部设计的施工图设计

6.5 园林服务性建筑设计：游船码头设计

6.5.1 游船码头设计的设计理论

1. 码头的基本功能

我国园林布局以山水为骨干，水体常以不同的形式出现在园林之中，尤其城郊风景区常拥有较大的水面，故游览水面景点，进行各项水上活动是园林中常见的内容。游船码头专为组织水面活动及水上交通而设，是园林中水陆交通的枢纽，以旅游客运、水上游览为主，还作为园林自然、轻松的游览场所，又是游人远眺湖光山色的好地方，因而备受游客的青睐。

此外，园林游船码头同样具有点景、赏景及为游人提供休息空间的作用。若游船码头整体造型优美，可点缀、美化园林环境。

2. 游船码头的位置选择

在园林码头的设计中，最先考虑的问题，应是其位置的选择。应考虑以下几个方面（图6-56）：

(1) 周围环境

在进行总体规划时，要根据景点的分布情况充分考虑自然因素，如日照、风向、温度等，确定游船码头位置；设立位置要明显，游人易于发现；交通要方便，游人易于到达，以免游人划船走回头路，应设在园林主次要出入口的附近，最好是接近一个主要大门，但不宜正对入口处，避免妨碍水上景观；同时应注意使用季节风向，避免在风口停靠，并尽可能避免阳光引起水面的反射。

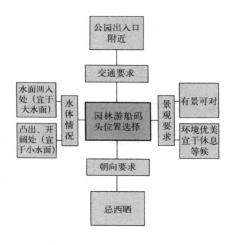

图6-56 园林游船码头的位置选择

(2) 水体条件

根据水体面积的大小、流速、水位情况考虑游船位置。若水面较大要注意风浪，游船码头不要在风口处设置，最好设在避开风浪冲击的湾内，便于停靠；若水体较小，要注意游船的出入，防止阻塞，宜在相对宽阔处设码头；若水体流速较大，为保证停靠安全，应避开水流正面冲刷的位置，选择在水流缓冲地带。

(3) 观景效果

对于宽阔的水面要有对景，让游人观赏；若水体较小，要安排远景，创造一定的景深与视野层次，从而取得小中见大的效果。一般来说，游船码头应地处风景区的中心位置或系列景色的起点，以达到有景可赏的目的，使游人能顺利依次完成游览全程。

3. 游船码头的组成

游船码头可供游人休息、纳凉、赏景和点缀园林环境。根据园林的规模确定码头的大小，一般大、中型码头由七部分组成：

（1）水上平台

水上平台是供游人上船、登岸的地方，是码头的主要组成部分。其长宽要根据码头规模和停船数量而定。台面高出水面的标高主要看船只大小、上下方便以及不受一般水浪淹没为准。水上平台高出水面约 300 ~ 500mm 为宜。若为大型码头或专用停船码头应设拴船环与靠岸缓冲调节设备；若为专供观景的码头，可设栏杆与坐凳，既起到防护作用，又可供游人休息、停留，观赏水面景色，同时还能够丰富游船码头的造型。

（2）蹬道台阶

台阶是为平台与不同标高的陆路联系而设的，室外台级坡度要小，其高度和宽度与园林中的台阶相同。每 7 ~ 10 级台阶应设休息平台，这样既能保证游人安全，又为游客提供不同高度的远眺。台阶的布置要根据湖岸宽度、坡度、水面大小安排，可布置成岸线或平行岸线的直线形或弧线形。码头上为了安全常设置栏杆、灯具等，这也是码头轮廓线的主要构筑物。此外，在岸壁的垂直面结合挡土墙，在石壁上可设雕塑等装饰，以增加码头的景观效果。

（3）售票室

售票室主要出售游船票据，还可兼回船计时、退押金或收发船桨等。

（4）检票口

在大中型游船码头上，若游客较多，可按号的顺序经检票口进入码头平台进行划船，有时可作回收、存放船桨之处。

（5）管理室

一般设置在码头建筑的上层，以供播音、眺望水面情况，同时可供工作人员休息、对外联系等。

（6）候船空间

可结合亭、廊、花架、茶室等建筑设置候船空间，既可作为游客候船的场所，又可供游人休息和赏景，同时还可丰富游船码头的造型，点缀水面景色。

（7）集船柱桩或简易船场

供夜间收集船只或雨天保管船只用的设施，应与游船水面有所隔离。

4．游船码头的形式

游船码头大致可分为以下三种形式（图6-57）：

（1）驳岸式

城市园林水域不大，结合驳岸修建码头，经济、美观、实用，可结合灯饰、雕刻加以点缀成景，是园林中最常用的形式。

（2）伸入式（挑台式）

一般设置在水面较大的风景区，不修驳岸，停泊的船吃水较深，而岸边水深较浅，可将平台伸入水面。这种码头可以减少岸边湖底的处理，直接把码头伸入水位较深的位置，以便于停靠。

（3）浮船式

这种码头适用于水位变化大的水库风景区。浮船码头可以适应高低不同

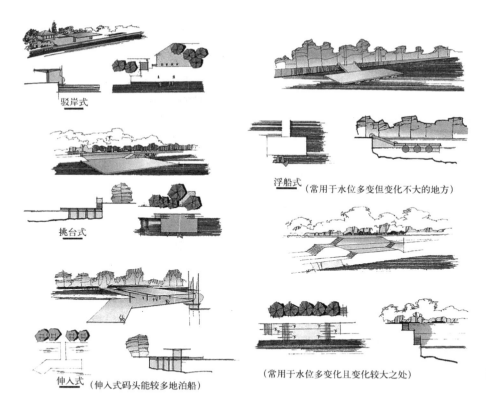

驳岸式

浮船式 （常用于水位多变但变化不大的地方）

挑台式

伸入式 （伸入式码头能较多地泊船）

（常用于水位多变化且变化较大之处）

图 6-57　游船码头的
几种形式

的水位，保持一定的水位深度。夜间不需要管理人员，利用浮船码头可以漂动位置的特点存放。停放时将码头与停靠的船只一起固定在水中，以保护船只。

5. 游船码头的设计要点

游船码头的基地正处在水陆交接之处。在建筑空间上要做到水陆交融充分体现亲水建筑的特色。在建筑造型上，要轻盈、舒展、高低错落、轮廓丰富，尤其水面倒影使虚实相生，构成一脉临水建筑景观。游船码头一般位置突出，视野开阔，既是水边各方向视线交点，又是游人赏景佳地。切忌将游船码头当成简易的构筑物来对待。

游船码头的设计应遵照适用、经济、美观的原则，使岸体与水体间各设施相互协调统一，具体应注意以下几点：

（1）设计前首先要了解湖面的标高、最高和最低水位及其变化，来确定码头平台的标高，以及水位变化时的必要措施。

（2）在设计时建筑形式应与园林的景观和整体形式协调一致，并形成高低错落、前后有致的景观效果，使整个园林富有层次变化。

（3）平台上的人流路线应顺畅，避免拥挤，应将出入人流路线分开，以便尽快疏散人流，避免交叉干扰。

（4）在设计时应综合考虑湖岸线的码头要避免设在风吹漂浮物易积的地方，否则既对船只停泊有影响，又不利于水面的清洁。

（5）码头平台伸入水面，夏季易受烈日曝晒，应注意选择适宜的朝向，最好是周围有大树遮阳或采取建筑本身的遮阳措施。

（6）靠船平台岸线的长度，应根据码头的规模、人流量及工作人员撑船的活动范围来确定，其长度一般不小于4m，进深不小于2～3m。

6.5.2 游船码头设计的方案设计

案例一：无锡锡山湿地公园水岸建筑设计方案（图6-58）

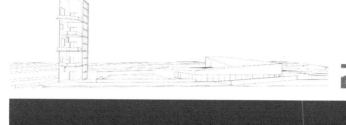

游客中心沿河鸟瞰图

游客中心鸟瞰图

概念分析

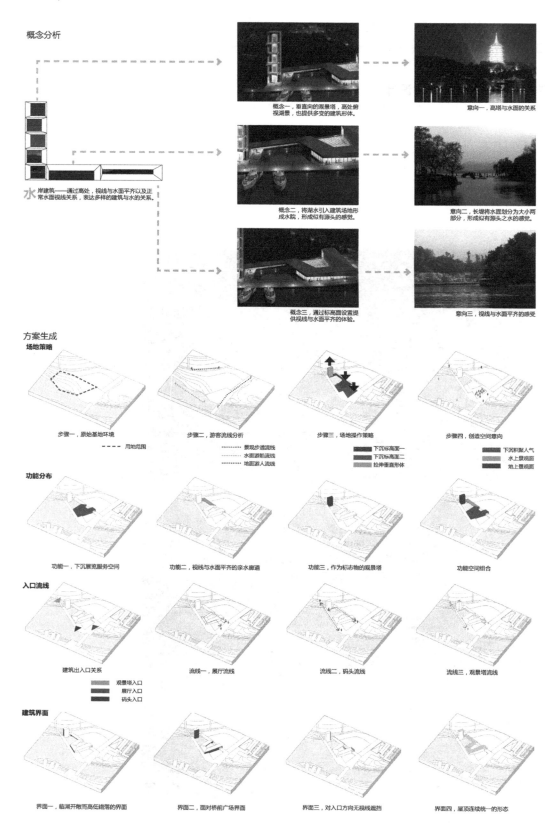

水岸建筑——通过高处，视线与水面平齐以及正常水面视线关系，表达多样的建筑与水的关系。

概念一，垂直向的观景塔，高处俯视湖景，也提供多变的建筑形体。

意向一，高塔与水面的关系。

概念二，将潮水引入建筑场地形成水院，形成似有源头的感觉。

意向二，长堤将水面划分为大小两部分，形成似有源头之水的感觉。

概念三，通过标高面设置提供视线与水面平齐的体验。

意向三，视线与水面平齐的感受

方案生成

场地策略

步骤一，原始基地环境

步骤二，游客流线分析

步骤三，场地操作策略

步骤四，创造空间意向

- - - - 用地范围

····· 景观步道流线
····· 水面游船流线
····· 地面游人流线

下沉标高面一
下沉标高面二
拉伸垂直形体

下沉环聚人气
水上景观面
地上景观面

功能分布

功能一，下沉展览服务空间

功能二，视线与水面平齐的亲水廊道

功能三，作为标志物的观景塔

功能空间组合

入口流线

建筑出入口关系

观景塔入口
展厅入口
码头入口

流线一，展厅流线

流线二，码头流线

流线三，观景塔流线

建筑界面

界面一，临湖开敞而高低错落的界面

界面二，面对桥前广场界面

界面三，对入口方向无视线遮挡

界面四，屋顶连续统一的形态

建筑图纸

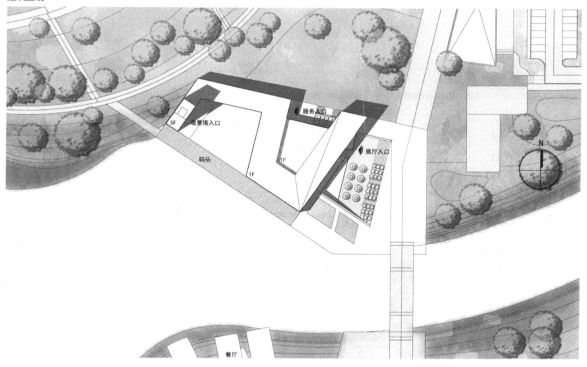

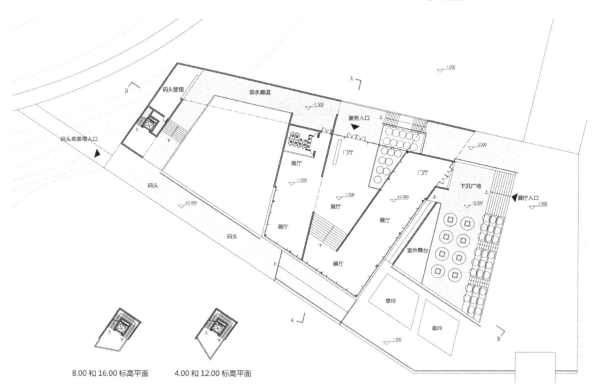

总平面图 1∶500

8.00 和 16.00 标高平面   4.00 和 12.00 标高平面

一层平面 1∶300

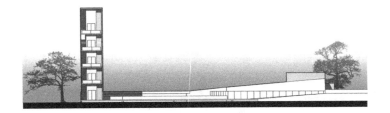

南立面图　1：300

东立面图　1：300

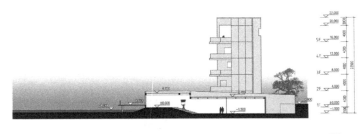

A-A 剖面图　1：300

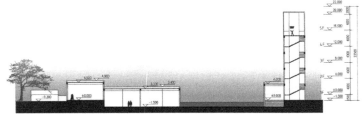

B-B 剖面图　1：300

局部透视

图 6-58　无锡锡山湿
地公园水岸建筑设
计方案

案例二：游艇中心酒店办公规划方案（图6-59）

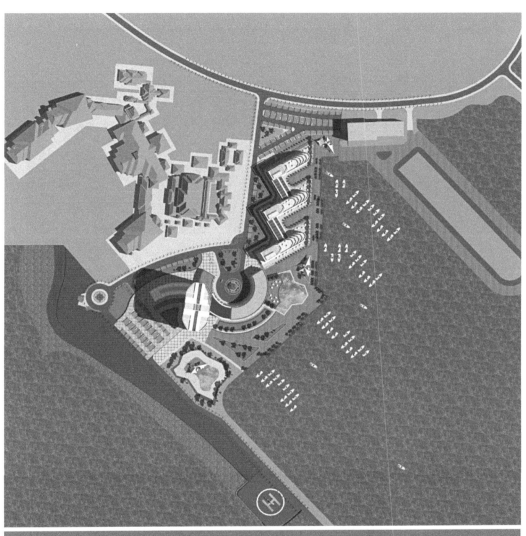

图 6-59　游艇中心酒店办公规划方案效果图

案例三：鱼人码头（图6-60）

图 6-60　鱼人码头方
案效果图

6.5.3 游船码头设计的施工图设计

案例一：游船码头1施工图设计（图6-61）

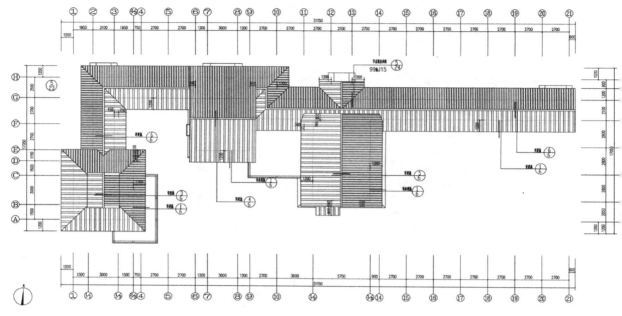

游船码头1顶平面图 1：100

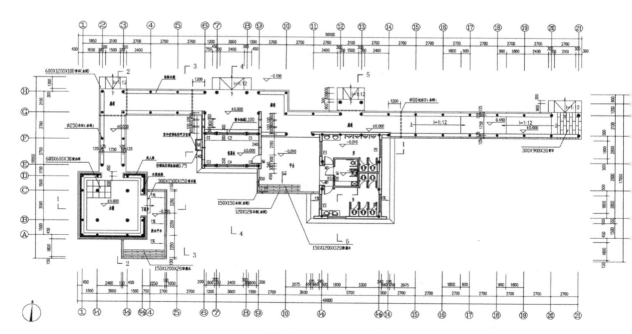

游船码头1一层平面图 1：100

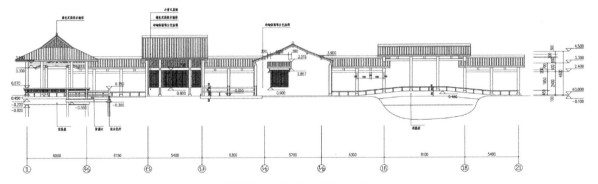

游船码头 1 ①－㉑立面图 1：100

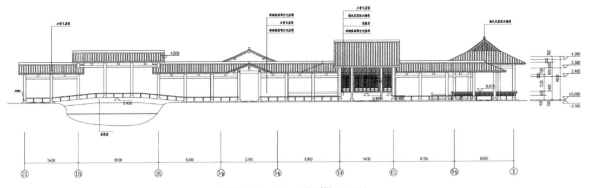

游船码头 1 ㉑－①立面图 1：100

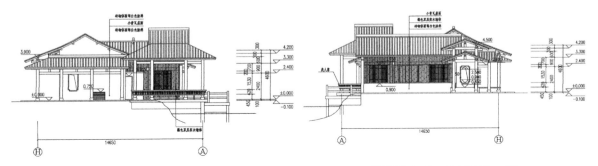

游船码头 1 ㉒－Ⓐ立面图 1：100　　　　　游船码头 1 Ⓐ－㉒立面图 1：100

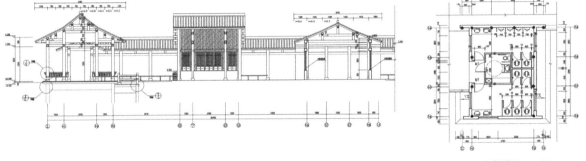

游船码头 1　1－1 剖面图 1：100　　　　　　卫生间详图 1：50

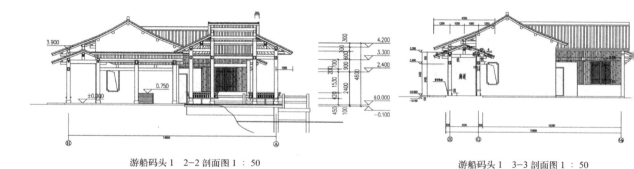

游船码头1　2-2剖面图 1：50

游船码头1　3-3剖面图 1：50

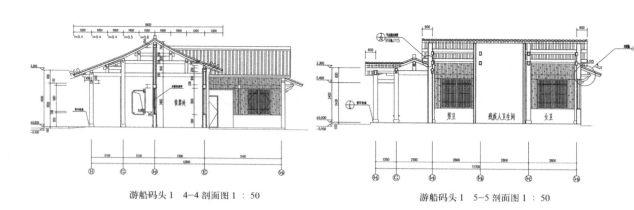

游船码头1　4-4剖面图 1：50

游船码头1　5-5剖面图 1：50

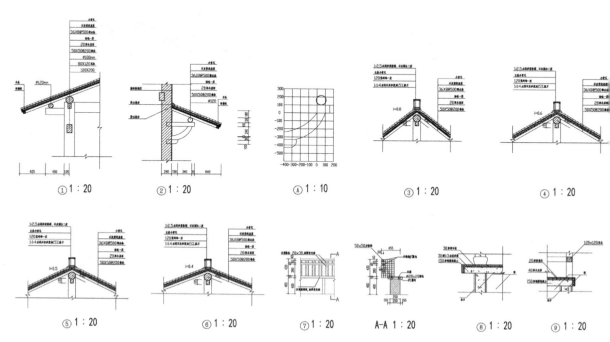

① 1：20　　② 1：20　　Ⓐ 1：10　　③ 1：20　　④ 1：20

⑤ 1：20　　⑥ 1：20　　⑦ 1：20　　A-A 1：20　　⑧ 1：20　　⑨ 1：20

游船码头1　各节点详图

类型	编号	窗洞尺寸		数量	备注
		洞宽	洞高		
窗	C1	800	1800	2	断热型材铝合金单框中空双玻窗(6+12+6)
	C2	2400	1800	1	断热型材铝合金单框中空双玻窗(6+12+6)
	C3	800	1800	2	断热型材铝合金单框中空双玻窗(6+12+6)
	C4	2400	1800	1	断热型材铝合金单框中空双玻窗(6+12+6)
	C5	1500	1800	2	断热型材铝合金单框中空双玻窗(6+12+6)
	C6	1800	1800	2	断热型材铝合金单框中空双玻窗(6+12+6)
	C7	1800	1800	1	断热型材铝合金单框中空双玻窗(6+12+6)
总计				11	
门	M1	900	2200	3	成品木门
总计				3	

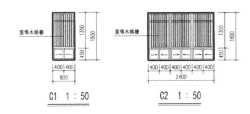

C1 1:50   C2 1:50

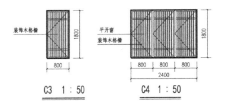

C3 1:50   C4 1:50

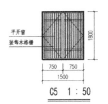

C5 1:50

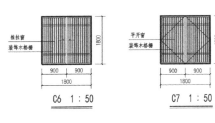

C6 1:50   C7 1:50

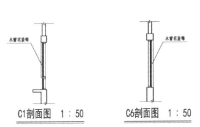

C1剖面图 1:50   C6剖面图 1:50

M1 1:50

游船码头1 门窗大样

注:
1. 建筑立面均表示洞口尺寸,门窗加工尺寸要按照装修面厚度由承包商予以调整。
2. 面积大于1.5m的窗玻璃或玻璃底边离最终装修面小于500mm的窗部位必须使用安全玻璃。
3. 门窗采用隔热型双层中空铝合金门窗(型材表面氟炭喷涂处理,色彩选样定(仿木色哑光面层),详见国标03J603-2外平开浇铸式铝合金窗-80A系列.

图6-61 游船码头1
施工图设计

案例二:游船码头2施工图设计(图6-62)

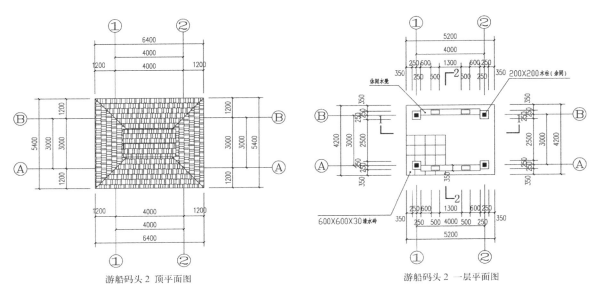

游船码头2 顶平面图   游船码头2 一层平面图

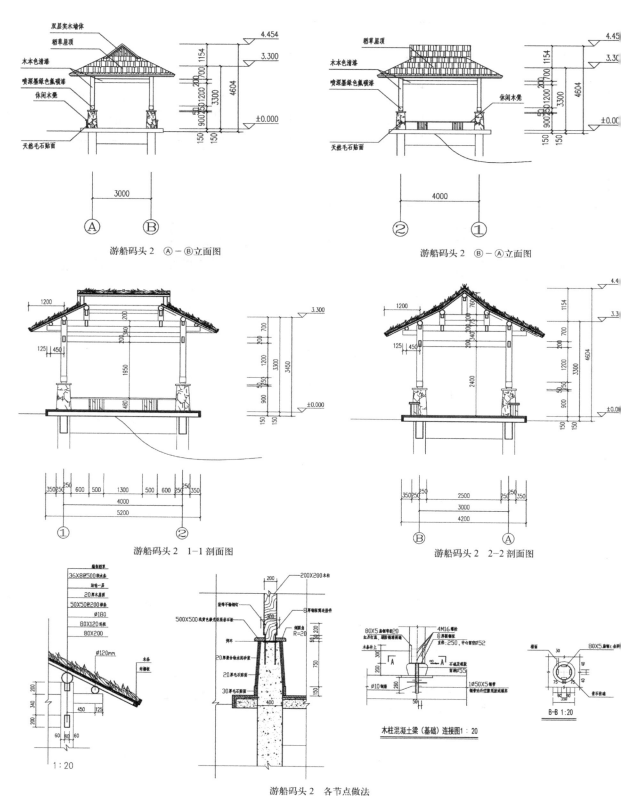

游船码头 2 Ⓐ－Ⓑ立面图

游船码头 2 Ⓑ－Ⓐ立面图

游船码头 2 1－1 剖面图

游船码头 2 2－2 剖面图

木柱混凝土梁（基础）连接图 1∶20

游船码头 2 各节点做法

图 6-62 游船码头 2 施工图设计

参考文献

[1] 杜汝俭等．园林建筑设计 [M]．北京：中国建筑工业出版社，1986．

[2] 王胜永．景观建筑 [M]．北京：化学工业出版社，2009．

[3] 刘福智，佟裕哲等．风景园林建筑设计指导 [M]．北京：机械工业出版社，2007．

[4] 王浩．园林建筑与工程 [M]．苏州：苏州大学出版社，2001．

[5] 郑炘，华晓宁．山水风景与建筑 [M]．南京：东南大学出版社，2007．

[6] 金学智．中国园林美学 [M]．2 版．北京：中国建筑工业出版社，2005．

[7] 彭一刚．中国古典园林分析 [M]．北京：中国建筑工业出版社，1986．

[8] 彭一刚．建筑空间组合论 [M]．3 版．北京：中国建筑工业出版社，2008．

[9] 刘芳，苗阳．建筑空间设计 [M]．上海：同济大学出版社，2001．

[10] 周立军．建筑设计基础 [M]．哈尔滨：哈尔滨工业大学出版社，2003．

[11] 莫天伟．建筑设计基础 [M]．南京：江苏科学技术出版社，2004．

[12] 王崇杰等．建筑设计基础 [M]．北京：中国建筑工业出版社，2002．

[13] 田云庆，胡新辉，程雪松．建筑设计基础 [M]．上海：上海人民美术出版社，2006．

[14] 张青萍．建筑设计基础 [M]．北京：中国林业出版社，2009．

[15] 罗文媛．建筑设计初步 [M]．北京：清华大学出版社，2005．

[16] 同济大学建筑系建筑设计基础教研室编．建筑形态设计基础 [M]．北京：中国建筑工业出版社，1991．

[17] 田学哲．建筑初步（第二版）[M]．北京：中国建筑工业出版社，1999．

[18] 刘昭如．建筑构造设计基础 [M]．2 版．北京：科学出版社，2008．

[19] 李必瑜等．建筑构造（上册）[M]．4 版．北京：中国建筑工业出版社，2008．

[20] 樊振和．建筑构造原理与设计 [M]．3 版．天津：天津大学出版社，2009．

[21] 崔艳秋等．房屋建筑学 [M]．北京：中国电力出版社，2005．

[22] 同济大学等四校合编．房屋建筑学 [M]．4 版．北京：中国建筑工业出版社，2006．

[23] 杨鼎久．建筑结构 [M]．北京：机械工业出版社，2006．

[24] 建设部执业资格注册中心网．2008 年全国一级注册建筑师考试培训辅导用书 3：建筑结构 [M]．4 版．北京：中国建筑工业出版社，2008．

[25] 曹纬浚．一级注册建筑师考试辅导教材　第二分册：建筑结构 [M]．3 版．北京：中国建筑工业出版社，2006．

[26] 布正伟．结构构思论：现代建筑创作结构运用的思路与技巧 [M]．北京：机械工业出版社，2006．

[27] 刘磊．场地设计（修订版）[M]．北京：中国建材工业出版社，2007．

[28] 闫寒．建筑学场地设计 [M]．北京：中国建筑工业出版社，2006．

[29] 黄世孟主编，王小璘等著．场地规划 [M]．沈阳：辽宁科学技术出版社，2002．

[30] 赵晓龙，邵龙，李玲玲．室内空间环境设计思维与表达 [M]．哈尔滨：哈尔滨工业大学出版社，2004．

[31] 张楠．当代建筑创作手法解析：多元 + 聚合 [M]．北京：中国建筑工业出版社，2003．

[32] 刘敦桢．中国古代建筑史 [M]．2 版北京：中国建筑工业出版社，1984．

[33] 刘峰，朱宁嘉．人体工程学 [M]．沈阳：辽宁美术出版社，2006．

[34] （日）芦原义信．外部空间设计 [M]．尹培桐，译．北京：中国建筑工业出版社，1985．

[35] （丹麦）扬·盖尔．交往与空间 [M]．何人可，译．北京：中国建筑工业出版社，1992．

[36] （英）肯特．建筑心理学入门 [M]．谢立新，译．北京：中国建筑工业出版社，1988．

[37] （美）爱德华．T．怀特．建筑语汇 [M]．林敏哲，等译．大连：大连理工大学出版社，2001．

[38] （美）保罗·拉索．图解思考：建筑表现技法 [M]．邱贤丰，等译．北京：中国建筑工业出版社，2002．

[39] （丹麦）S·E·拉斯姆森．建筑体验 [M]．刘亚芬，译．北京：知识产权出版社，2003．

[40] （美）琳达·格鲁特等．建筑学研究方法 [M]．王晓梅，译．北京：机械工业出版社，2005．

[41] （美）弗朗西斯·D.K.钦．建筑：形式·空间和秩序 [M]．邹德侬，方千里，译．北京：中国建筑工业出版社，1987．

[42] （德）迪特尔·普林茨，（德）克劳斯·D·迈耶保克恩．建筑思维的草图表达 [M]．赵巍岩，译．上海：上海人民美术出版社，2005．

[43] （德）托马斯·史密特．建筑形式的逻辑概念 [M]．肖毅强，译．北京：中国建筑工业出版社，2003．

[44] （美）Daniel L.Schodek．建筑结构：分析方法及其设计应用 [M]．罗福午，等译．4 版．北京：清华大学出版社，2005．